"十三五"国家重点出版物出版规划项目·重大出版工程

高超声速出版工程

# 高超声速飞行器
# 热结构分析与评价方法

孟松鹤　解维华　杨　强　著

科学出版社

北　京

# 内 容 简 介

高超声速飞行会带来显著的气动加热问题,因此在高温环境下能够完成承载功能的热结构是高超声速飞行的关键技术之一。针对热结构开展分析与评价,研究人员旨在建立高温服役环境下热结构及其力学行为的分析模型与预测方法,为热结构的设计、考核提供量化的基本依据。这一研究领域的基础是高温固体力学,又与材料科学、计算力学、应用数学密切相关。本书围绕这一主题,侧重于准静态热载荷/力载荷下热结构行为的建模分析,介绍其基本框架和要点,并对材料损伤与失效、多场耦合、不确定性量化及模型有效性等重点问题展开论述。

本书既可以供专业从业人员阅读,也可作为高等院校和研究所航空航天类、力学类、能源与动力工程(发动机方向)等相关专业研究生的参考书。

## 图书在版编目(CIP)数据

高超声速飞行器热结构分析与评价方法 / 孟松鹤,解维华,杨强著. —北京:科学出版社,2021.12
高超声速出版工程 "十三五"国家重点出版物出版规划项目 重大出版工程 国家出版基金项目
ISBN 978 - 7 - 03 - 069758 - 5

Ⅰ.①高… Ⅱ.①孟… ②解… ③杨… Ⅲ.①高超音速飞行器—热分析—研究 Ⅳ.①V414.3

中国版本图书馆 CIP 数据核字(2021)第 195644 号

责任编辑:徐杨峰 / 责任校对:谭宏宇
责任印制:黄晓鸣 / 封面设计:殷 靓

科学出版社 出版
北京东黄城根北街 16 号
邮政编码:100717
http://www.sciencep.com

南京展望文化发展有限公司排版
广东虎彩云印刷有限公司印刷
科学出版社发行 各地新华书店经销

*

2021 年 12 月第 一 版 开本:B5(720×1000)
2024 年 1 月第五次印刷 印张:21 1/4
字数:363 000

定价:180.00 元
(如有印装质量问题,我社负责调换)

# 丛书序

飞得更快一直是人类飞行发展的主旋律。

1903 年 12 月 17 日,莱特兄弟发明的飞机腾空而起,虽然飞得摇摇晃晃,犹如蹒跚学步的婴儿,但拉开了人类翱翔天空的华丽大幕;1949 年 2 月 24 日,Bumper-WAC 从美国新墨西哥州白沙发射场发射升空,上面级飞行马赫数超过 5,实现人类历史上第一次高超声速飞行。从学会飞行,到跨入高超声速,人类用了不到五十年,蹒跚学步的婴儿似乎长成了大人,但实际上,迄今人类还没有实现真正意义的商业高超声速飞行,我们还不得不忍受洲际旅行需要十多个小时甚至更长飞行时间的煎熬。试想一下,如果我们将来可以在两小时内抵达全球任意城市,这个世界将会变成什么样? 这并不是遥不可及的梦!

今天,人类进入高超声速领域已经快 70 年了,无数科研人员为之奋斗了终生。从空气动力学、控制、材料、防隔热到动力、测控、系统集成等,在众多与高超声速飞行相关的学术和工程领域内,一代又一代科研和工程技术人员传承创新,为人类的进步努力奋斗,共同致力于达成人类飞得更快这一目标。量变导致质变,仿佛是天亮前的那一瞬,又好像是蝶即将破茧而出,几代人的奋斗把高超声速推到了嬗变前的临界点上,相信高超声速飞行的商业应用已为期不远!

高超声速飞行的应用和普及必将颠覆人类现在的生活方式,极大地拓展人类文明,并有力地促进人类社会、经济、科技和文化的发展。这一伟大的事业,需要更多的同行者和参与者!

书是人类进步的阶梯。

实现可靠的长时间高超声速飞行堪称人类在求知探索的路上最为艰苦卓绝的一次前行,将披荆斩棘走过的路夯实、巩固成阶梯,以便于后来者跟进、攀登,意义深远。

以一套丛书，将高超声速基础研究和工程技术方面取得的阶段性成果和宝贵经验固化下来，建立基础研究与高超声速技术应用之间的桥梁，为广大研究人员和工程技术人员提供一套科学、系统、全面的高超声速技术参考书，可以起到为人类文明探索、前进构建阶梯的作用。

2016 年，科学出版社就精心策划并着手启动了"高超声速出版工程"这一非常符合时宜的事业。我们围绕"高超声速"这一主题，邀请国内优势高校和主要科研院所，组织国内各领域知名专家，结合基础研究的学术成果和工程研究实践，系统梳理和总结，共同编写了"高超声速出版工程"丛书，丛书突出高超声速特色，体现学科交叉融合，确保丛书具有系统性、前瞻性、原创性、专业性、学术性、实用性和创新性。

这套丛书记载和传承了我国半个多世纪尤其是近十几年高超声速技术发展的科技成果，凝结了航天航空领域众多专家学者的智慧，既可供相关专业人员学习和参考，又可作为案头工具书。期望本套丛书能够为高超声速领域的人才培养、工程研制和基础研究提供有益的指导和帮助，更期望本套丛书能够吸引更多的新生力量关注高超声速技术的发展，并投身于这一领域，为我国高超声速事业的蓬勃发展做出力所能及的贡献。

是为序！

2017 年 10 月

# 前　言

　　高超声速技术已经成为 21 世纪的科学技术前沿之一。高速飞行的前提是构造飞行器结构,利用动力推进克服气动及重力阻力,进而推动飞行器实现高速飞行。目前主要依赖利用化学能向热能和动能转化的各类发动机,如火箭发动机、涡轮发动机、冲压发动机等。另外,飞行器在大气层内高速飞行时,结构表面的来流通过激波压缩或黏性阻滞减速,导致大量动能转变成热能。因此,高超声速飞行器的内外流动会引起结构温度的显著升高,给材料与结构设计带来"热障"。"热障"会对飞行器气动热/力特性和热防护产生严重的影响,是各类高超声速飞行器面临的共性难题和"任务杀手"。因此,在高温下完成力学承载的结构,也即热结构(thermal structure/hot structure),成为发展高超声速飞行器的关键技术之一。

　　对热结构展开分析与评价,旨在建立热结构在热、力乃至多场条件下的行为分析模型,模拟并预测其在服役条件下的行为,评价其各方面功能的完整性与可靠性,是认知热结构行为与失效机制、开展热结构设计与考核的重要依据。在高超声速飞行器中,热结构通常要承担防热、隔热、承载与维形四方面的角色,与此同时又要耐高温、轻量化并且高度可靠。若在极端苛刻环境下满足上述需求,热结构的材料体系、结构形式将会受到诸多限制,因此复合材料体系成为热结构首选材料体系之一。但与此同时,材料和结构在高温下产生非线性、多尺度演化行为,且与服役环境存在强耦合,其中存在大量尚未认知清楚的问题,甚至缺少必要的分析与验证数据,这是研究人员在进行热结构分析与评价面临的根源性挑战。在这种情况下,热结构分析与评价需要解决三方面的典型问题:材料与结构力学行为及其演化过程的非线性、结构损伤失效的多尺度与多模式特性,以及建模模拟中存在的不确定性与模型有效性评价。这三方面问题的解决,有赖于研究人员对物理机制的深入认知、计算力学方法和工具发展、不确定性等数学理论的应用。

本书围绕上述主题,主要以准静态热/力耦合载荷下热结构的热/力学行为分析与评价为切入点展开论述。过去 40 年里,有限元法得到了显著发展,采用有限元法,几乎可以对任何复杂的结构进行模拟和分析。本书的另一个特点是与有限元法紧密结合,各章的主要内容如下。

第 1 章:概述热结构的基本概念与特性,以及典型飞行器及其热结构的发展历程,分析热结构的关键特性。

第 2 章:以有限元方法为背景,介绍热结构建模与分析的基本框架,建模与分析包括有限元软件的使用要点,给出典型分析案例,并阐述热结构建模分析中的主要难点。

第 3 章:围绕复合材料热结构,基于损伤力学和断裂力学的基本原理,介绍损伤与失效分析方法,重点介绍宏观尺度非线性本构结合唯象强度判据、多尺度方法两种分析策略。

第 4 章:以超高温陶瓷应用为背景,阐述材料/环境耦合行为及其影响因素,介绍热/力/氧化/流动多场耦合分析的基本策略及分析应用。

第 5 章:分析热结构建模中不确定性因素及其量化表征方法,阐述参数灵敏度分析方法,介绍不确定性因素的传播分析及其相应的高效数值计算策略。

第 6 章:介绍不确定性条件下模型有效性概念,以及基于验证与确认的模型有效性评价框架,重点阐述基于贝叶斯理论的模型修正方法。

第 7 章:利用不确定性量化方法,结合热结构的失效判据,分析热结构失效与可靠性评价方法。

第 8 章:针对本书提出的方法,结合作者的工作经验,给出几个典型热结构分析与评价案例。

第 9 章:对热结构分析与评价方法仍面临的不足进行分析,对未来的发展进行展望,重点介绍数字孪生技术与动态数据驱动发展方向。

因准静态热/力载荷下结构分析是高速飞行器设计首要解决的问题,本书将论述范围限定在这类载荷下材料/结构高温力学行为,以及材料/结构/环境与模型均存在不确定性下的建模与分析方法,相关内容也是进一步开展热结构评价重要依据。必须指出的是,本书只是作者近年来在热结构领域所开展的工作、经验与思考的总结,一些认识和结论还称不上完善完备。有关热/力/声/振/流动/

化学多场动态载荷与复杂介质/热结构形式的耦合及力学行为,业已成为热结构分析与评价最具挑战性的问题,不在本书论述范围内。本书的编写得到了课题组已毕业、在读博士生的大力协助,他们分别是:丁小恒、周印佳、彭祖军、宋乐颖、韩新星、韩国凯、赵经宇,在此一并表示感谢!

　　因时间有限,书中难免存在一些编写和认知上的不足之处,敬请同行和读者批评指正。

作　者

2021 年 6 月

高超声速出版工程

# 目 录

# 第3章　复合材料热结构损伤与失效分析方法
50

# 第6章　热结构分析的验证与确认

# 第7章　热结构失效与可靠性评价

# 第 8 章　典型热结构分析与评价案例

# 第 9 章　不足、趋势与展望

# 第1章

## 热结构的概念与特性

## 1.1 高超声速飞行器热结构概念

通常来说,在高温下完成力学承载功能的结构称为热结构。高超声速飞行器的热结构主要包括两类,即处于发动机高温内流场的高温结构和位于飞行器外流场内的飞行器表面热防护结构。

发动机内的典型热结构包括以下几部分:火箭发动机的喷管结构,具体包括接头、喉衬、喷管等;超燃冲压发动机的进气口、燃烧室、喷油支板、喷管等;涡轮发动机内的高温涡轮叶片、导向叶片、燃烧室内壁等。

表面热结构包括大面积热防护面板、机翼前缘与头锥结构、控制面结构等,既承担防热功能又承担结构载荷。相比于防隔热+冷结构概念,热结构体积效率高,常用于空间狭小且承载需求较为突出的结构部位。

本书的研究重点为具有承载、维型功能的非/微烧蚀热防护结构。当然,随着热防护结构效率要求的提高,材料与结构的界限也日趋模糊,材料与结构呈现为一体化趋势,材料不再是均质各向同性的,即便从宏观的尺寸看,材料也可能是由内部多种材料及结构组成的集成体,如增韧单片纤维增强抗氧化复合材料(toughened uni-piece fibrous reinforced oxidation-resistant composite, TUFROC)[1]。热结构本身除了具备结构性的承载功能以外,同时兼具材料的防隔热性能和其他功能。

相比于服役温度条件在室温附近的冷结构,热结构的最本质特点在于:高温服役环境使得材料力学性能劣化并且产生明显的热应力效应。进一步深入理解热结构的特点,可以从结构概念的服役环境与载荷、一般设计要求及热结构材料三个层面出发。

### 1.1.1    服役环境与载荷

与一般的飞行器结构类似,热防护结构在整个寿命周期内需要经历地面环境、发射或起飞环境、近空间环境等。这些环境会在结构系统中形成惯性过载、低频瞬态载荷、冲击载荷、随机振动与噪声载荷等。与一般飞行器结构的典型区别是,热载荷带来温升与温度梯度,也是主要的设计载荷。从热载荷的来源区分,发动机热结构与表面防热结构有明显的不同:火箭发动机、超燃冲压发动机、涡轮发动机以及上述发动机的组合动力发动机目前主要依赖燃料化学能,其中存在化学能向热能的中间转化,引起温度升高;大气层内,在高超声速飞行器表面,来流通过激波压缩或黏性阻滞减速,导致大量动能转变成热能。

高温除了对结构产生严重的加热作用外,气体混合物会在高温环境下发生能量激发、离解、电离、电子激发等复杂的物理化学反应,与表面材料发生强烈的非线性耦合作用。在高温、超高温条件下,表面材料很容易与环境中的氧气发生氧化、烧蚀;在发动机内流场中,还存在颗粒物侵剥蚀等,会使热结构外形发生变化,直接影响飞行器综合性能,甚至导致飞行失败。与此同时,高速飞行条件下边界层内、发动机燃烧内流场的非定常扰动会都形成显著的气动噪声载荷,激励结构振动,相应的热结构需要经历热/力/噪声/振动的耦合载荷,给热结构设计与分析带来显著的挑战。

热防护结构的技术能力对飞行器的性能、弹道以及气动外形都有着决定性的影响,辐射平衡温度和暴露时间是热防护结构设计的两个关键因素[2],图 1.1 给出了不同温度、不同热载荷条件下的几种典型热防护结构方案。

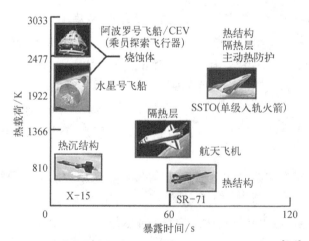

图 1.1    热载荷与高超声速飞行器结构特征之间的关系[3-5]

### 1.1.2 一般的设计要求

热结构的最核心功能是在高温下承载,并保持结构强度。从功能、性能及约束三方面分析,其设计要求通常应包括以下内容。

1) 功能要求

在服役环境下,热防护结构应能够耐受飞行环境(防热),并使得结构内部的温度低于有效载荷及其他结构系统的服役温度(隔热)。

对于可重复使用的热防护结构,需要维持稳定的气动外形,对于烧蚀型热防护结构而言,需要维持稳定的烧蚀,保持飞行器的气动特性不发生改变(维形)。

对于防热/承载一体化结构,需要在高温下实现结构承载、提供构型(承载)。

功能结构,如红外窗口还要求窗口的温度与应变均匀,动密封结构需要保证控制面反复移动的密封结构保持良好的回弹与密封特性。

总之,热防护结构既要耐受气动热环境(防热),又要维持结构内部温度不高于有效载荷的耐温极限(隔热);热防护结构既是一种功能系统,更是一种集防热、隔热、结构承载与维形、载荷传递等多功能于一体的结构系统。热防护系统的功能特点见图 1.2。

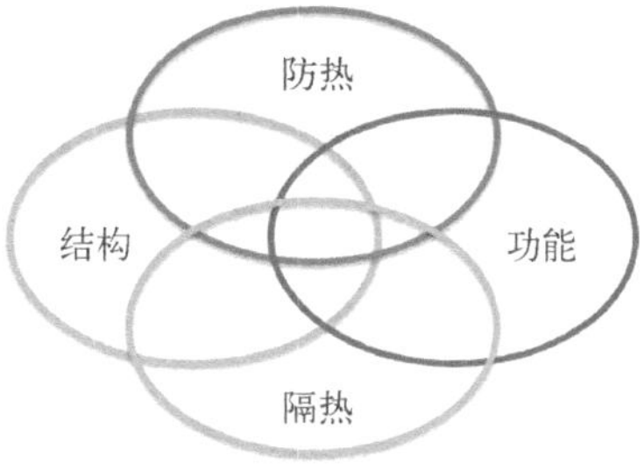

2) 性能要求

为保证热防护结构能够承受飞行器在各种工况下,如地面操作、运输、飞行、返回着陆等过程中的热、力、噪声与振动载荷,则要求热防护结构自身具有足够的刚度、强度与稳定性。其中,强度要求指结构不因过大的应力产生结构破坏;刚度要求指结构不产生有害变形;稳定性要求指结构在压缩载荷下不发生屈曲失稳。

图 1.2 热防护系统的功能特点

3) 设计约束

热防护结构设计中最重要的约束即结构质量、体积等所体现的结构效率,以及结构可靠性。对于承载式热防护结构,其材料应能够在服役温度下保持良好的力学性能与抗氧化性。热防护结构还需要满足环境相容性,即在飞行环境中面临潮湿、雨蚀、盐雾等环境,保证结构功能的完整性。与此同时,在结构设计中还要考虑热防护结构的可维护性、可生产性等因素。

热结构设计应满足一般机械结构的强度、刚度设计基本原则,但相比于一般的机械结构,热防护结构通常需要经历极端的热、惯性、噪声、振动耦合载荷或环境,其结构设计与分析面临一些特殊问题,包括以下几个方面。

(1)热应力问题突出。极端热环境会引起结构显著的温升与热梯度,冷热结构之间、不同结构之间的变形失配会在结构中引起显著的热应力。一般来说,结构的热应力与飞行条件所确定的准静态载荷是热防护结构强度设计的主要载荷,且结构热环境引起的应力通常要大于惯性载荷引起的应力。

(2)多场耦合载荷作用效应明显。高速飞行环境存在明显的气动噪声,为了减重,热防护结构采用薄壁结构,对气动载荷和结构振动尤为敏感,在大量的应力循环下结构可能出现疲劳劣化。热载荷下结构的温升会引起材料刚度性能的变化,同时引起热应力等内应力,会引起结构模态特性产生变化,与此同时噪声载荷存在宽频特征,这些因素都使得热/振动/噪声耦合载荷下结构的响应分析与设计存在明显的困难。

(3)结构设计与环境载荷存在耦合。热防护结构位于飞行器表面,直接暴露于高超声速流场环境中。热防护结构的表面变形、催化、氧化等热物理、化学特性会影响流场的流动特性,进而引起环境热载荷的变化。热防护结构材料的损伤演化与载荷路径密切相关,尤其是在瞬态载荷条件下,热防护结构响应的准确分析尤为困难。

(4)隔热性能与承载性能通常存在矛盾。提高结构隔热性能,通常需要采用低密度、低导热材料,减少冷热结构之间的连接,以降低结构的等效热导率。而提升结构的承载能力,往往需要运用密度相对较高、高温下承载性能较好的材料。在进行结构设计时,需要平衡结构的隔热性能与承载性能。

(5)轻量化与高可靠性要求苛刻。减少结构重量意味着增加飞行器的有效载荷,热防护结构占据了飞行器的整个外表面,对重量十分敏感。与此同时,往往在飞行器气动外形确定后开展热防护设计,即从外表面向内开展结构设计,因为所能利用的容积空间有限,所以体积效率也是热防护结构设计关注的重要目标。与此同时,高速飞行环境的不确定性因素较多,对热防护结构的可靠性要求也较高。

总之,热防护结构的设计是在可靠性、轻量化及服役能力之间的平衡,不同热防护结构方案之间的一个简易设计原则是:在完成目标情况下选择最轻、构型最简单的设计。

### 1.1.3　热结构材料

高超声速飞行器热结构的演变对材料的性能提出了越来越高的要求。结构设计通常需要高刚度、薄尺寸的材料,可以加工成复杂、组合的结构。而热结构设计通常需要高强度、低密度的材料,在更高的温度下能够保持理想的属性。

热防护结构主要涉及三类材料,即防热材料、隔热材料及高温承载材料。其中,防热材料起到抵御高超声速飞行环境下的高温、氧化、剥蚀,维持表面形貌不变或按要求变化,包括高辐射涂层材料、烧蚀防热材料、抗氧化复合材料等;隔热材料一般具有较低的热导率、热扩散系数、密度,在高温下吸收、阻止进入结构内部的热量,如纤维隔热毡与隔热瓦、气凝胶材料等;高温承载材料通常在高温下具备良好的刚度、强度等力学承载性能,如高温合金、热结构复合材料、超高温陶瓷等。

本书关注的重点是高温承载材料。图 1.3 给出了聚合物、金属、陶瓷三大类结构材料服役温度与比强度的包络线,从图中可以看出,在高于 1 200℃的高温环境下,保持轻质高强特性的材料主要有 C/C、C/SiC 和 SiC/SiC 等。碳化基体和陶瓷基体具有高耐热性,碳纤维、碳化硅纤维具有高强度、高刚度及耐热性,在高于大多数金属合金的熔化温度时,二者结合所形成的热结构复合材料的力学性能接近保持原来的水平。

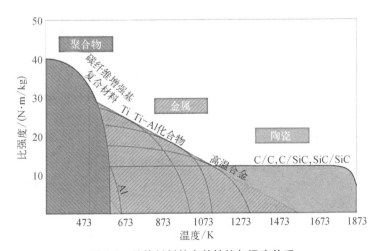

图 1.3　结构材料的有效性能与温度关系

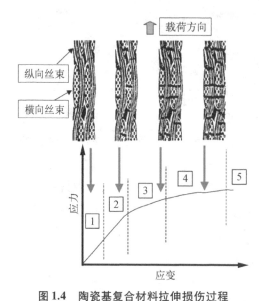

**图 1.4　陶瓷基复合材料拉伸损伤过程**
1-轻微或无附加损伤;2-横向丝束内部断裂;3-交互丝束断裂且部分开裂;4-开裂且微裂纹生长;5-纤维断裂

热结构复合材料通常采用长纤维预制体,C、SiC 或碳陶基体的引入通常需要在高温下进行,常用的制备工艺包括树脂浸渍裂解、化学气相沉积、反应熔融渗入等。由于上述制备工艺特点,热结构复合材料基体的填充性比树脂基复合材料基体差很多,通常存在大量的孔洞、缺陷等。高温制备后回到室温时,由于材料收缩、基体与纤维之间膨胀系数存在差异,基体中还会产生很多横向微裂纹。正是由于微结构的复杂性,热结构复合材料行为表现出非线性、多尺度损伤失效的特征(图1.4),且依赖于外载荷及其具体路径,材料性能的离散性较为明显。

## 1.2　典型飞行器及其热结构的发展历程

一般认为,大于马赫数 5 速度飞行的飞行器称为高超声速飞行器。一代飞行器,一代材料,热防护系统是高速、高超声速飞行器所必需的关键子系统,热防护结构的发展与飞行器的发展休戚相关,二者相辅相成、相互促进[6]。

自 1940 年开始,各类高速/高超声速飞行器研究经历了几个兴衰阶段。1947 年,美国 X-1 的飞行速度首次超越声速。1963 年,美国 X-15 实现马赫数6.7 速度飞行。2004 年,X-43A 实现马赫数 9.6 的自主飞行。2010 年,X-51A计划验证了碳氢燃料超燃冲压发动机结合主动冷却技术的长时间飞行能力。2019 年 10 月 27 日,X-37B 完成了第 5 次长期在轨飞行。高超声速技术最终聚焦在助推滑翔、高超巡航、天地往返三个主要技术方向。图 1.5 梳理了近年来国外主要高超声速空天飞行器的试飞和发展计划[7]。飞行器主结构材料从铝合金、高温合金向轻质复合材料方向发展,热防护技术也从热结构+隔热,到可部分重复使用热防护+冷结构,向可重复使用防/隔热/结构一体化方向发展,主/被动结合热防护技术也得到了较大发展。

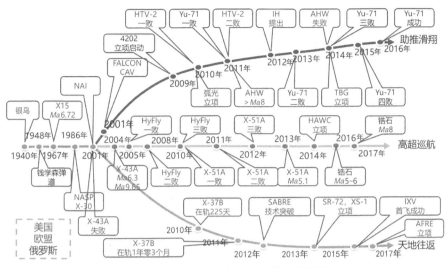

图 1.5 三类高超声速空天飞行器的发展轨迹

### 1.2.1 早期的高速飞行器及其热结构

早在 20 世纪 40 年代后期,人类就产生了对了解气动热载荷和热结构设计的需求。在第二次世界大战中,飞机的速度已变得足够高,气体可压缩现象对飞机性能产生了显著的影响。当时人们对跨声速现象的认识还不够清楚,在随后几年的时间里,"声障"一词才开始使用。在战争期间,人们意识到需要一个超越声速的高速飞机,于是 X - 1 计划被启动,这使得 X - 1 成为早期高速飞行器研究中最有代表性的飞行器。

X - 1 飞行器是人类历史中的一个划时代的象征,不仅仅是因为它的速度超过了声速,也是因为它是世界上第一个纯粹为了试验目的而设计制造的飞机。20 世纪 30 年代末,飞机设计领域遇到一些问题,当时建造的风洞已经不能满足飞机在亚声速和超声速飞行条件下各种参数的正确搜集,因而研制一种专用的试验飞机势在必行。1945 年初,世界上第一架火箭动力试验机 XS - 1(后来命名为 X - 1)在美国军方的资助下首飞成功,之后,X - 3、X - 4、X - 5 等一大批试验飞行器相继飞上了蓝天。

原始的 X - 1 和 X - 1B 都采用通体铝结构,1957 年,美国国家航空咨询委员会[美国国家航空航天局(National Aeronautics and Space Administration, NASA)的前身]在马赫数 1.94 下测得飞行器的表面温度低于 $200\,°F$($93\,℃$)。之后,飞行器的速度越来越高,越来越需要考虑超声速飞行引发的"热障"问题。在最初的十年里,人们认为,为了避免"热障"问题,需要增加大结构的重量,通过吸热将温度控制在材料容许的范围内。后来研究发现,这些措施根本没有必要,因为可以通过研发更加耐热的热结构使问题得到解决。

X-2是第一架突破"热障"的飞机,速度超过马赫数2.5。在完成X-1第一次超声速飞行以后,美国加强了对高速飞行器的研究和发展。1947年,贝尔飞机公司受命设计、开发和建造了两架后掠翼超声速X-2飞机。这是第一架结构为气动加热而设计的飞机。在X-2之前,速度没有高到使结构因气动加热而产生不利影响。为了提高飞行器在更高温度下的强度,机身设计采用镍铬合金,气动表面使用不锈钢。1956年9月27日,X-2达到最高速度马赫数3.2,但不幸的是,飞机在飞行中失去控制,飞行员米尔本·阿帕特上尉因此牺牲。

X-15高超声速研究项目是由美国国家航空咨询委员会牵头,联合美国空军、海军和北美航空公司共同进行的,极大地推动和刺激了热结构的发展[2]。该项目于1954年正式获得批准,研制目标主要包括气动加热、速度、高度、稳定性与控制及空间医学。该项目于1968年结束,前后历时15年,先后完成了199次任务,耗资达3亿美元。该项目先后创造了马赫数6.72(速度)和100 000 ft*(升限)的世界纪录,其飞行试验几乎涉及了高超声速研究的所有领域,获得了极大的技术回报,在高超声速空气动力学、气动加热、无动力滑行、着陆技术、太空飞行、结构设计、材料技术、稳定与控制等方面都取得了前所未有的成果和科学数据,并为美国之后的水星计划、双子星座计划、阿波罗计划,以及航天飞机的发展提供了极其珍贵的试验数据和强大的技术支持,极大地促进了人类对于地球周围大气层内高超声速升力体式飞行器空气动力学的了解。

X-15是目前全世界第一架,也是唯一一架能够在高度为100 000 ft或更高高度下以马赫数5完成大气飞行任务的有人驾驶飞行器。在研制初期,研究人员认为气动加热和高温结构问题是高超声速飞行的最大"障碍"。为了完成X-15的飞行任务(持续10~12 min),该飞行器采用了加厚表皮及散热的方法,外部结构由铬镍铁合金(Inconel-X)制成,不受高温的内部结构采用钛制造,表面温度的设计最大值为1 200°F(649℃)。1967年,研究人员进行了一系列X-15飞行试验,包括在X-15机身后部的塔架上安装一个假的高超声速冲压喷气发动机。1967年10月3日的第三次飞行中,X-15的速度达到了马赫数6.7。在飞行途中,由于复杂的激波干涉和干扰对局部气动加热的影响,塔架受到了严重的

---

\* 1 ft=0.304 8 m。

损害,自此,人们意识到激波干扰加热是高速飞行中的一个关键问题。

### 1.2.2　天地往返飞行器及其热结构

航天飞机是人类在探索和利用太空的漫漫征途中的一个重要标志和里程碑,也是人类第一次实现可重复使用(部分)的载人天地往返飞行器的研制。在航天飞机和 X – 37 研制基础上完成的 X – 37B 空间机动飞行器,被美国空军称为最新、最先进的无人天地往返飞行器,其热防护技术代表了目前的最高水平。

1)航天飞机

航天飞机对热防护技术,特别是可重复使用热防护技术提出了明确的需求,而从实验室阶段到完成原型产品,经历了十几年时间(1969~1973 年),飞行器的研制进程受到热防护技术的严重制约。1974 年 6 月,第一架航天飞机开始建造,但是由于主发动机和热防护系统的技术难题,直到 1981 年 4 月 12 日,哥伦比亚号发射升空,第一架航天飞机才正式进入太空。在之后的 30 年时间里,美国共制造了 6 架航天飞机,正式服役 30 年,哥伦比亚号、挑战者号、发现号、亚特兰蒂斯号和奋进号航天飞机先后共执行了 135 次任务,共搭载 355 名宇航员,飞行 8 亿多千米,运送 1 750 t 货物,并帮助建造国际空间站,发射、回收和维修卫星,开展科学研究,激励了几代人。2011 年 7 月 21 日,亚特兰蒂斯号在肯尼迪航天中心的主港着陆,宣告着航天飞机时代的结束。

航天飞机的体型尺寸,以及对轻质、低成本、可重复使用热防护系统的需求,给飞行器设计带来了艰巨的挑战。再入过程中,飞行器表面最高温度达 1 922 K,而飞行器机身最高温度不能超过 450 K。飞行器表面热防护材料的选取、分布主要由飞行器表面温度确定,以哥伦比亚号航天飞机为例,其表面主要热防护材料的分布如图 1.6 所示。

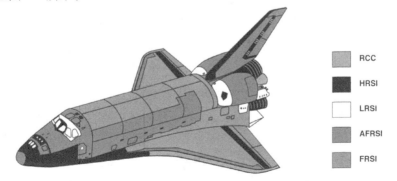

图 1.6　哥伦比亚号航天飞机热防护材料分布

由于航天飞机头锥和翼前缘区域最高温度超过 1 533 K,热防护结构使用了增强 C/C(reinforced carbon/carbon, RCC)复合材料[8],如图 1.7 所示。为了防

图 1.7　RCC 横截面[9]

止材料过快氧化,RCC 外表面覆盖了 SiC 层,且通过正硅酸乙酯(TEOS)浸渍、固化,在材料表面生成了 SiO$_2$ 层,减小了 C/C 基质与空气的接触,并在最后涂覆了硅酸钠密封胶,以填充表面可能存在的孔隙和微裂纹。

航天飞机头锥和翼前缘 RCC 热防护结构如图 1.8 所示。每个机翼前缘通过 Inconel 718 和 6Al4V 钛合金支架安装 22 块 U 形 RCC 面板。这些相互独立的面板不仅便于结构制作,而且有利于调节再入过程中高温环境下面板的膨胀变形。

(a) 头锥　　　　　　　　　　　　　(b) 翼前缘

图 1.8　航天飞机头锥和翼前缘 RCC 热防护结构[9]

在背风面舱门及机身中后部最高温度不超过 644 K 的区域,航天飞机使用涂覆高发射率涂层的柔性可重复使用隔热毡(flexible reusable surface insulation, FRSI)[10],其余位置使用耐温性更好的先进柔性可重复使用隔热毡(advanced flexible reusable surface insulation, AFRSI)。并在局部使用低温可重复使用隔热瓦(low-temperature reusable surface insulation, LRSI),在迎风面主要使用了高温可重复使用隔热瓦(high-temperature reusable surface insulation, HRSI)。以哥伦比亚号为例,其热防护系统中使用的隔热瓦多达 31 000 块。HRSI 和 LRSI 的主要成分均为 SiO$_2$,但材料厚度和表面涂层不同,前者涂层采用硅化物和硼硅酸盐混合物,呈黑色,表面发射率更高;后者涂层则采用 SiO$_2$ 和 Al$_2$O$_3$ 颗粒混合物,

呈白色,表面发射率约为 0.8,吸收率约为 0.32。

隔热瓦与机身结构之间通过应变隔离垫(strain isolator pad,SIP)和室温硫化型硅橡胶(room-temperature vulcanizing adhesive,RTV)粘接,如图 1.9 所示,隔热瓦之间的缝隙由缝隙材料填充。应变隔离垫缓和了隔热瓦与机身材料热膨胀系数不同的问题。在粘接隔热瓦之前,隔热瓦底面进行致密化处理,将使隔热瓦与应变隔离垫界面区域的应力分布更加均匀。

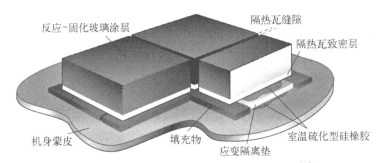

图 1.9　航天飞机热防护系统隔热瓦结构设计[9]

与 LRSI 相比,AFRSI 更容易制造生产,且具有更好的耐久性,可以减少制造成本,节省安装时间,热防护系统重量也更低,最初用于发现号和亚特兰蒂斯号热防护系统中,在第 7 次飞行之后,哥伦比亚号也将大部分 LRSI 替换为 AFRSI。在奋进号的建造过程中,则直接使用了 AFRSI。

2011 年 7 月 21 日,亚特兰蒂斯号在肯尼迪航天中心安全着陆,航天飞机时代正式谢幕。不可否认,航天飞机的退役与热防护系统的能力和可靠性不足密切相关。理解、掌握服役环境下热防护结构的失效模式对热防护系统乃至航天器的安全至关重要。若热防护结构由两种及以上材料组成,如涂覆涂层的隔热瓦,不同材料之间的热膨胀系数不同,可能会导致材料开裂乃至失效。隔热瓦脆性大,抗损伤能力差,当隔热瓦之间发生挤压时,材料极易产生裂纹,因此需要在隔热瓦之间增加缝隙设计。另外,航天飞机隔热瓦之间的缝隙可能会导致局部热流增大,也会影响热防护结构性能,在刚性隔热瓦之间填充缝隙材料是解决缝隙问题的方法之一,但缝隙填充材料与热防护结构之间也存在着匹配性问题。空间碎片环境也对热防护系统的安全产生了极大的威胁,热防护设计中需要考虑如何避免或承受碎片撞击。

除了美国的 6 架航天飞机,苏联也曾建造了暴风雪号航天飞机。暴风雪号航天飞机计划是苏联为了与美国进行太空军备竞赛而开展的,在苏联解体后不

久,该计划也宣告正式终结。暴风雪计划建造 5 架航天飞机,但是只有第 1 架
(Buran 1.01)真正研制完成并且顺利发射升空与回收。苏联航天飞机的表面热
防护系统与美国航天飞机有所不同,暴风雪号表面采用了 38 000 块由特别细的
玻璃纤维和 C/C 复合材料构成的轻型耐热陶瓷瓦,可承受 2 000℃ 的高温。

2) X - 37B

美国波音公司发展的 X - 37B 轨道飞行器是世界上第一个集可重复使用、
高超声速飞行、高机动变轨和快速响应能力于一体的无人驾驶天地往返飞行
器,其热防护系统创造了多项纪录。X - 37B 外形与航天飞机较为相似
(图 1.10),但其几何尺寸更小,约为航天飞机轨道航天器的 1/4,气动加热也
更加严重,对热防护系统提出了更高的要求,热防护结构特点的对比如图 1.11
所示。

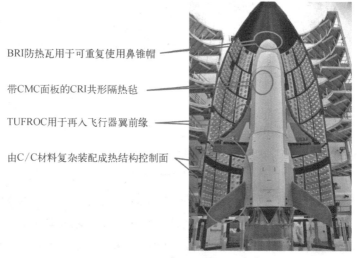

图 1.10　X - 37B 热防护系统[11]

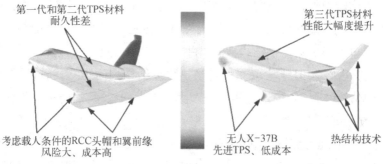

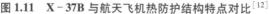

图 1.11　X - 37B 与航天飞机热防护结构特点对比[12]

对于飞行器头锥、翼前缘等高热流区域,热防护结构通常采用高密度非烧蚀热防护材料,如 RCC 等。长期在轨、快速响应及经济可承受性等对 X-37B 飞行器热防护结构提出了轻质化的要求,兼具轻质、非烧蚀特点的热防护技术成为可重复使用高超声速飞行器发展的关键。

与航天飞机相比,X-37B 头锥使用了隔热瓦,翼前缘使用了新型 TUFROC,飞行器表面使用了覆以陶瓷基复合材料面板的共形可重复使用隔热毡(conformal reusable insulation, CRI),控制舵和机身分别采用了热结构和石墨/聚酰胺复合材料结构,飞行器总重量仅为航天飞机的 1/10。需要说明的是,X-37B 飞行器控制面不同部位采用的热结构有所不同,襟副翼采用了 C/SiC 和 C/C 复合材料结构,方向舵则采用了 C/C 复合材料结构,如图 1.12 所示。

图 1.12　X-37B 热结构[13]

TUFROC 在 X-37B 上的应用是热防护系统的一大突破,NASA Ames 研究中心因此获得了 2011 年度美国 NASA 发明奖。从表面上看,TUFROC 是一种材料,但实际上是一种由多种材料复合的一体化热结构(图 1.13)。在材料设计上,X-37B 摒弃了传统热防护结构防热、隔热分而治之的思想,采用了材料外层非烧蚀、内层轻质隔热的一体化设计,这种热结构由抗氧化陶瓷碳材料制备的碳质帽和低导热率的纤维隔热体组成,能抵抗 1 697℃的温度,可用于锐边和钝形前缘飞行器,并延伸应用于高超声速飞行器的翼前缘或端头帽。外层盖帽保证了外层模型线的空间尺寸稳定,而内层热导率较低的隔热基体可以保护飞行器的结构。这种热结构的制造周期为 RCC 的 1/6,材料密度和成本分别为 RCC 的 1/4 和 1/100。

图 1.13　由 TUFROC 制备的 X-37B 热结构[1,14]

TUFROC 最初的设计方案是采用高温性能优异的碳基材料和隔热性能优异的 LI‐900,如图 1.14(a)所示,但由于面临碳基材料氧化过快、LI‐900 力学性能差的问题,进一步采用了由难熔、抗氧化的轻质陶瓷/碳材料(refractory oxidation-resistant ceramic carbon insulation, ROCCI)制作的碳帽和铝增强隔热栅(alumina-enhanced thermal barrier, AETB)的组合,如图 1.14(b)所示,并在 ROCCI 表面依次增加了高效钽基陶瓷复合涂层(high efficiency tantalum-based ceramic composite, HETC)和固化玻璃涂层(reaction cured glass, RCG),以达到材料表面抗氧化、高辐射、低催化的要求。同时,HETC 涂层还缓解了 ROCCI 和 RCG 涂层之间热膨胀系数不同的问题。与 LI‐900 相比,增加了氧化硼和硼硅酸铝纤维的 AETB 强度更高,约为 LI‐900 的 3 倍多。最终制备的 TUFROC 密度仅有 400 kg/m³,同时远高于 AETB 的使用温度(1 970 K),因此 TUFROC 可以在飞行器翼前缘等区域应用,减轻飞行器热防护系统的重量。

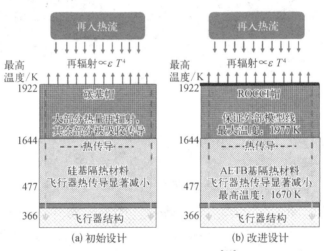

图 1.14　TUFROC 设计图[11]

### 1.2.3　吸气巡航飞行器及其热结构

高超声速巡航飞行器是一种以超燃冲压发动机为动力,飞行速度超过马赫数 5,可在大气层内实现高超声速飞行的飞行器,可通过前沿部署执行全球快速打击任务,最具代表性的是 X‐43A 和 X‐51A。

1994 年 11 月,美国政府取消了耗资庞大的 NASA 国家空天飞机项目,X‐30 试验机也随即下马。为了顺应“更好、更快、更廉价”的航空航天战略,美国高超声速试验(Hyper‑X)计划应运而生,其中 X‑43 计划就是研究核心。X‑43计划飞行器有 4 个型号,即 X‑43A、X‑43B、X‑43C 和 X‑43D,其设计速度目标为马赫数 7~10。X‑43A 与 X‑30 不仅在外形上十分相似,而且都是采用机身一体化的超燃冲压发动机。而 X‑51A 是美国空军 HyTech 计划的验证机型,该计划可看作 Hyper‑X 项目的延续。

1) X‑43A

X‑43A 是 NASA 旗下代顿研究中心开发的高超声速试验飞行器。

Hyper‑X 计划旨在对采用超燃冲压发动机、机体推进一体化的高超声速飞行器的与设计和性能预测相关的试验技术、计算方法、计算工具等进行验证。作为 Hyper‑X 试验计划的一部分,X‑43A 采用升力体构型,如图 1.15 所示,长约 148 in*,宽约 60 in,高约 26 in,总质量约为 1 360 kg。2001~2004 年,研究人员共进行了三次 X‑43A 飞行试验,第 1 次飞行试验因为助推器控制面板过载问题而以失败告终,第 2 次实现了马赫数 7 飞行,第 3 次创造了马赫数 9.6 的吸气式发动机推进高超声速飞行纪录。

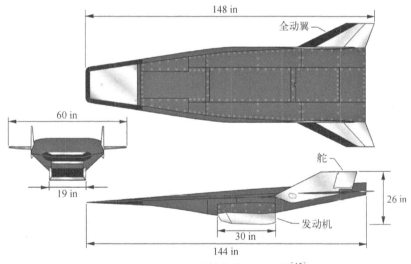

**图 1.15　X‑43A 的基本外形及尺寸**[15]

X‑43A 的机身材料分布及采用的热防护设计如图 1.16 所示。飞行器机身主要采用钢、铝结构,头锥采用金属钨热沉结构,控制面采用海纳合金,在头锥与控制面板的尖锐前缘区域采用 C/C 复合材料,在结构背面及侧边大面积区域采用了涂

---

＊ 1 in＝2.54 cm。

覆增韧单片纤维隔热材料(toughened uni-piece fibrous insulation，TUFI)的铝增强隔热栅(Alumina-enhanced thermal barrier，AETB)隔热瓦，并与机身之间通过应变隔离垫连接。由于X-43A机身结构刚度较高，结构变形小，在防热瓦中并未预留大量缝隙。飞行器发动机主要采用铜合金，并在前缘采用了水冷主动冷却。马赫数7飞行条件下，X-43A控制面板采用了镂空结构，以达到减重和调整飞行器重心位置的目的，如图1.17所示，其中T101等标号为飞行试验中的热电偶位置，而在马赫数10飞行条件下，面对更高的热流载荷，控制面板则采用了实心结构。

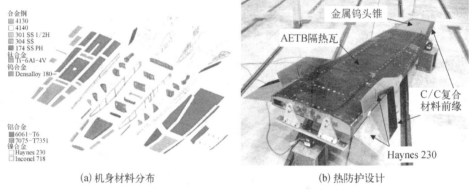

(a) 机身材料分布       (b) 热防护设计

**图1.16　X-43A 机身材料分布及热防护设计**[16]

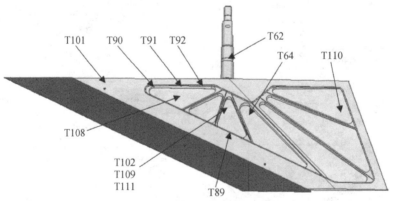

**图1.17　X-43A 控制面(马赫数7飞行条件)**[17]

　　由于高速巡航需求，为降低高超声速飞行阻力，X-43A采用了尖锐前缘热结构。在马赫数7飞行器设计中，仅有头锥、两侧侧边及水平尾翼翼前缘采用了C/C复合材料。由于垂直尾翼温度相对较低，其前缘采用了海纳合金。为了降

低尖端温度和热梯度,头锥采用了高导热碳纤维 K321 5∶1(翼弦∶翼展)铺层

设计。热分析表明,头锥最高温度不超过 1 648℃,因此仅在材料表面涂覆了 SiC 涂层,两侧侧边和水平尾翼则分别采用了 PAN 基纤维 3D 针刺编织和 K321 纤维准各向同性铺层制备。马赫数 7 条件下,X－43A 飞行器头锥及侧边组件如图 1.18 所示。

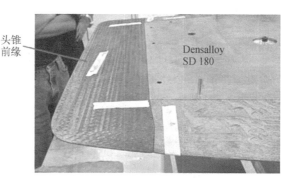

图 1.18　X－43A 飞行器头锥及侧边组件(马赫数 7)[18]

马赫数 10 工况下,飞行器各热结构部件设计的主要挑战来自尖锐前缘带来的高热、高热梯度及相应的热应力等问题。在马赫数 10 的飞行过程中,头锥前缘尖端温度可能超过 2 200℃,单一的 SiC 涂层难以满足要求。马赫数 10 飞行器设计中,头锥、水平尾翼和垂直尾翼前缘结构的涂层分为三层,即 C/C 到 SiC 的转化层、采用化学气相沉积(chemical vapor deposition, CVD)制备的 SiC 层和 $H_fC$ 层,而两侧侧边的 C/C 复合材料仅涂覆前两层。为降低热应力,头锥前缘的 C/C 复合材料采用了非对称铺层设计,以最大程度提高弦向热导率。同时考虑到材料在翼展方向上的压缩强度,最终确定头锥、水平尾翼和垂直尾翼前缘织物结构采用 P－30X 高热导碳纤维 3∶1(翼弦∶翼展)铺层。对于两侧侧边,热流载荷相对较低,且部件厚度较大,为避免产生加工过程中的分层问题,C/C 织物结构采用工艺更加成熟的准各向同性铺层。

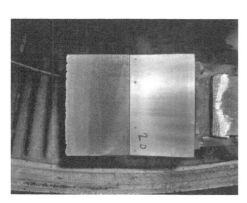

图 1.19　电弧风洞试验后的
X－43A 前缘形貌[19]

在电弧风洞试验中,采用的 C/C 复合材料前缘烧蚀超过预想,如图 1.19 所示。通过提高材料制备过程中的热处理温度,以提高材料弦向热导率,且在最终的设计中将前缘半径由第 2 次飞行试验中的 0.76 mm 增大至 1.27 mm,由此降低了热流载荷,解决了该问题。

2004 年 11 月 16 日,第 3 次 X－43A 飞行试验获得成功,不仅验证了超燃冲压发动机可以在 33 km 高空、马赫数 9.68 条件下正常使用,拓展了超燃冲压发动

机的性能数据库,同时也验证了 C/C 复合材料应用于单次飞行高超声速飞行器前缘结构的可行性。

2) X - 51A

为了验证超燃冲压发动机采用碳氢燃料(JP - 7)可实现马赫数 4.5~6.0 下的长时间(5 min)飞行,研制了 X - 51A 飞行器。X - 51A 飞行器由巡航体、流通级间段和助推器组成,其中巡航体采用乘波体构型,其基本外形如图 1.20 所示。

X - 51 飞行器属性:飞行器堆栈长度为 25 in;重量为 1 780 kg;巡航体长度为 14 in;重量为 671 kg(燃料:120 kg);最大宽度为 23 in;发动机流道宽度为 9 in。

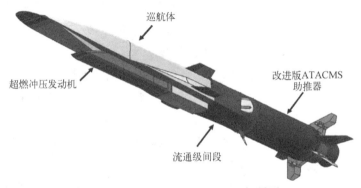

**图 1.20 X - 51A 飞行器的基本外形**[20]

2013 年 5 月 1 日,美国空军成功完成了 X - 51A 的第 4 次,也是预定计划中的最后一次试飞。X - 51A 由 B - 52H 轰炸机携带,从爱德华空军基地起飞,并在大约 15 km 高空处投放。在随后的 26 s 内,X - 51A 由其尾部的固体火箭发动机加速至马赫数 4.8。在与助推器分离后,X - 51A 的超燃冲压发动机点火工作,飞行器加速爬升至 18 km 高空,速度达到马赫数 5.1。试验过程中,飞行器仅用 6 min 左右的时间飞越了 426 km 的距离。

X - 51A 飞行器在飞行中的表面最高温度为 816~1 927℃,整机采用热防护+冷结构的防热方案,如图 1.21 所示。其中,头锥采用表面涂覆 $SiO_2$ 热障涂层的钨合金热沉结构,并通过镍基合金高温合金与其后机身相连,以减少向机身的传热。巡航体、级间段蒙皮及助推器、4 个可拆卸控制舵采用铝合金材料,并在助推器上额外安装了 2 个铝合金水平舵,以增加助推飞行过程中的稳定性。助推器蒙皮则由钢材料制成。超燃冲压发动机主结构采用了燃料冷却的薄壁高温镍基合金结构。巡航体 4 个可动机翼也同样采用了高温镍基合金材料,并在前缘使用了 C/C 复合材料。此外,级间段流道结构及助推器尾部还采用了少量的 Ti 合金材料。

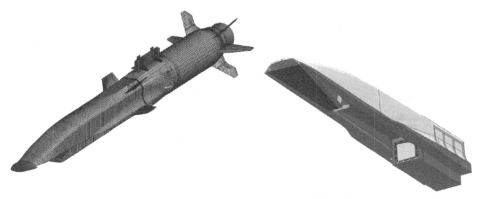

图 1.21　X‑51A 材料使用方案[20]

　　飞行器外表面热防护结构主要采用轻质泡沫材料和陶瓷隔热瓦。其中,陶瓷隔热瓦为波音公司生产的 BRI‑16,主要用于飞行器脊部前缘和进气道斜面,并通过应变隔离垫粘接在底部铝合金蒙皮上。发动机机舱内侧采用 FRSI,以保护飞行器免受发动机辐射热流载荷作用。飞行器上表面(大面积区域)同样采用 FRSI,并在其上喷涂、覆盖了变厚度的波音轻质烧蚀泡沫材料(Boeing light-weight ablator, BLA‑S)。BLA‑S 的蜂窝增强版本 BLA‑HD 则用于飞行器喷管内侧,该位置暴露于发动机高温燃烧产物作用下。总体来说,X‑51A 热防护材料的选择及结构厚度设计主要依据预测的热流载荷确定。

### 1.2.4　助推滑翔飞行器及其热结构

　　美国高超声速联合技术办公室在 2008 年提交给国会的报告中指出,高超声速飞行可以提供打击长距离时间敏感性目标,做出快速响应的能力。其中,"时间敏感性目标全球打击"反映了全球范围内高超声速助推滑翔飞行器的性能特征,具有高回报的精确作战能力,能在一小时内打击固定/再定位、移动和深埋目标,其关键在于大气层内的高超声速机动飞行技术,代表性计划如 Falcon 计划的 HTV‑2 飞行器。Falcon 计划的主要目标是通过开发通用再入飞行器(common aero vehicle, CAV)来实现其远程到达和打击的能力,CAV 是一种无动力、可进行机动的一次性使用高超声速滑翔飞行器。碍于国际舆论及国内政治压力,美国国会对 Falcon 项目做出了调整,CAV 研制也相应转为高超声速飞行器(hypersonic technology vehicle ,HTV)的研制,突出技术验证目的。HTV 的关键技术主要涉及耐久性热防护技术、高升阻比气动技术及机动控制技术。耐久性防热材料/结构的性能和实现能力为制约要素,如果热防护系统能够在服役环境下工作 3 000 s 以上,滑翔飞行器就能够将射程提高到 28 000 km,并可以完成 4 250 km 的横向机动飞行。

Falcon 作为美国重点发展的助推滑翔式高超声速技术验证飞行器项目,在 Falcon 项目中先后研究了三种高超声速飞行器,分别为 HTV-1、HTV-2 和 HTV-3,基本外形如图 1.22 所示。各型号基本采用乘波体构型,HTV-1 和 HTV-2 是单次使用飞行器,HTV-3 是可重复使用飞行器。HTV-1 采用单块 C/C 材料气动外壳,存在制造问题,未通过关键评审,随着预算的缩减,HTV-1 和 HTV-3 的研发计划相继被取消,只剩下 HTV-2。

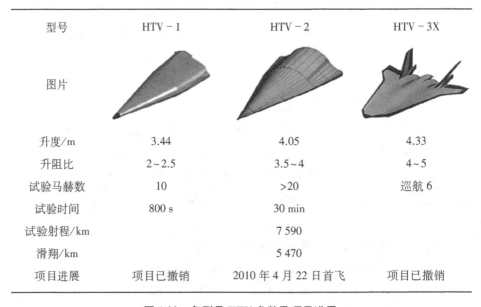

| 型号 | HTV-1 | HTV-2 | HTV-3X |
|---|---|---|---|
| 图片 | | | |
| 升度/m | 3.44 | 4.05 | 4.33 |
| 升阻比 | 2~2.5 | 3.5~4 | 4~5 |
| 试验马赫数 | 10 | >20 | 巡航 6 |
| 试验时间 | 800 s | 30 min | |
| 试验射程/km | | 7 590 | |
| 滑翔/km | | 5 470 | |
| 项目进展 | 项目已撤销 | 2010 年 4 月 22 日首飞 | 项目已撤销 |

**图 1.22 各型号 HTV 参数及项目进展**

2010 年 4 月 22 日和 2011 年 8 月 11 日,进行了两次 HTV-2 试飞试验,采用小型运载器发射运送至临近空间,与运载器分离后再入大气层,以马赫数 20 的速度进行无动力滑翔飞行,整个飞行过程包括发射、再入方向调整、再入、拉起、滑翔、机动飞行、末端控制降落等几个阶段,其飞行弹道与洲际弹道导弹再入飞行弹道的对比如图 1.23 所示。

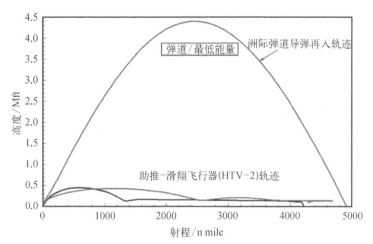

**图 1.23　HTV－2 飞行弹道与洲际弹道导弹飞行弹道的对比**[21]

　　第一次试飞中,由于 HTV－2 飞行器的偏航值超出预期,翻滚超出可控范围,飞行器失去控制导致飞行失败。第二次试飞解决了第一次试飞中的问题,但由于严苛的气动热/力/氧化环境,C/C 外壳表层逐步剥蚀,部分 C/C 外壳剥蚀量超过预期,并诱发了强激波,最终导致飞行器飞行姿态无法恢复,失去控制,试飞失败。

　　与传统的弹道飞行器不同,HTV－2 在大气层内要进行长时间的滑翔机动飞行,累积的热量将给飞行器防热材料和热防护结构设计带来严峻的挑战。在 HTV－2 热防护系统发展过程中,Falcon 项目成立了专门的材料小组,与洛马公司一起开展热防护和热结构材料技术的研究,并主要关注了如下材料:① 耐 1 650℃ 的前缘材料;② 高于 1 650℃ 的耐热复合材料;③ 高温多层隔热;④ 大面积热防护材料;⑤ 高温密封材料。HTV－2 采用了二维 C/C 外壳与内部隔热的热结构防热方案(图 1.24),具体设计中主要采取了可制造性设计的发展思路。

　　尽管两次 HTV－2 飞行试验均没有达到预期目标,但在第 1 次飞行试验获得的空气动力学知识成功应用到了第 2 次飞行试验之中,并在第 2 次飞行试验中实现了马赫数 20 的速度下依靠气动控制稳定飞行近 3 min,获得了在地面试验设备中无法获取的重要试验数据。但从两次飞行试验中可以看出:① 超过1 650℃ 的高温复合材料和大面积 C/C 材料通过地面试验考核,基本具备了服役时间达 1 000 s 以上的防隔热能力,大大提升美国 C/C 能力;② 出于低成本和工艺性考虑,坚持采用依据 ACC－6 标准研制的大面积 C/C 复合材料气动外壳结

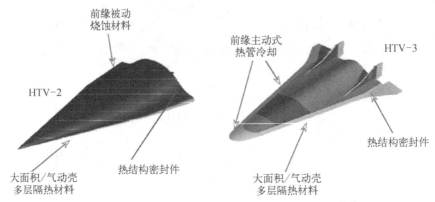

图1.24　HTV‒2与HTV‒3关键区域热防护方案[22]

构,为保证面内性能,采用了2D增强织物,其层间性能差的弱点在制备和应用中引发了很大的问题;③ 2011年8月,第2次飞行试验中,2D C/C气动外壳材料在热/力/氧耦合作用下的应力超出了极限,烧蚀量超出预期且发生连续性破坏,热结构材料大块脱落,导致飞行试验中止;④ 目前,研究人员对材料和环境的不确定性把握不足。

## 1.3　热结构的关键特性

相比于一般的结构系统,热防护结构存在显著的区别性和关键特性,在热防护结构的分析、评价乃至设计中需要特别注意以下几点。

(1) 高温下热膨胀不匹配引起的热载荷是结构分析与设计中的主要载荷,热载荷的传力路径不同于冷结构,对结构局部特征敏感。值得注意的是,自由热膨胀并不引起机械载荷与热应力,当结构中的热膨胀受到约束或结构之间的热膨胀量不匹配时,才会引起热应力。由此可以看出,热载荷不仅与温度场直接相关,还与结构形式耦合,应当看作一种内源性载荷。该特点使得热载荷对结构形式十分敏感,例如,结构外形会影响热结构膨胀,进而决定热载荷大小;结构之间的界面缝隙会影响热变形释放量,进而影响载荷大小与分布。

(2) 高温会对材料力学性能产生严重影响,并可能伴随复杂的物理化学反应,环境与热结构响应之间,以及各种结构响应之间都存在着强耦合特性。一般来说,材料的热物理性能、力学性能随着温度会出现明显的非线性变化。多孔材料的热导率由其内部的导热、对流与辐射等机制决定,不同温度下的主导机制不同,且与环境气氛压力密切相关,其热导率一般随着温度、压力非线性单调上升。对于 C/C 等热结构复合材料,其刚度一般随着温度升高而降低,其强度则出现更为复杂的依赖关系,出现先下降、后上升的特点,并且通常会在 1 400℃左右出现一个峰值。在高超声速环境下,氧(分子、原子、离子等)可能与材料表面发生反应并渗入材料内部,造成材料力学性能损伤、表面形貌变化,同时伴随着氧化烧蚀等行为。尤其对于多次重复使用热防护结构,隔热材料可能出现收缩、内部纤维熔融搭接、隔热性能劣化等,热结构材料可能出现损伤累积,均会影响热防护结构的功能、性能,在其结构分析、设计中必须加以考虑。

(3)在高温下承载的同时,为了降低结构重量,热防护结构大量使用复合材料与结构,其高温下力学特性与破坏行为复杂,如 C/C、C/SiC、SiC/SiC、C/UHTC 等复合材料为非均质材料,属于典型的"微结构",其损伤、劣化和破坏行为有着明显的多尺度性,宏观力学性能表现出明显的非线性特点。与此同时,材料的损伤与结构的劣化直接相关,进而会影响结构载荷的分配,两者相互耦合,共同决定结构的破坏模式与路径。因此,在热防护结构分析中,需考虑材料级的损伤与劣化行为,其存在明显的多尺度与非线性特征。

(4)热结构分析与设计中的不确定性因素众多且影响显著。一方面,热结构复合材料性能离散性明显,在高超声速飞行环境下存在不可避免的波动性;另一方面,人们对热结构材料力学行为与载荷环境认知不充分,建模分析中存在的假设、近似、简化等因素又会引起建模与预测的显著误差。因此,在结构的分析设计中往往面临大量的不确定性因素,影响分析与设计的有效性。加之热防护材料、结构的相关试验困难、准备周期长、成本高,必须发展不确定性量化、设计与模型有效性的评价方法。

## 参考文献

[ 1 ] Stewart D, Leiser D. Lightweight TUFROC TPS for hypersonic vehicles. Canberra: 14th AIAA/AHI Space Planes and Hypersonic Systems and Technologies Conference, 2006.

[ 2 ] Earl A, Thornton. Thermal structures — four decades of progress. Journal of Aircraft, 1992, 29(3): 485 – 498.

[ 3 ] Stillwell W H. X – 15 research results with a selected bibliography. NASA (non Center Specific), 1965: 1 – 135.

[ 4 ] Anderson M S, Kelly H N. Structures technology for hypersonic vehicles. Vehicle Technology for Civil Aviation: the Seventies and Beyond, 1971: 179 – 192.

[ 5 ] David E. Hypersonic materials and structures. Hampton: NASA Langley Research Center, 2015.

[ 6 ] 闵昌万,付秋军,焦子涵.史记·高超声速飞行.北京：科学出版社,2019.

[ 7 ] NASA. Staff of johnson space center. Space Shuttle,1976.

[ 8 ] Snapp C, Rodriguez A. Orbiter thermal protection system lessons learned. Long Beach: AIAA SPACE 2011 Conference & Exposition, 2011.

[ 9 ] Cooper P A, Holloway P F. The shuttle tile story. Astronautics and Aeronautics, 1981, 19: 24 - 36.

[10] Sylvia M J. Thermal protection materials and systems: past and future. Daytona Beach: NASA Ames Research Center, 2015.

[11] Grantz A C. X - 37B orbital test vehicle and derivatives. Long Beach: AIAA Space 2011 Conference & Exposition, 2011.

[12] Paez C. The development of the X - 37 re-entry vehicle. Fort Lauderdale: AIAA/ASME/SEA/ASEE Joint Propulsion Conference and Exhibit, 2004.

[13] Johnson S, Gasch M, Leiser D, et al. Development of new TPS at NASA Ames Research Center. Dayton: 15th AIAA International Space Planes and Hypersonic Systems and Technologies Conference, 2008.

[14] Catherine B, Ethan B. The X - 43A Hyper-X Mach 7 flight 2 guidance, navigation, and control overview and flight test results. Capua: 13th AIAA/CIRA International Space Planes and Hypersonics Systems and Technologies Conference, 2005.

[15] Harsha P , Keel L , Castrogiovanni A. X - 43A Vehicle design and manufacture. Capua: 13th AIAA/CIRA International Space Planes and Hypersonics Systems and Technologies Conference, 2005.

[16] Leonard C, Amundsen R, Bruce W. Hyper-X hot structures design and comparison with flight data. Capua: 13th AIAA/CIRA International Space Planes and Hypersonics Systems and Technologies Conference, 2005.

[17] Glass D E. Ceramic matrix composite (CMC) thermal protection systems (TPS) and hot structures for hypersonic vehicles. Dayton: 15th AIAA International Space Planes and Hypersonic Systems and Technologies Conference, 2008.

[18] Ohlhorst C W. Development of X - 43A Mach 10 leading edges.Fukuoka: 56th International Astronautical Congress, 2005.

[19] Hank J, Murphy J, Mutzman R. The X - 51A scramjet engine flight demonstration program. Dayton: 15th AIAA International Space Planes and Hypersonic Systems and Technologies Conference, 2008.

[20] Walker S, Sherk J, Shell D, et al. The DARPA/AF Falcon program: the hypersonic technology vehicle # 2 ( HTV - 2 ) flight demonstration phase. Dayton: 15th AIAA International Space Planes and Hypersonic Systems and Technologies Conference, 2008.

[21] David G, Ray D, Harold C, et al. Materials development for hypersonic flight vehicles. Canberra: 14th AIAA/AHI Space Planes and Hypersonic Systems and Technologies Conference, 2006.

[22] Walker S, Ming T, Morris S, et al. Falcon HTV - 3X — A reusable hypersonic test bed. Dayton: 15th AIAA International Space Planes and Hypersonic Systems and Technologies Conference, 2008.

# 第2章

## 热结构建模与分析的基本方法

如今,在热结构的性能评估、结构设计中,建模与数值分析方法正在发挥越来越重要的作用。一方面,热结构试验验证的周期长、成本高,且地面试验能力有限,热结构分析是结构设计主要的依据;另一方面,随着热结构研发的进程,设计修改的成本会越来越高,因此热结构分析与评价准确性、有效性也显得越来越重要。

前面已经指出,热结构区别于冷结构的本质特征在于热载荷影响材料力学性能并产生明显的热应力。热应力分析的理论基础是连续介质力学的热弹性理论,该理论相对成熟清晰。"热障"环境及相应环境下特殊的材料体系和结构形式,使得高超声速飞行器热结构体现出非线性响应显著、材料/环境强耦合、多失效模式及不确定性众多等特性,给热结构的分析与评价带来了挑战。

本章将简要介绍热/力耦合的基本理论,针对热结构的关键特性,依据上述基本理论和分析经验,尝试提出一套热结构分析的基本框架,并对其中的关键问题及方法进展进行简要介绍。近年来,基于离散和降阶思想的有限元方法在结构分析中得到了广泛应用,该方法也是热结构分析与评价的重要工具。在热结构分析方法的阐述中,将以基于有限元的建模与数值分析方法为蓝本,力图使本章内容具有较好的可参考性,分析方法具备更强的可实践性。

## 2.1 热结构建模分析的要求

在准静态载荷下,热结构设计主要关注结构耐高温性能、刚度、强度等设计约束。因此,热结构分析的主要需求是确定热力耦合载荷下整个结构的温度、变形、应力和应变等热、力响应,结合相应的失效判据给出设计裕量,这也是热结构强度校核和热结构设计的基本输入量。

针对热结构的特性,建模分析的基本思路如下:首先,开展结构传热分析并保证温度梯度分析准确;其次,在结构建模中,保证外载荷和边界简化对关键位置具有等效性,保证结构模型具有恰当的刚度,以准确分析结构中的应力水平;然后,在结构分析中引入材料损伤演化行为,使得分析模型能够复现热结构的失效模式;最后,针对热结构分析中的不确定性因素和影响显著的问题,重点分析各类不确定性因素的影响并给出不确定性条件下模型的置信度和置信区间。在热结构建模分析中,需要满足如下几条基本原则。

(1)在传热分析中准确捕获结构中的温度梯度特征。热载荷是热结构的主要分析与设计载荷,热载荷作用下,结构表面温度升高而内部温度较低,进而形成温度梯度,温度梯度下的热失配效应是热应力的主要诱因。准确分析结构传热、获取结构温度场分布,是准确分析结构热应力的前提。

在传热分析中,需要考虑材料热物理性能与温度、环境压力的相关性,确定结构的表面辐射及空腔内的相互辐射、对流冷却边界,以及结构界面热阻,上述因素均会影响结构的温度梯度。小变形情况下,可不考虑热结构变形对传热路径的影响,一般只考虑温度场对结构应力的贡献(单向耦合)。但在材料出现损伤时,尤其是出现裂纹时,则必须考虑不连续界面的大热阻对温度场分布的影响。温度通常会引起多场耦合效应,例如,在氧化反应中必须考虑对温度场的贡献。

(2)外载荷或边界简化对潜在失效位置具有等效性。载荷和边界分别决定了结构所受的主动力和约束反力。受制于实际结构的形式和受载形式,载荷作用面和边界上的受力状态相对复杂,两者建模方式的简化会影响结构实际受力。在简化过程中,应仔细分析载荷作用面和边界上力的分布特征,必须同时考虑简化的合力和合力矩,以保证在关键失效位置载荷和边界的简化具有等效性。必要时,可不进行边界或加载方式的简化。

(3)具有与实际结构一致的刚度特性。应通过模型预测与实际结构的变形量、应变场对比分析,确定热结构模型所体现的刚度特性与实际结构基本一致,热结构分析模型给出的结构变形形式和特征能够反映实际结构的变形特征,这是保证热结构分析模型有效性的基础。若模型无法正确反映结构的刚度特性,在热载荷作用下,热变形受约束所产生的热应力分布预测就很难准确,后续的结构损伤失效及破坏载荷预测准确性就更无法保证。在模型的刚度分析中,应该特别注意检查连接刚度、界面刚度,以及边界约束的刚度。

前面已经提及,热应力是一种内源性的载荷。在温度场一定的情况下,结构的形式、界面、约束特征影响热应力的形成。对于组合结构,界面刚度特性决定了热应力的传递。需要结合界面特性和分析经验,为结构界面确定恰当的刚度特性、摩擦特性,考虑缝隙的影响,进而确保结构内产生了正确水平的热应力。

(4)能够复现实际结构的破坏模式。热结构的一个关键特性是失效模式多,热结构模型能够复现与实际结构一致的破坏模式,是准确分析结构失效载荷的前提。在建模分析中,应当仔细分析多种潜在的失效模式,通过危险点的应力状态及周围结构的受载情况,结合热结构复合材料的损伤演化特性,判断结构可能出现的失效行为及扩展模式,与实际结构的破坏模式进行对比。在破坏载荷分析中,需要使用与破坏模式相关的、结构就位的材料强度作为判据,同时,破坏模式分析结果也可为材料性能测试方案提供参考。

(5)开展不确定性量化与模型有效性评定。在热结构实际产品制造和服役之前,考虑材料性能离散性、环境载荷波动性及实际产品制造偏差等不确定性影响,热结构的具体承载性能是一个不确定量,应该在一定的不确定性范围内。从热结构设计的角度出发,热结构模型的有效性在于,模型能否准确预测热结构响应及性能的不确定性范围。因此,忽略不确定性难以证明模型的有效性。正因热结构分析的复杂性,分析中常采用各类假设与近似,以及引入经验模型等,在结构建模分析中,不仅要考虑材料、环境、几何尺寸中的客观不确定性因素,同时,还需要考虑各类模型误差的影响。两者都需要利用不确定性量化方法,前者主要针对试验数据进行不确定性量化,后者主要针对建模模拟进行不确定性量化。

在上述不确定性因素影响下,模型预测的不确定性区间与实际结构性能不确定性区间对比如图 2.1 所示。当模型预测不确定性区间覆盖实际区间,且区间大小满足模型使用目的时,说明模型有效;若模型所预测的不确定性区间过大,则说明模型中引入了过多的认知不确定性、模型误差等,需要进一步消除不确定性;反之,当模型预测的不确定性区间小于实际结构不确定性时,说明实际结构中可能出现一些模型无法预测的情况,模型的有效性不足;另外,当模型预测的不确定性区间与实际区间存在交叉时,说明模型的形式有误,需要进行修正。

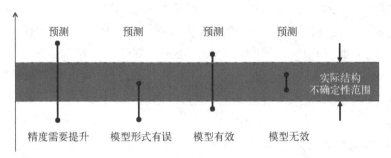

图 2.1    不确定因素影响下的模型有效性评定

## 2.2    热/力耦合分析理论

传热分析和结构分析的基础是连续介质力学的守恒方程、材料热/力行为的本构方程及连续性方程[1]。本节将对热力联合载荷的传热分析、热应力分析的基本理论,以及常用的分析边界、载荷等进行简要介绍。

### 2.2.1    守恒方程

对固体而言,守恒方程包括线动量守恒、角动量守恒和能量守恒。通过线动量守恒,可以导出如下运动方程:

$$\frac{\partial \sigma_{ij}}{\partial x_j} + B_i = \rho \frac{\partial^2 u_i}{\partial t^2} \tag{2.1}$$

式中,$\sigma_{ij}$ 为应力张量分量;$B_i$ 代表每个单位体积内的体力组元;$\rho$ 为热结构材料密度;$u_i$ 为位移分量。

从角动量守恒,可以由 Cauchy 第二运动定律推导出应力张量是对称的,即

$$\sigma_{ij} = \sigma_{ji} \tag{2.2}$$

可变形固体的能量守恒方程为

$$\frac{\partial q_i}{\partial x_i} - \sigma_{ij} \frac{\partial \varepsilon_{ij}}{\partial t} + \rho \frac{\partial U}{\partial t} = Q \tag{2.3}$$

式中,$q_i$ 代表热流组元;$\varepsilon_{ij}$ 为应变张量分量;$U$ 为单位质量内能,固体的内能取

决于压力和温度,即 $U = U(\varepsilon_{ij}, T)$;$Q$ 为单位体积的内部生热率。

可变形固体内某一点的应变与位移的关系为

$$\varepsilon_{ij} = \frac{1}{2}\left(\frac{\partial u_i}{\partial x_j} + \frac{\partial u_j}{\partial x_i} + \frac{\partial u_k}{\partial x_i}\frac{\partial u_k}{\partial x_j}\right) \tag{2.4}$$

通常假定位移梯度是小量,忽略式(2.4)中的最后一项,可以给出线性应变-位移关系,即

$$\varepsilon_{ij} = \frac{1}{2}\left(\frac{\partial u_i}{\partial x_j} + \frac{\partial u_j}{\partial x_i}\right) \tag{2.5}$$

式(2.4)和式(2.5)表明,应变张量是对称的。注意到式(2.5)仅适用于小变形情况。在实际的热结构分析中,在线弹性范围内或应变小于 $10^{-3}$ 时,上述假设基本是合适的。一些薄壁结构变形和塑性变形可能为大变形,结构出现屈曲或者材料经历损伤时也可能会出现大变形,此时需要非线性应变-位移关系,通常称为几何非线性。

能量守恒方程(2.3)表明,在一个变形体内,应力、应变和温度存在一定的关系,即固体内应力和应变的变化会改变热流和热能。式(2.3)左侧第二项表达了机械能向热能的转换。在航空航天领域应用时,在金属材料的弹性范围内,可以忽略机械能转换的热能。因为气动加热供给结构的外部能量非常大,相比之下由机械能转化的热能可以忽略不计,所以能量守恒方程(2.3)可以简化,在这种情况下,内部能量仅为温度的函数,习惯上取:

$$\frac{\partial U}{\partial t} = c(T)\frac{\partial T}{\partial t} \tag{2.6}$$

式中,$c(T)$ 为材料的比热容,与温度相关。

经过简化,能量守恒方程变为

$$\frac{\partial q_i}{\partial x_i} + \rho c\frac{\partial T}{\partial t} = Q \tag{2.7}$$

### 2.2.2　传热分析

在能量守恒方程(2.7)中,热流通常与温度梯度相关,满足傅里叶定律。对于各向异性材料,傅里叶定律表述为

$$q_i = - k_{ij} \frac{\partial T}{\partial x_j} \tag{2.8}$$

对于高超声速飞行器热结构的传导传热,将式(2.8)代入式(2.7),可以得

$$-\frac{\partial}{\partial x_i}\left(k_{ij} \frac{\partial T}{\partial x_j}\right) + \rho c \frac{\partial T}{\partial t} = Q \tag{2.9}$$

式(2.9)是一个抛物型偏微分方程。这意味着热扰动在物体中以无限的速度传播。为了解决这个异常问题,有学者通过修改傅里叶定律给出一个双曲能量方程,修正后的方程中,热扰动以非常高但有限的波速传播,这个波速称为"第二声速"。通常用于结构传热分析的仍是抛物型的传热方程。$k_{ij}$ 为热传导系数张量的分量,通常材料的热传导系数依赖于温度。对于热结构复合材料,热传导系数具有典型的各向异性。对于耐高温的隔热材料,如航天飞机的刚性隔热瓦、柔性隔热毡材料,受到材料内部对流传热机制影响,其热导率还依赖于环境气压[2]。

给定所有表面的初始条件和边界条件,可以求解热传导方程。初始条件指定了零时刻的温度分布,需要依据实际状态确定。在热结构分析中,常用的边界条件包括:① 指定温度,即式(2.10)所示边界,主要用于一些主动冷却边界的简化模拟、已知温度界面的模拟等;② 指定热流,如式(2.11)所示,主要用于模拟表面气动热、内流场结构表面受热等;③ 表面对流换热,如式(2.12)所示,主要用于模拟燃气加热、主动冷却边界、热结构内外表面的对流散热等;④ 辐射换热,如式(2.13)所示,主要用于模拟高温热结构表面向外界的辐射散热。

$$T_s = T_1(x_s, t) \tag{2.10}$$

$$q_i n_i = - q_s \tag{2.11}$$

$$q_i n_i = h(T_s - T_e) \tag{2.12}$$

$$q_i n_i = \sigma \varepsilon T_s^4 - \alpha q_r \tag{2.13}$$

式中,$n_i$ 表示单位外法线方向向量;$q_s$ 为表面热流(以指向表面为正向);$T_s$ 为表面温度;$T_e$ 为表面气体温度;$h$ 为对流换热系数;$\alpha$ 为表面的吸收率;$q_r$ 为表面内的辐射热流;$\sigma$ 为 Stephen - Boltzmann 常数;$\varepsilon$ 为表面的发射率。注意到式(2.13)中引入了温度的 4 阶量,通常称为边界非线性。

热结构的传热分析中,还需要考虑的特殊问题包括以下几个方面。

1) 空腔辐射

对于腔体等结构,表面温度较高时会发生表面之间的辐射换热。一个典型的例子是航天飞机的 C 形翼前缘。分析实际飞行试验表明,前缘腔体内的辐射和对流对提高温度分布均匀性、降低热应力有重要作用[3]。

分析表面之间的辐射换热很复杂,其既取决于表面温度,又受两表面之间的几何关系影响,而且后者会进一步影响表面受热情况。通常采用离散化方法处理空腔辐射问题,将辐射边界离散为 $N$ 个表面微元,并假定这些微元等温。如果将第 $i$ 个微元的辐射热流记作 $h_i$,可以由温度 $T_i$ 确定 $h_i$,这些方程的矩阵形式可以写为

$$[\boldsymbol{I} - \boldsymbol{F}(1 - \varepsilon)]\boldsymbol{h} = \boldsymbol{F}[\varepsilon\sigma T^4] \qquad (2.14)$$

式中,矩阵 $\boldsymbol{F}$ 为视角因数,$F_{ij}$ 表示离开表面 $i$ 到达表面 $j$ 的辐射能量;$\boldsymbol{I}$ 代表单位矩阵。

确定复杂三维结构的视角需要大量的计算,可以借助并行化等方式。

2) 对流冷却

对于对流冷却结构,必须考虑冷却通道的传热。冷却剂流动的主导传热模式是强制对流,在冷却剂通道中通常使用的是流动的工程模型。冷却能量方程所遵循的控制方程为

$$-\frac{\partial}{\partial x}\left(k_f A \frac{\partial T_f}{\partial x}\right) + \dot{m}c_f \frac{\partial T_f}{\partial x} - hp(T_w - T_f) + \rho_f c_f \frac{\partial T_f}{\partial t} = 0 \qquad (2.15)$$

式中,下标 $f$ 代表流体;下标 $w$ 代表换热壁面;$A_f$ 为冷却剂通道的横截面积;$\dot{m}$ 为冷却剂质量流动率;$h$ 为对流系数,表示冷却剂通道壁面和冷却剂之间的热交换;$p_f$ 为冷却剂通道周长;$k$ 表示导热系数;$c$ 表示比热容;$T$ 表示温度。

3) 界面热阻效应

界面热阻(thermal contact resistance, TCR)主要由两种不连续材料界面不完美接触引起,在界面上表现为不连续的温度骤降,数学表达式如下:

$$R = \frac{1}{k_{\text{int}}} = \frac{\Delta T}{Q/A} \qquad (2.16)$$

式中,$R$ 表示接触热阻;$k_{\text{int}}$ 为界面导热系数,单位为 W/(m²·K);$Q$ 表示流过界面的热流,单位为 W;$A$ 表示接触界面的面积,单位为 m²;$\Delta T$ 表示两界面之间的

温度差,单位为 $K$。

界面热阻与组成界面的材料、界面特性(压力、表面粗糙度等)、温度等参数相关,较为复杂,一般需要结合试验测试确定。

### 2.2.3    热应力分析

热弹性问题与弹性力学问题的分析方法基本相同,两者不同之处在于:热力耦合问题中,温度的变化会引起热膨胀应变,并且热变形受到约束时会进一步产生热应力,如图 2.2 所示。高超声速飞行器中,表面热结构与内部冷结构之间必然存在较大的温度梯度,因此热膨胀变形存在显著差异;与此同时,满足不同部位需求的材料不一致,相同温升下不同材料的热膨胀变形也不一致;正是热膨胀变形的不匹配性(有时简称为"热失配效应"),导致结构中产生热应力。

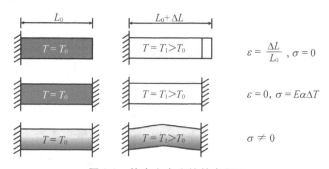

**图 2.2    热应力产生的基本原理**

通过联立运动方程(2.1)、连续性方程(2.4)和本构方程,可以求解结构中的热应力。在准静态分析中,飞行结构热应力计算的一个基本假设是式(2.1)中的惯性力可以忽略。在这种情况下,动量方程简化为平衡方程:

$$\frac{\partial \sigma_{ij}}{\partial x_j} + B_i = 0 \qquad (2.17)$$

通过给出边界条件指定结构所有外表面的位移或表面引力,可以求解平衡方程。初始条件包括初始位移,如果结构处于预载荷下,可能需要应力和应变的初始值。

对于线弹性行为,应力与应变的关系满足胡克定律。对于均匀、各向同性材料,本构方程可以写为

$$\sigma_{ij} = \lambda \sigma_{ij} \varepsilon_{kk} + 2G\varepsilon_{ij} - (3\lambda + 2G)\delta_{ij}\alpha(T - T_0) \qquad (2.18)$$

式中，$\delta_{ij}$ 为克罗内克符号；$\lambda$ 和 $G$ 为拉梅常量；$\alpha$ 为热膨胀系数；$T_0$ 为零热应力时的参考温度。

式(2.18)给出了热应力的表达形式，拉梅常量与更熟悉的工程常数之间的关系为

$$\lambda = \frac{\nu E}{(1+\nu)(1-2\nu)}, \quad G = \frac{E}{2(1+\nu)} \tag{2.19}$$

式中，$E$ 为弹性模量；$\nu$ 为泊松比；$G$ 为剪切模量，三者都依赖于温度。

式(2.19)和式(2.18)中，应力-应变为线性关系，然而对于热结构常用的碳基、陶瓷基等复合材料，材料在受载时会出现损伤劣化行为，此时本构关系出现非线性特征，通常称为物理非线性。

### 2.2.4　耦合方法

热结构分析中，首先需要通过传热分析确定结构的温度分布，用来作为结构分析的热载荷，而后进行热应力以及热/力耦合载荷下的应力分析。在大多数实际应用中，一个结构的热响应时间与结构的响应特征时间相比较长。分析中只考虑热膨胀变形不匹配引起的热应力，一般称为顺序耦合方法。

然而，在热响应时间与结构响应时间大致相同的情况下，会产生热致振动和热惯性效应。例如，对于薄梁、平板和壳等结构，突然施加热载荷（即热冲击）可以引起振动。对于脆性陶瓷材料，热冲击会引起明显的附加热应力，需要特别注意。此外，结构的大变形会影响传热途径，如结构屈曲、接触状态发生变化、材料中产生裂纹等。此时，需要联合传热问题和热应力问题的控制方程，并进行同步求解，一般称为直接耦合或强耦合方法。

## 2.3　热结构有限元建模分析要点

1943 年，Courant 在一系列三角形区域上采用分片连续函数和最小势能原理求解了圣维南扭转问题，如今，有限元方法(finite element method，FEM)已发展成为工程分析中最广泛应用的数值计算方法。有限元方法通过几何离散化、高维偏微分方程弱化和线性化，使得各类复杂区域上能够采用偏微分方程描述的

各类物理现象都能够得到数值解,其严格的理论基础又保证了数值解的收敛性和可靠性,并且适合通过计算机实现,人类掌握了过去难以想象的复杂工程问题的量化求解能力[4]。

在热结构分析领域,有限元方法已经得到了广泛运用,大型商业软件,如MSC NASTRAN、ANSYS、ABAQUS、COMSOL、ADINA 等提供了诸多分析方法,且大有成为通用分析工具的趋势,在这种情况下,更需要关注热结构特性。

### 2.3.1    有限元建模分析流程

以有限元法为蓝本,热结构建模与分析的一般流程如图 2.3 所示,涉及的主要问题包括以下几点。

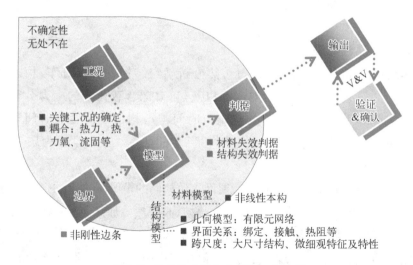

图 2.3    热结构建模与分析的一般流程

1)明确载荷工况及分析方法

热防护结构承受气动热、气动力、飞行惯性载荷、噪声、振动及氧化等多种环境载荷。在热防护结构的建模与分析中,需要依据具体的问题,确定控制结构响应的载荷环境。

若需要分析结构应力,则一般需要考虑气动热引起的高温及温度梯度、气动压力、飞行惯性载荷等。一般来说,气动热引起的高温与高热梯度,会在热防护结构中形成明显的热应力,热应力与其他因素的耦合、演化是决定热防护结构静力学响应的主要因素;噪声与振动环境、热载荷是控制热防护结构热力学动态响应的决定因素[5]。若需要分析热防护结构表面的氧化,以及材料的氧化损伤等,则进一步需要考虑气动热、表面组分与环境的耦合以及多种载荷形成的结构应力等因素。对决定热防护结构响应的载荷及其与结构耦合关系进行分析,一般能够确定热防护结构建模与模拟所需要的分析方法,如热力耦合分析、热/动力学分析、热力氧耦合分析等。

如图 2.4 所示,热防护结构服役中所受的载荷依赖于具体的飞行弹道,体现出明显的瞬态性特征。一般而言,在结构初步设计阶段,需要确定关键设计工况,以加速热结构方案的分析与设计。一般来说,热防护的初步设计至少需要考虑四种工况: ① 结构正向温度梯度达到最高; ② 结构表面温度达到最高; ③ 结构逆向温度梯度达到最高; ④ 结构气动力达到最高。

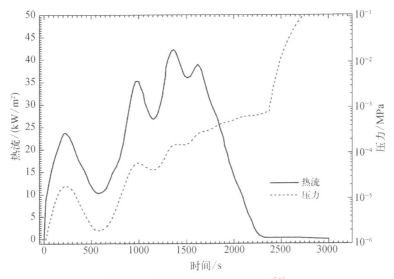

图 2.4　典型 RLV 再入环境载荷[6]

从波音公司[7]和洛克希德·马丁公司在吸气式高超声速飞行器热结构分析的经验来看,热载荷主要控制了热结构设计过程。但对于目标任务不同的飞行器,所确定的飞行弹道可能存在较为明显的差异,导致气动载荷特征出现明显差异。对于受高气动压力的区域,应当考虑压力载荷。此外,可能出现气动力载荷在结构中产生的应力方向与热载荷相反的情况。洛克希德·马丁公司在早期的热结构分析中提出,当气动压力载荷对热应力起到缓解作用时,应不予考虑气动压力载荷。对于陶瓷基复合材料(ceramic matrix composite, CMC)及碳基复合材料,其热膨胀系数较低,局部位置的热应力水平可能低于高气动压力下的结构应力,应予以注意。

2）建立初始条件与边界条件

传热分析中常用的边界条件包括指定温度、表面辐射、表面对流换热，对于热结构分析，需要确定恰当的结构初始温度。对于热应力分析，常用的边界条件包括位移约束等。一般可以利用结构和载荷的对称性、周期性的特点，结合边界条件的运用，降低有限元分析模型的规模。准静态热结构分析中，容易出现结构的欠约束和过约束，前者中结构容易产生刚体位移，后者在热载荷作用下会产生过大的热应力。

对于局部结构的分析，边界条件是所分析对象与周围结构相互作用的反映。边界条件的建模方式主要有三种：分析周围结构的相互作用特征，进而约束相应的平动或转动自由度；使用弹簧单元模拟周围结构的刚度约束；遵循全局-局部的原则，即采用整机结构进行线弹性分析，确定载荷分布等特征；再利用"子模型"技术，将全局模型的变形或载荷传递到局部模型中，实现边界条件的加载。

3）建立结构有限元模型

结构建模主要考虑影响热防护结构响应的结构特征，然后进行精细化建模，主要包括以下几个方面。

（1）结构几何模型的简化：依据结构模型的几何特征，采用恰当的单元及建模方式，如块体部分采用实体单元建模、薄壳采用壳单元等。采用合适的建模方式不仅能够加速求解，而且能够提高求解精度。对于结构中的关键倒角位置、圆弧角位置，一般不进行简化，同时要注意分析几何模型简化对力传递路径的影响。还需要协调传热分析和热应力分析的模型简化方式，例如，虽然壳单元可以加速求解，但不能较好地模拟厚度方向上的温度梯度及产生的应力。

（2）结构装配与结构界面的热、力学行为建模，如界面热阻效应、界面摩擦、非刚性界面与界面演化、连接结构的模拟与简化等，其目的是模拟装配界面的关键行为，保证装配结构中的温度场模拟准确、界面处具有恰当的刚度，进而保证结构力传递与分配路径模拟的准确性。

（3）结构模型的离散，也就是网格的划分，主要遵循效率与精度平衡的原则。例如，在结构弯角、圆孔等应力集中位置，应采用更为密集的网格划分；在结构大区域等低应力水平区域，可以采用粗网格划分。网格的划分需要考虑所处理的物理问题，如对传热问题与结构问题的关注区域和误差敏感区域不一致时，网格划分也不一致。另外，网格的划分不一定要遵循仿型原则，而是依据所处理的问题，对一些影响结果不明显的特征可以进行简化处理。

（4）单元的选取在 2.3.2 节中详细介绍。

4）引入材料损伤与失效特征

热结构复合材料在受载时会出现比较明显的损伤退化行为,同时该行为还依赖于载荷历史。材料损伤与失效分析是热防护结构分析的重要内容,也是确定热防护结构失效模式、开展结构设计的依据。大型商业软件均提供了自定义材料行为的接口,如 ABAQUS 软件中的 UMAT 子程序[8],这部分相关内容将在本书的第 5 章进行详细介绍。

5）进行不确定性量化

热防护建模与分析中面临着大量的不确定性因素,包括材料性能的离散性、环境载荷的波动性、模型的近似假设等。不确定性因素是实际结构性能出现离散性的原因,也是结构建模中需要定量表征的因素。只有对不确定性因素开展充分的辨识与量化,才能获取建模与分析结果的置信区间。对不确定性因素的表征、传播分析,以及不确定性条件下的结构优化设计,将在本书的第 6 章进行介绍。

6）开展模型验证与确认

受制于不确定性因素的影响,初步建立的结构模型往往不能够准确反映实际结构的热/力学行为,模型的有效性将受到限制。数值模型离散往往存在一定误差,结构响应求解中需要对该误差进行分析与控制。模型的验证与确认需要解决两方面问题：一方面是模型验证,模型的精度是否足够？另一方面是模型确认,模型是否有效？在热防护结构分析中,模型验证主要包括网格收敛性检验、求解误差检验等。模型确认通常需要借助一定的试验手段获取结构行为的数据,开展模型的修正,在此基础上对模型预测结果与试验结果进行不确定性量化,进而通过两者的对比,对模型的有效性(也就是说模型能否用于预定目的)进行确认[9]。有关模型验证与确认的内容将在第 8 章进行详细的介绍与分析。

### 2.3.2　常用单元的选取方法

不同的商业软件均提供了丰富的单元类型库,需要依据热结构分析的目的、几何特征及材料特性,选择恰当的单元。根据所求解问题的几何空间属性,常用的单元通常包括实体单元、壳单元和梁单元等,根据该划分方法对各类型单元的选用原则进行分析。

1）实体单元

实体单元应用最为广泛,对于三维单元,可选择四面体(Tet)、六面体(Hex)和楔形体(Wedge)；对于二维单元,则可选择三角形(Tri)或四边形(Quad)。对于这些基本的单元形状,每一种都有线性和二次积分阶次。线性单元仅在单元的角点布置节点,在各方向都采用线性插值;二次单元在每条边上有中间节点,采用二次插值。对于四边形和六面体单元,可以进一步选择完全积分或减缩积分:完全积分是指当单元具有规则形状时,所用的高斯积分点的数目足以对单元的刚度矩阵中的多项式进行精确积分。减缩积分是指其单元与完全积分单元相比在每个方向上少用一个积分点。各类常用实体单元的优缺点对比分析如表2.1所示。

表 2.1　常用实体单元的优缺点对比分析

| 单元类型 | 三角形/四面体 | 四边形/六面体 |
| --- | --- | --- |
| 线性完全积分 | 精度较差;<br>用于接触分析和大变形分析 | 单元在承受弯曲载荷时,会出现剪切自锁的问题,导致单元过于刚硬 |
| 线性减缩积分 | — | 存在"沙漏"数值问题而过于柔软,需要划分较细的网格;<br>积分点上的应力结果是相对精确的,而经过外插值和平均后得到的节点应力不精确,不适用于求解应力集中问题;<br>无剪切自锁现象,求解速度快,且位移解结果较精确,网格存在扭曲变形时,分析精度不会受到大的影响 |
| 二阶完全积分 | 用于复杂外形、难以划分结构网格的模型 | 对应力的计算结果很精确,适用于模拟应力集中问题;<br>不适用于接触分析与体积不可压缩的弹塑性分析;<br>当单元发生扭曲或弯曲应力有梯度时,有可能会出现某种程度的剪切自锁;<br>存在大变形时,应划分较密网格,以避免体积自锁 |
| 二阶减缩积分 | — | 即使划分的网格不是很细也不会出现严重的沙漏问题,即使在复杂应力状态下对剪切自锁问题也不敏感;<br>不能用于接触分析,不适用于大应变问题;<br>节点应力精度低于二次完全积分单元 |

另外,在商业软件 ABAQUS 中,还有非协调模式、杂交模式及修正模式的单元选项,其含义如下。

(1) 非协调模式:对于线性六面体或四边形,还可以选择非协调模式,能够克服线性完全积分单元的剪切自锁问题,在单元扭曲比较小的情况下,得到的位移和应力结果很精确。在弯曲问题中,在厚度方向只需要很少的单元就可以得到与二次单元相当的结果,而计算成本却明显降低。由于该类型单元使用了增强变形梯度的非协调模式,单元交界处不会重叠或开洞,可以用于非线性、有限应变问题的分析中。

(2) 杂交模式:对于不可压缩材料(泊松比为 0.5)或近似不可压缩材料(泊松比>0.475),应当使用杂交单元,若使用二次积分单元则可能出现体积自锁现象。

(3) 修正模式:对于二次完全积分的三角形或四面体单元,可用于大变形和接触分析。

当实际模型的分析需求不能采用同一种单元类型满足时,可以对模型区域进行划分,选择恰当的单元类型;或者先用线性单元进行全局结构分析、接触分析等,然后采用二次单元进行局部的细化分析。

2) 壳单元

如果一个薄壁构件的厚度远小于其典型整体结构尺寸(一般的判别为二者比值小于 1/10),并且可以忽略厚度方向的应力,就可以用壳单元来模拟此结构。壳体问题可以分为两类:薄壳问题(忽略横向剪切变形)和厚壳问题(考虑横向剪切变形),对于单一各向同性材料,一般厚度与跨度的比值小于 1/15 时,可以认为是薄壳;对于复合材料,这个比值一般可取 1/25。

3) 梁单元

如果一个构件的横截面尺寸远小于其轴向尺度(一般的判据为二者比例小于 1/10),并且沿长度方向的应力是最重要的因素,就可以用梁单元来模拟此结构。ABAQUS 中的所有梁单元为梁柱类单元,即可以产生轴向变形、弯曲变形和扭转变形。Timoshenko 梁单元还考虑了横向剪切变形的影响。

### 2.3.3　复合材料热结构分析要点

对于复合材料热结构,典型的有限元建模过程与金属结构没有本质的不同。一般薄壁结构采用壳/板单元,如面板;较厚的部分,如实体前缘、夹芯结构的填充材料等,采用三维实体单元;横梁或纵梁采用三维实体单元或三维梁单元,如图 2.5 所示。

在上述分析原则的基础之上,

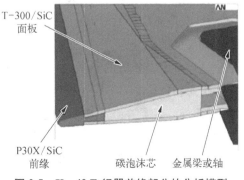

图 2.5　X-43 飞行器前缘部分的分析模型

仍需要考虑复合材料自身的材料特点,注意如下几个要素。

1)层合板材料应力分析

对于层合结构的复合材料,进行初步刚度和应力水平分析时可以采用壳单元,并采用等效的正交各向异性性能。但需要注意计算层合板的理论拉剪刚度矩阵、弯扭刚度矩阵(通常分别采用 $A$、$D$ 表示),分析层合板是否存在拉剪、拉弯、拉扭、剪扭、弯扭耦合效应。如图 2.6 所示,因此,仅当层合板采用多层、重复角度铺设时,才可以采用等效正交各向异性性能模拟层合板,并且应当选择能够考虑横向剪切效应的板或壳单元。尤其是面内杨氏模量与面外剪切模量的比例较大(如达到 5 左右),同时宽度与厚度的比值较小(<25)时,应选用考虑横向效应的壳单元。

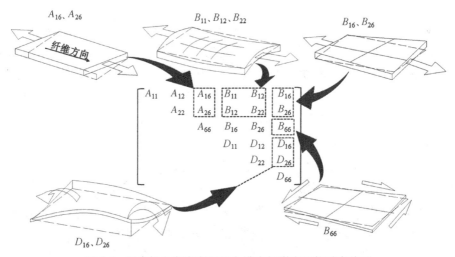

图 2.6　层合板中存在变形耦合模式与刚度系数对应关系

常用的 Hashin、Puck、Tsai-Hill 失效判据通常是针对单层板建立的。对于层合结构,获取单层板的应力水平能够准确地进行渐进损伤分析。一般来说,获取更细观尺度的组分应力,往往采用物理意义更加明确、更为准确的失效准则,这也是进行多尺度分析的意义之一。目前,包括 ABAQUS、ANSYS 等结构分析商业有限元软件均提供了层合板建模分析方法,能够计算层合板的中面应变和曲率,进而计算各层材料方向上的应力水平。注意这种方法并不能准确分析层间应力,采用实体单元能够更好地分析层间应力,但同时会增加分析成本。一般可提取全模型中的过应力区域,建立更小的局部模型,并在厚度方向采用更多、形态更好的单元进行分析。尤其是耐高温复合材料,必须考虑较弱的层间性能,如

2D C/C、2D C/SiC 等热结构复合材料,在层间拉应力、剪应力作用下产生分层之后,材料的抗压能力会迅速下降,远小于材料名义压缩强度,需要特别关注。对于可能发生分层失效的区域,应该采用内聚力单元等方法开展裂纹扩展分析,并考虑分层后可能出现的局部屈曲效应。

2) 层板分析中的对称边界条件运用

对于各向同性的板或壳,可以采用对称边界条件,以替代对整体的分析,简化模型,加速求解。对于一般的复合材料层合板,需要检查刚度矩阵,以确定是否能够应用对称边界。例如,即使载荷和边界条件关于 $X$ 轴、$Y$ 轴对称,如果层合板存在拉-剪耦合,即 $A_{16}$、$A_{26}$ 不为 0,则上述的对称边界仍不能使用,因为 $u_Y$ 在 $X$ 轴分界线上不为 0 并且 $u_X$ 在 $Y$ 轴分界线上不为 0。即使所分析的层合板没有拉-剪耦合(即 $A_{16} = A_{26} = 0$),但存在弯-扭耦合(即 $D_{16}$ 和 $D_{26}$ 不为 0),则 $q_z$ 在任一轴的分界线上均不为 0,因此不能应用对称边界。在上述两种任何一种情况下,都需要对整个板进行分析。对于存在拉-弯耦合的层合板,以及弯扭耦合的层合板,也可以得出相同的结论。

采用层合板铺层建模及分析方法时,当层合板中包括非 0° 或 90° 的单层板时,不应当使用对称边界条件。以 45° 铺层为例,对称边界条件假设对称的另一半具有镜像的特征,而非实际情况中的纤维连续特征,因此不能获得正确的应力,见图 2.7。

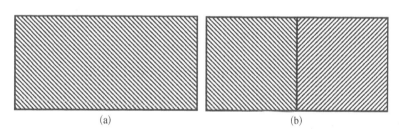

(a)　　　　　　　　　　　　　　(b)

图 2.7　45° 单层板及应用对称边界后的模拟情况

3) 材料损伤和非线性特征

使用线弹性假设,忽略材料损伤引起的非线性特征,在位移载荷下通常会高估应力水平,在力载荷下低估结构变形及应变水平。对于前者,若采用基于破坏应力的强度判据,会低估结构的承载能力;对于后者,若采用基于破坏应变的强度判据,则会高估结构的承载能力。对于特定类型的复合材料,如特定的耐高温复合材料、高应变失效复合材料,必须使用非线性本构模型进行结构应力、应变分析。

一般来说,对于 SiC/SiC 和 C/SiC 复合材料,由于纤维和基体热膨胀系数的差异及高温制备工艺,成品材料基体中通常存在大量的微裂纹,材料的应力-应变曲线表现出明显的非线性或者双线性。C/C 材料中,相比于编织体,基体对整体的刚度贡献有限,拉伸或压缩应力-应变曲线的线性度较好。但在剪切中,由于编织体的非线性变形,应力-应变曲线常表现出明显的非线性特征。

进行初步的刚度或者结构的受载特征分析较为简单时,使用简单拟合的非线性本构模型就能获得较好的效果。进一步分析结构中材料的损伤特征时,或者结构受多轴应力状态作用时,必须考虑不同损伤模式的耦合效应。

4) 就位性能和失效判据的运用

对于复合材料,有限元云图上给出的极限应力或应变并不适于进行真实的部件性能分析。例如,如图 2.8 所示,局部点的应力水平较高,在实际结构中可能只引起微小位置的压溃、微裂纹等,因此并不能作为整体结构失效的判据。

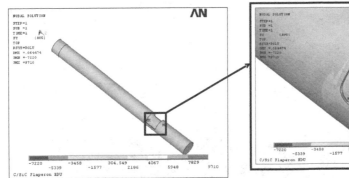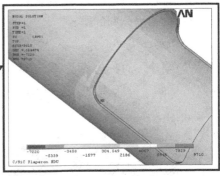

图 2.8　有限元分析中给出的局部高应力区域

另一方面,在复合材料测试中,失效通常在几个(至少 3 个)编织单胞内出现。因此,必须考虑复合材料的编织结构特性,在后处理中对应变值、应力值进行处理。至少应采用 3 个单胞大小体积内的平均应力或应变值,与测试得出的失效应力或应变值相比,以分析构件性能,而不是直接采用有限元分析给出的结果[10]。常见的单胞形式见图 2.9。

受制于工艺均匀性、装配残余应力等因素,热结构复合材料的大尺寸结构就位性能与小尺寸的试样性能通常存在一定的程度的差异,一般情况下,前者劣于后者,通常称上述问题为尺度效应。必须采用结构原位取样开展相应的材料性能测试,并采用就位性能作为强度分析和设计的依据,否则会高估结构的承载能力。

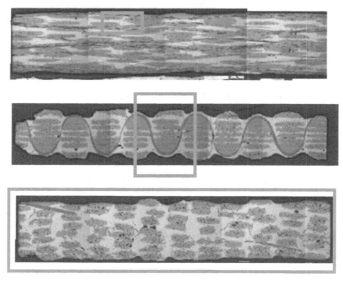

图 2.9　常见的单胞形式

### 2.3.4　常见的建模与分析误区

在结构建模和有限元分析中,一些常见的误区和容易遗漏的因素包括以下几个方面。

(1) 单元类型选择不当,未进行网格收敛性分析。例如,采用线性减缩积分单元预测应力集中位置的应力水平,采用二次完全积分单元进行接触分析等。

对于采用线性减缩积分结构单元的分析模型,常见的不足是未进行应力水平对网格密度收敛性的分析。通常来说,有限元分析对连接结构进行了离散,使得模型刚度大于实际结构刚度,随着网格密度的增加,结构应力水平会上升,直至达到收敛;在传热分析中,尤其是对于低密度的隔热材料,使用过度粗糙的网格难以模拟隔热材料中的大温度梯度,甚至会引起数值求解振荡问题。

(2) 只考虑对温度最高时刻的工况开展分析。热应力分析通常在弹道的特定点进行,一种常见的错误是只分析所有部件中最高温度点对应的温度场所引起的热应力。实际上,该时刻下结构内部的温度已经上升,结构的温度梯度相对较小。除该关键工况外,应仔细分析结构中温度梯度达到最大时的热应力水平,这些时间点通常滞后于气动热梯度最大点,此时结构表面的温度较高,热应力水平也较大。另外,热结构内部的温度通常在飞行器着陆后一段时间内达到最高,而此时外部的温度较低,因此不能忽略反向温度梯度达到最大时结构产生的热应力。一种保守的做法是,针对整个弹道开展热应力分析,尤其是存在材料损伤时,必须采用这种做法以考虑材料损伤的载荷路径依赖效应。

(3)忽略缝隙的作用,采用过于刚性的界面性能。结构中存在的缝隙是释放热膨胀变形的重要因素,会显著影响结构的热应力水平。若将所有的缝隙处理为连续界面,则会高估结构中的热应力水平,带来不恰当的结构设计结果。例如,在热应力分析中,将不同的部件的界面采用位移连续约束,显著提高了结构刚度。

(4)采用了过约束的边界条件。热结构建模中,简化边界、采用固定边界等通常会增加边界的刚度,忽略边界上复杂分布约束反力的作用。应该通过初步的受力分析,确定边界上的约束反力类型,进而选择合理的约束类型,必要时应当采用弹簧单元对边界进行模拟。

(5)用局部数值奇异结果进行强度分析。在热膨胀系数不同的材料的界面、位移突变边界处等位置通常会产生应力奇异现象,这些位置的应力会随着网格密度的增加而不断增大,并不存在收敛现象。若采用这些位置的应力分析结果作为强度分析的依据,则会引起显著的偏差[11]。在边缘、材料不连续位置及边界约束位置的有限元分析结果往往不可信,若这些位置恰好是潜在的失效危险位置,则应该建立细化的子模型,考虑实际界面的材料特性和边界处的约束特征建立模型,分析局部的应力水平。材料边界和界面如图2.10所示。

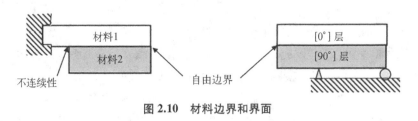

**图2.10　材料边界和界面**

(6)采用统一尺度的模型分析应力水平。由于热结构应力的复杂性,一般很难在同一个模型中将材料损伤特性、结构装配特性、非刚性边界、局部应力集中等效应全部考虑。兼顾分析效率与精度,粗尺度的模型一般用于变形特征和载荷分配分析,多次采用子模型方法(图2.11),对关注的区域再次进行细化分析,可获取相对准确的应力水平。

通常,结构分析所需的网格比热分析更密,因为位移、应力以及应变的空间梯度通常要比温度梯度大得多。然而,有些情况下为了便于温度场插值,在热分

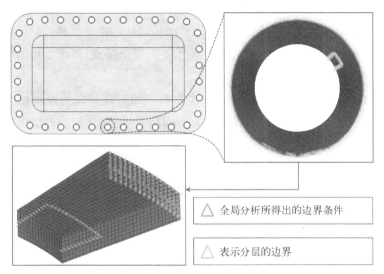

△　全局分析所得出的边界条件

△　表示分层的边界

图 2.11　多级子模型方法示意图

析和结构应力分析中往往采用同一套网格,因此应当依据结构应力可能存在的集中情况对网格进行细化。

## 2.4　建模分析难点与方法进展

对于本书所考虑的准静态载荷下热结构的刚度及强度特性分析问题,总体的建模与分析流程如下:以所需要分析的问题为导向,以保证模型预测的有效性为基本指导原则,分析控制结构响应与失效模式的关键环境载荷、材料特性、结构特征等要素,确定材料/结构与环境之间的耦合特性,进而提取恰当的结构模型和环境载荷(物理模型);建立上述物理模型的控制方程,明确初始条件与边界条件(数学模型);进一步利用有限元软件等数值分析手段工具,建立数值分析模型(模拟模型)。建模与模拟的基本要求是分析结构的关键特征响应和失效载荷,通过典型工况下模型预测与试验的对比,开展模型的修正与确认,确保模型的有效性能够满足使用目的。

### 2.4.1　热结构建模分析的难点

从前面分析可以看出,热结构热/力响应、强度分析与评价的关键在于:在众多不确定因素下,准确把握材料行为,并把材料演化行为集成到结构尺度模拟中,预测多失效模式的相互作用,以实现对结构破坏的准确预测。热结构分析具有典型的多重非线性、多物理场耦合、多尺度关联的特点,解决上述问题的难点在于以下几个方面。

(1) 高温热载荷及其多场耦合效应影响突出。高热载荷使得结构温度升高、产生大温度梯度,并且产生热应力。前面已经提及,材料的力学性能通常与温度之间存在相对复杂的非线性关系。另外,局部的高温度梯度效应与材料的微细观特征相耦合,决定了材料的破坏形式。因此,热载荷使得材料的损伤失效行为更加复杂,并不是"冷结构+热应力"的简单叠加。正是应力的高梯度特征,使得在数值模拟中必须采用高精细的模型,这便增加了数值分析难度。

与此同时,在结构分析中,温度梯度是一种内源性载荷,其载荷的形成、传递与结构的形式、外界约束的形式密切相关,远比冷结构复杂,不合理的模型简化形式往往会引起载荷的差异,进而影响预测准确性,如边界模糊效应、刚性边界完全约束带来的奇异性和自由边界的完全不约束均不够合理;部件接触效应,高温下接触行为模拟不准确,硬接触、无摩擦假设不恰当;其他刚度软化效应,如结构中的初始缝隙、局部屈曲等难以完全表征。

除此之外,高温往往会引起氧化等多物理场效应。在数值分析中,往往通过增加额外自由度、定义更多的损伤形式及其内部变量、引入多场因素的损伤演化模型等来考虑多场影响,这将带来显著的困难。

(2) 热结构复合材料损伤失效模式复杂。热结构复合材料损伤失效行为具有显著的时空多尺度特性,也就是说从材料基体、界面微裂纹逐渐累积,到基体开裂、纤维束断裂直至宏观破坏的过程对应多个空间尺度,断裂、疲劳、高温蠕变等损伤失效形式对应不同的时间尺度,并且多种损伤失效模式可能同时存在。在数值分析中,对于材料损伤阶段,一般采用连续损伤假设结合热力学定律开展损伤演化分析。对于软化阶段问题,则需要考虑裂纹等非连续特征,采用断裂力学方法进行分析。对于多尺度的损伤失效问题,难以在统一的时空尺度上建立分析模型并采用相同的数值分析手段。对于多源损伤带来的多种失效模式交叉,也给确定恰当的材料失效判据带来了困难。由损伤带来的刚度劣化问题、多源损伤带来的失效模式交叉、损伤与载荷路径耦合问题等非线性问题,也在数值求解方面存在收敛性困难问题。

(3) 不确定性因素多但影响难以量化。在热结构建模分析中,往往面临较多的未知因素和模型假设、简化,例如,采用简化、近似的损伤演化规律来描述材料的非线性行为、氧化损伤行为;忽略复杂应力状态对材料强度的影响,采用近似的强度准则进行失效分析;假设结构外形为理想名义尺寸,忽略实际制造中的误差、缺陷;对结构界面性能进行等效和近似,忽略复杂摩擦、粘接行为等;认为结构中材料的性能是均匀、一致的,忽略材料性能的波动;对模型边界进行理想化处理,忽略界面上复杂的相互作用关系。上述因素会引起模型误差,且误差的大小通常与载荷等外部变量相关,难以事先进行估计,但却能够在预测中引起系统性偏差。相比之下,参数不确定性可以通过随机变量表征,进而通过 Monte - Carlo 模拟等方式分析其对分析结果的影响。

在数值模拟中,模型误差的辨识、表征及传播分析均面临挑战。与此同时,热结构考核和验证试验周期长,成本高,加之热结构考核试验往往以获取结构承载强度为主,并不以模型修正为目的,使得模型的修正及有效性的判定缺少有效、足够的参考数据。

### 2.4.2　建模分析方法的主要进展

针对热结构体现出的非线性响应显著、材料/环境强耦合、多失效模式及不确定性众多等特性问题,目前国内外的热结构分析理论方法发展动态表明,越来越多的研究人员开始关注热结构在真实服役环境下的真实力学行为特征,强调精细化建模分析、多尺度与多场耦合以及不确定性量化方法。

(1)注重热结构复合材料损伤失效行为的分析,强调在结构集成材料的损伤失效行为,以准确分析结构的破坏路径与模式。通过引入各向异性损伤内变量并结合热力学定律,发展复杂非线性本构模型,用来描述材料的渐进损伤行为。建立增强有限元、近场动力学方法、相场理论等断裂力学方法以处理裂纹扩展问题,建立复合材料的破坏分析方法。基于耦合理论或者均匀化理论,积极发展各类多尺度方法,以考虑微细观尺度力学行为对宏观结构的破坏影响,确定失效成因和演化途径,本书将在第 3 章详细阐述相关研究进展。

(2)重视多场耦合效应,发展热/力/氧、热/力/声等耦合分析方法,考虑多场效应对应力水平和强度损伤的共同贡献。在热/力耦合的基础上,考虑热结构复合材料的主、被动氧化行为建立氧化动力学模型,基于氧化后的材料形貌建立组分扩散模型,考虑温度对氧化动力学、氧化对表面热流,氧化造成的材料损伤、力学损伤引起的微裂纹氧扩散途径等相互耦合因素,开展热/力/氧耦合分析。热/力/声耦合分析方法尚不成熟,借助于边界元方法建立声场和固体耦合关系,在低频区域采用模态叠加法,在高频区域采用统计能量法,同时考虑温度、热应力等预应力对刚度的影响,本书将在第 4 章阐述多物理场模拟的相关研究进展。

(3)注重材料的就位性能及真实环境下的服役性能评价。注意到材料在结构中的就位性能与材料试样性能差异,强调就位性能的获取与运用。发展各类高温及耦合载荷状态下的试验方法,用于评价真实服役环境下的材料破坏行为,以此获取强度数据。考虑结构分析中的多场耦合效应,积极开展热/力/氧、热/力/疲劳多因素耦合下的材料力学性能试验。

(4)强调不确定性量化及模型的有效性评价。2016 年来,由美国陆军、海军、空军和 NASA 联合开展了建模与模拟的验证、确认与不确定性量化方法研究,为建模分析提供了指导性原则,有发展为一门独立学科的趋势[12]。更加关注客观与认知不确定性的表征方法,小样本不确定性的量化表征、高维不确定性与混杂不确定性传播的数值分析方法以及可靠性分析方法。强调建立模型验证与确认的策略,发展确认实验设计方法、模型有效性评定的量化指标以及模型有效性的外推方法,关注模型误差与参数不确定性的差异与同步修正,这部分内容将在第 5 章和第 6 章详细介绍相关研究进展。

## 参考文献

[ 1 ] Thornton E A. Thermal structures-four decades of progress. Journal of Aircraft, 1992, 29 (3): 485 - 498.

[ 2 ] Myers D E, Martin C J, Blosser M L. Parametric weight comparison of advanced metallic, ceramic tile, and ceramic blanket thermal protection systems. Langley: NASA Langley Research Center, 2000.

[ 3 ] Snapp C, Rodriguez A. Orbiter thermal protection system lessons learned. Long Beach: AIAA SPACE 2011 Conference & Exposition, 2011: 7308.

[ 4 ] 王勖成.有限单元法.北京: 清华大学出版社,2003.

[ 5 ] Zuchowski B. Predictive capability for hypersonic structural response and life prediction: phase-Ⅰ-identification of knowledge gaps, air vehicle integration and technology research (AVIATR) task order 0015. Wright-Patterson Air Force Base: United States Air Force, 2010.

[ 6 ] Bey K S, Butcher K J. Thermal-structural analysis of structurally-integrated thermal protection systems. Hampton: NASA Langley Research Center, 2010.

[ 7 ] Tzong G, Jacobs R, Liguore S. Predictive capability for hypersonic structural response and life prediction: phase Ⅰ - identification of knowledge gaps, volume 1 - nonproprietary version. Wright-Patterson AFB: US Air Force Research Lab, 2010.

[ 8 ] Dassault Systemes. ABAQUS Documentation A, Manual U Dassault Systemes Version 6. 10. 2010.

[ 9 ] Schwer L E. An overview of the PTC 60/V&V 10: guide for verification and validation in

computational solid mechanics. Engineering with Computers, 2007, 23(4): 245 - 252.

[10] Sullivan B. A composite structures course: composite structural analysis and design issues. Philadelphia: Villanova University, 2011.

[11] Raju I S, Lee D S, Mohaghegh M. Negative stress margins — are they real? Denver: 52nd AIAA/ASME/ASCE/AHS/ASC Structures, Structural Dynamics and Materials Conference, 2011.

[12] Swiler L P, Romero V J. Jannaf V&V guide: a survey of probabilistic uncertainty propagation and sensitivity analysis methods for computational applications. Albuquerque: Sandia National Laboratories, 2015.

# 第3章

---

# 复合材料热结构损伤与失效分析方法

为减轻结构重量,保证高温承载性能,热防护结构中大量采用 C/C、C/SiC 等热结构复合材料。这类材料由工艺过程导致其内部存在大量缺陷,微细观几何特征复杂,进而使得材料的宏观力学性能及在外载荷下的响应较为复杂,材料力学行为表现出明显的非线性与损伤退化特征。材料行为依赖于增强体结构、材料成型工艺、受载状态等众多因素。常见的损伤模式有基体开裂、界面脱黏、纤维断裂等,各种损伤模式积累与相互作用,以及载荷、缺陷分布、组分结构等对其的影响,最终决定了材料的断裂破坏形貌。在时变载荷作用下,材料退化与结构载荷重新分配,相互影响,共同决定着结构的损伤失效模式与演化,因此损伤失效模式极为复杂。

对热结构中材料、界面等损伤失效分析的准确度直接影响着结构强度、刚度特性分析与寿命预测结果的有效性,进而也会对结构设计的合理性产生影响。本章首先介绍用于复合材料热结构损伤、失效分析的基本力学方法,包括连续损伤力学方法、断裂力学方法以及强度判据等。然后重点针对在结构分析中常用的宏观损伤分析(损伤演化分析+强度判据)、多尺度方法进行分析,并给出相应的应用案例。

## 3.1 损伤失效力学理论与数值方法

复合材料热结构分析的难点在于,材料自身的损伤劣化行为非线性强,在复杂的结构受载下又会出现多失效模式并存与相互作用的情况。一般来说,造成材料宏观性能劣化的微细观缺陷称为损伤,损伤的逐渐累积会形成宏观裂纹,并最终导致材料破坏。损伤失效数值分析的难点在于对损伤、裂纹非连续性特征的建模及演化分析。对于微细观缺陷,可以基于连续损伤假设,采用连续损伤力学方法进行分析;对于结构中存在的宏观裂纹,则需要借助于断裂力学和裂纹演化的原理进行分析,并在模型中显式地引入不连续性。

如图 3.1 所示,采用应力-应变曲线表征典型的渐进损伤分析过程,一般包括四个阶段。

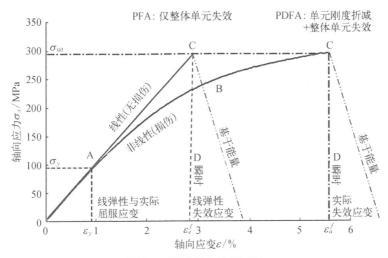

图 3.1　渐进损伤破坏过程

A 阶段:线弹性阶段,材料中未出现损伤。

B 阶段:渐进损伤阶段,对于当前载荷下存在损伤劣化行为的材料,如拉伸载荷下的 C/SiC 材料,将呈现明显的非线性阶段。此时材料刚度退化,建立刚度退化与外载荷关系是重点。

C 点:材料达到强度极限,这是应力-应变曲线中的峰值点,意味着材料发生破坏。建模的重点在于构建复杂应力条件下,出现峰值点也是破坏的判据。

D 阶段:材料宏观裂纹扩展阶段,渐进破坏阶段,建模的重点在于建立裂纹扩展方法。该阶段可以描述为,达到强度条件下,材料立即破坏;也可以基于能量释放原理,采用断裂力学方法进行描述。

### 3.1.1　损伤力学方法

连续介质损伤力学(continuum damage mechanics, CDM)是研究材料内部损伤和失效规律的一类常用方法,该方法的思想是将材料内部孔洞、微裂纹等各种缺陷综合作用引起的宏观性能劣化作为连续变量,即损伤场,从而研究微缺陷产生、扩展等对宏观性能的影响以及最终导致材料破坏失效的过程。CDM 方法并不分别考虑某个缺陷的发展变化,而是将分布于整个材料内的缺陷用连续的损伤变量来描述,通常根据材料的弹性、塑性、疲劳等损伤变形性质及其相应的基本理论框架,引入适当的损伤变量,建立包含耗散势的自由能函数;通过自由能函数对状态变量的偏导数给出材料本构关系,通过对损伤变量的偏导数导出驱动损伤发展的热力学广义力,再通过损伤耗散势函数及正则条件给出损伤演化规律。自由能函数主要包括以应力为状态变量的 Gibbs 自由能及以应变为状态变量的 Helmholtz 自由能。针对不同的损伤模式,CDM 方法通常是通过识别不同损伤模式建立符合此模式规律的内部变量,这种思想很容易扩展到各向异性损伤及拉压单边效应等问题中。损伤状态变量可采用考虑材料特征的标量、依赖受载特征的二阶及四阶张量形式。

在损伤力学方法中,主要构建两个势函数,即用于描述本构的热动力学势函数和描述损伤演化的耗散势函数[1]。其中,热力学势是状态变量的函数,包括可观测变量(如温度、应力、应变),以及内部状态变量(如损伤)。当采用应变作为自变量时,热力学势又称为 Helmholtz 自由能,即

$$\Psi = \Psi(\varepsilon, d_\alpha) \tag{3.1}$$

采用应力为自变量时又称为 Gibbs 自由能:

$$\Phi = \Phi(\sigma, d_\alpha) \tag{3.2}$$

状态定律(本构定律)可以由势函数对状态变量求导得出,即

$$\sigma = \frac{\partial \Psi}{\partial \varepsilon}, \quad \varepsilon = \frac{\partial \Phi}{\partial \sigma} \tag{3.3}$$

$$y_\alpha = \frac{\partial \Psi}{\partial d_\alpha}, \quad y_\alpha = \frac{\partial \Phi}{\partial d_\alpha} \tag{3.4}$$

式中, $y_\alpha$ 为损伤变量 $d_\alpha$ 演化对应的热力学力,下角标 $\alpha$ 代表不同的损伤模式。

热力学第二定律要求损伤中的能量耗散不可逆,即必须满足 Clausius-Duhem 定律:

$$\sum y_\alpha d_\alpha \geqslant 0 \tag{3.5}$$

对于两种自由能的定义,依据材料特性可分为多种定义方式(经验模型),一种常用的定义方法如下:

$$\Psi = \frac{1}{2}\varepsilon : \tilde{C} : \varepsilon = \frac{1}{2}\varepsilon : (C^0 - \Delta\tilde{C}) : \varepsilon \tag{3.6}$$

$$\Phi = \frac{1}{2}\sigma : \tilde{S} : \sigma = \frac{1}{2}\sigma : (S^0 + \Delta\tilde{S}) : \sigma \tag{3.7}$$

式中，$C^0$、$S^0$ 分别为材料的初始刚度矩阵和柔度矩阵；$\tilde{C}$、$\tilde{S}$ 为损伤后的等效刚度矩阵和柔度矩阵；$\Delta\tilde{C}$、$\Delta\tilde{S}$ 分别为等效刚度折减量和柔度增加量，是损伤变量的函数。

相应地有

$$\varepsilon = \frac{\partial \Phi}{\partial \sigma} = \tilde{S} : \sigma = (S^0 + \Delta\tilde{S}) : \sigma \tag{3.8}$$

$$\sigma = \frac{\partial \Psi}{\partial \varepsilon} = \tilde{C} : \varepsilon = (C^0 - \Delta\tilde{C}) : \varepsilon \tag{3.9}$$

损伤势函数是损伤变量和热力学力的函数，确定损伤演化：

$$F(y, d) \leqslant 0 \tag{3.10}$$

一种典型的定义方式如式(3.11)所示：

$$F(y, d) = g(\parallel Q : y \parallel) - r(\parallel d \parallel) \tag{3.11}$$

式中，$Q$ 为表征材料特性的矩阵。

损伤演化由流动法则与加载条件共同确定：

$$\dot{d} = \dot{\mu}\frac{\partial F}{\partial y} \tag{3.12}$$

经过多年发展，该方法已经成功应用于 C/C、C/SiC、SiC/SiC 等不同材料的损伤本构建模中。Ladevèze 等[2]针对 SiC/SiC 复合材料，分别考虑基体与纤维束的损伤机制，采用二阶张量描述材料损伤；另外，为考虑损伤的单向效应，将应变能分为拉伸、压缩及两者共同部分；分别对弹性模量和体积模量定义损伤演化，建立了宏观本构模型。Chaboche 和 Maire[3]以应变为状态变量，分析了陶瓷基和金属基复合材料的典型力学行为特征，发展了统一的宏观损伤本构模型，通过引入存储应变能对陶瓷基复合材料的损伤钝化现象进行了较好的描述。国内西北工业大学的 He 等[4]针对化学蒸汽渗透工艺制备的 C/SiC 材料进行了详细的力学行为研究，所建立的本构模型通过了结构级的验证。针对 3D 编织复合材料,考虑层间损伤效应及层间应力与面内损伤的耦合,可以将损伤本构模型拓展到三维应力状态[5]。

由于失效机理的复杂性,损伤本构模型中往往涉及较为复杂的热力学势函数,数学结构复杂,且涉及大量的内部变量与材料参数。CDM 方法是基于均匀化过程唯象地描述材料本构关系,其在宏观尺度对于多断裂模式耦合作用问题进行分析时往往会丢失掉关键信息,从而导致裂纹路径预报失效或产生严重的应力自锁,预测的损伤结果常常不理想。另外,基于损伤状态变量的本构模型仍属于唯象模型,损伤演化函数通常需要依赖试验数据确定。为更准确地反映微细观的损伤机制,有学者将微细观模型与宏观本构模型相结合,例如,将微细观分析得出的裂纹密度作为损伤变量建立损伤本构,建立了微细观与宏观性能的关联,从而增强宏观本构模型[6]。

### 3.1.2　断裂力学方法

与损伤力学主要关注材料整体性能劣化不同,断裂力学以带裂纹材料为研究对象,主要研究材料内裂纹扩展直至最终失效等一系列的断裂过程,更适于分析复杂断裂的演化机理。1920 年,Griffith 能量平衡理论被提出,断裂力学历经了数百年发展,目前已相对成熟,发展出了很多针对不同材料属性、受载状态、缺陷类型等断裂问题的分析方法,本节将介绍一些广泛使用的断裂力学计算方法。

1) VCCT

虚拟裂纹闭合技术(virtual crack closure technique, VCCT)是针对解析解无法满足的复杂裂纹或载荷构型而发展的断裂参数数值计算方法,可以很方便地与有限元、有限差分、边界元等数值方法结合。得益于有限元方法的蓬勃发展,目前很多商用有限元软件已经嵌入该技术,大大减少了编程和调试工作。相比于之前的断裂参数计算方法,VCCT 对网格尺寸不敏感,且由于使用参量简单直观(裂尖力与张开位移),能够在一定程度上保证精度。

如图 3.2 所示,VCCT 采用裂尖后方两个节点的位移和节点力之差来计算能量释放率。对于裂尖处于节点 $i$,能量释放率的计算方法如下:

$$G_{\mathrm{I}} = \frac{Z_i \Delta w_{j,k}}{2\Delta a}, \quad G_{\mathrm{II}} = \frac{X_i \Delta u_{j,k}}{2\Delta a} \tag{3.13}$$

式中,$G_{\mathrm{I}}$ 和 $G_{\mathrm{II}}$ 分别为 I 型和 II 型裂纹断裂能量释放率;$Z_i$ 为单元 $I$ 在节点 $i$ 上贡

献的 $Z$ 方向节点力; $X_i$ 为单元 $I$ 在节点 $i$ 上贡献的 $X$ 方向节点力; $\Delta w_{j,k}$ 为节点 $j$、$k$ 之间在 $Z$ 方向上的位移差; $\Delta u_{j,k}$ 为节点 $j$、$k$ 在 $X$ 方向上位移差; $\Delta a$ 为单元的特征长度。

总能量释放率为

$$G_T = G_{\mathrm{I}} + G_{\mathrm{II}} \qquad (3.14)$$

裂纹扩展是随着载荷或时间变化而演变的过程,静态 VCCT 需要结合其他有限元处理手段才能描述几何不连续的

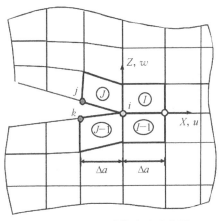

图 3.2　VCCT 计算方法示意图

裂纹扩展问题。对于动态裂纹扩展问题,需要将裂纹扩展划分为一系列步骤,每一步都认为是静态的,采用 VCCT 计算能量释放率,并应用能量准则判断裂纹是否扩展及扩展方向。若裂纹扩展,则需要全局或局部地重新划分网格,再进行有限元计算,重复此过程,直至材料失效。无论是采用人工干预还是编程计算,这个工作都是相当繁重耗时的。

另外,在复合材料等存在异相介质的材料中,不可避免地会发生介质间的界面断裂问题,如层合板层间分层等。界面裂纹与均匀介质中的裂纹相比有许多不同之处,即便在均匀拉伸的远场载荷下,界面裂纹也很难始终保持沿着界面以 I 型模式扩展。另外,以经典断裂理论求解的界面裂纹裂尖场是病态的,在裂尖附近,应力场是振荡的,且裂纹上下表面的位移是相互贯穿的。由 VCCT 计算得到的界面裂纹 I、II 型能量释放率并不随着单元尺寸的缩小收敛,但总能量释放率却能收敛到一个定值。为了解决此问题,有学者提出了在界面上引入一个柔度层的方法,此时由 VCCT 计算得到的各模式下的能量释放率都是收敛的,但是该收敛值依赖于柔度层厚度。虽然该值在一定程度上也具有参考价值,然而 VCCT 在界面裂纹上的求解仍需进一步研究。

2) XFEM

VCCT 与自适应网格技术结合用于裂纹演化模拟时,裂纹始终处于单元边界上,这不仅无法考虑裂纹处于或横穿单元的情况,也使得裂纹演化模拟结果在一定程度上依赖于网格尺寸。为了在单元内部刻画非连续界面,如界面、孔洞、夹杂和裂纹等,Belytschko 等[7]和 Moës 等[8]在传统有限元基础上提出了扩展有限单元法(extended finite element method, XFEM)。XFEM 通过引入带有不连续

性质的形函数来表征单元内的间断,即不通过细化网格,仅通过改变形函数特征来不断逼近解空间,其对场函数 $u$ 的有限元近似格式可表达为

$$u = \sum_i N_i u_i + \sum_j N_j \Phi q_j \tag{3.15}$$

式中,右侧的第一项是标准有限元表达格式;右侧的第二项是针对具体问题而构造的扩充项,在裂纹问题中主要用于描述不连续性质;$q_j$ 是新增的无明确物理意义的节点自由度,用以调整扩充项对结果模拟的近似程度。

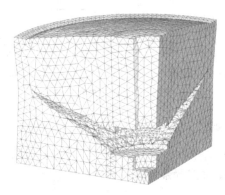

图 3.3　XFEM 计算的独立于网格的
三维断裂模型[9]

采用 XFEM 模拟裂纹扩展时完全独立于网格布局,在处理尺度较小的材料缺陷、界面等问题时不必过分细化网格,如图 3.3 所示,该方法具有天然优势。另外,还可以采用 XFEM 模拟裂纹沿任意路径扩展的情况,如图 3.4 所示的裂纹演化与分叉。

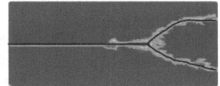

图 3.4　XFEM 模拟的裂纹演化与分叉

　　XFEM 的重要环节在于构造具有特定属性的扩充函数 $\Phi$,用以分析各类具体问题。对于裂纹这类强间断面的扩充形函数构造,需要划分三个区域:第一种是完全穿透单元的裂纹面所在位置的形函数,主要采用阶跃扩充形函数来描述单元内的位移不连续;第二种是裂尖所处单元扩充形函数的构造,采用以复合型裂纹的裂尖位移场的线弹性断裂力学解析解作为函数基,它们的线性组合称为裂尖扩充形函数,这种用已知解析解来构造扩充形函数的方法不仅可以描述裂纹面的强不连续性,也使得计算的裂尖场更为准确,并节约了计算时间;第三种是增加了自由度的裂纹单元与相邻的普通单元之间混合单元的扩充形函数的构造,可以采用平移扩充形函数对阶跃扩充形函数进行修正,也可以引入渐变函数作为权函数进行修正。

　　然而,XFEM 也有一定的局限性。对于各类断裂的具体问题,需要构建合适的扩充形函数以确保结果精度与计算效率。对于有解析解的问题,扩充形函数可以此作为参考,而对于很多多相材料的复杂裂纹形式问题,如裂纹的汇聚融合、界面裂纹的扩展与偏折等,目前还没有有效的 XFEM。初期,主要采用 XFEM 研究二维断裂问题,扩展到三维模拟中的困难在于如何保持裂纹面与扩展方向的连续性和光滑型。Sukumar 等[10]首次将扩展有限元在断裂问题中的研究延拓到了三维中,通过在裂纹面上建立极坐标下的扩充形函数,研究了三维模型中 I 型裂纹扩展问题,但是,三维裂纹分叉、应力强度因子求解和裂纹扩展准则等问题仍有待进一步研究。因此,XFEM 还需更进一步的发展。

　　3) CZM

　　内聚力模型(cohesive zone model,CZM)是处理如层合板分层等界面破坏时最为有效的方法之一,常用来描述材料在裂尖小范围区域内由塑性或微裂纹等导致的非弹性断裂行为。尤其在复合材料的层间分层、纤维与基体的界面脱黏等断裂机制方面,CZM 都有较为成功的应用。该模型认为,在裂纹尖端的小范围区域内,裂纹上下表面仍然具有相互约束力作用,称为内聚力,而远离此区域的裂纹表面不受彼此约束,如图 3.5 所示。内聚力作用区域内的裂纹行为由内聚力大小和裂纹上下表面之间的相对位移共同决定,两者之间的关系称为内聚力模型的本构关系。与传统线弹性断裂力学模型假设裂纹顶端无限尖锐不同,在内聚力模型中,裂尖应力为有限值,从而避免裂尖应力的奇异性。

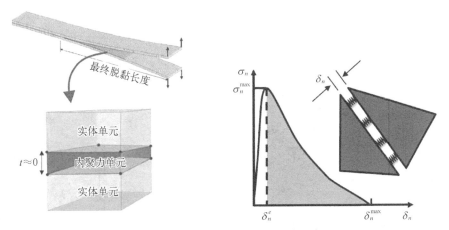

图 3.5　内聚力模型表征界面裂纹的示意图

内聚力模型的本构关系决定了裂纹在扩展过程中产生的材料软化行为,常用的本构关系有分段线性、指数型和三角型等。CZM 通过建立法向和切向非耦合本构模型,还能够用来分析 I、II、III 型混合模式下的裂纹问题。CZM 最初需要用户编写自定义单元程序,现在已经嵌入很多成熟的商业有限元分析软件中,大大简化了用户操作,提高了使用效率,同时也扩展了应用范围。

在有限元方法中,内聚力单元模型通过在可能发生破坏的位置根据一定的损伤起始准则设置零厚度的单元,来模拟裂纹的萌生及扩展。在使用内聚力单元对复合材料界面的破坏进行模拟时,通过载荷-位移曲线来描述界面开裂。界面间的作用力(即内聚力)一旦达到强度最大值,界面开始劣化,并且随着损伤的产生,拉力减小至零,界面失去承载能力。在使用内聚力单元模型模拟裂纹扩展时,不需要设置初始裂纹,但是裂纹只能沿着所设置的内聚力单元进行扩展,不能向周围材料单元进行偏转。

损伤起始对应于材料性能开始发生退化。在内聚力单元模型中,当单元应力或应变满足所定义的损伤起始准则时,则单元性能开始发生退化。典型的双线性损伤模型如图 3.6 所示,其中,$t_n^0$、$t_s^0$ 和 $t_t^0$ 分别为纯 I 型、纯 II 型和纯 III 型破坏模式下的最大名义应力,$\varepsilon_n^0$、$\varepsilon_s^0$ 和 $\varepsilon_t^0$ 分别为相应的最大名义应变。

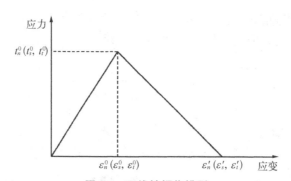

图 3.6　双线性损伤模型

内聚力模型常用的损伤起始准则如下。

最大名义应变准则:当任何一个名义应变与其最大名义应变的比值达到 1 时,损伤开始。

$$\max\left\{\frac{\varepsilon_n}{\varepsilon_n^0},\ \frac{\varepsilon_s}{\varepsilon_s^0},\ \frac{\varepsilon_t}{\varepsilon_t^0}\right\} = 1 \tag{3.16}$$

最大名义应力准则：当任何一个名义应力与其最大名义应力的比值达到 1 时，损伤开始。

$$\max\left\{\frac{t_n}{t_n^0},\ \frac{t_s}{t_s^0},\ \frac{t_t}{t_t^0}\right\} = 1 \tag{3.17}$$

二次名义应变准则：当各个方向的名义应变与最大名义应变的比值的平方和等于 1 时，损伤开始。

$$\left\{\frac{\varepsilon_n}{\varepsilon_n^0}\right\}^2 + \left\{\frac{\varepsilon_s}{\varepsilon_s^0}\right\}^2 + \left\{\frac{\varepsilon_t}{\varepsilon_t^0}\right\}^2 = 1 \tag{3.18}$$

二次名义应力准则：当各个方向的名义应力与最大名义应力的比值的平方和等于 1 时，损伤开始。

$$\left\{\frac{t_n}{t_n^0}\right\}^2 + \left\{\frac{t_s}{t_s^0}\right\}^2 + \left\{\frac{t_t}{t_t^0}\right\}^2 = 1 \tag{3.19}$$

界面处内聚力单元的应力或应变状态满足所定义的损伤起始准则后，界面性能便开始发生退化。本节采用最大名义应力准则作为界面单元的损伤起始准则，即名义应力达到单元所能承受的最大名义应力时，界面单元开始产生破坏。

损伤演化准则用来描述内聚力单元达到起始损伤准则后的强度的退化速度。内聚力单元满足损伤起始准则后，界面单元开始发生破坏，随后进入损伤演化阶段。常用的损伤演化模型包括双线性损伤演化模型和指数损伤演化模型，如图 3.7 所示。本节采用双线性损伤演化模型来模拟界面内聚力单元损伤演化过程，为了描述内聚力单元的损伤演化过程，给出损伤变量 $D$，损伤演化过程中，单元的应力衰减过程如下：

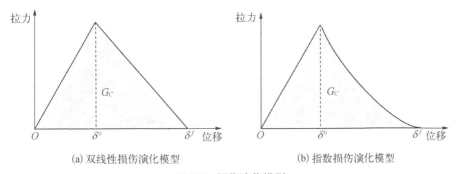

(a) 双线性损伤演化模型　　　　　　　　(b) 指数损伤演化模型

**图 3.7　损伤演化模型**

$$t = \begin{cases} (1 - D)\bar{t} & (\bar{t} \geqslant 0) \\ \bar{t} & （其他） \end{cases} \tag{3.20}$$

根据应力-位移曲线,$\bar{t}$ 是在未开始发生破坏时的应力,损伤变量 $D$ 的初始值为 0。如果在损伤开始后,随着载荷的进一步加载,损伤演化开始发生,损伤变量 $D$ 从 0 增加到 1,当损伤变量 $D$ 值达到 1 时,内聚力单元完全失效而失去承载能力。

损伤演化由两个参量决定:一个是单元完全破坏时的位移 $\delta^f$ 或断裂能 $G_c$,如图 3.7 所示;另一个是损伤变量 $D$,它描述了内聚力单元从损伤开始至完全失效的过程。

CZM 在解决复合材料中复杂断裂模式相互作用等问题时仍有一些不足,如必须预先知道裂纹的起裂位置与扩展路径,输入参数需要测试获取等。正因如此,CZM 常与其他方法结合,共同解决问题,例如,CZM 与 XFEM 结合可以分析内部裂纹扩展与界面脱黏等不同断裂机制下的异质材料失效过程,并且能够处理材料中的多裂纹问题。

在结构分析中,采用哪一类分析手段,与需要处理的不连续特征尺度在整个模型中的比例特征密切相关。考虑常用的分析需求,图 3.8 给出了不同尺度和不同类型下不连续特征对应的分析方法。

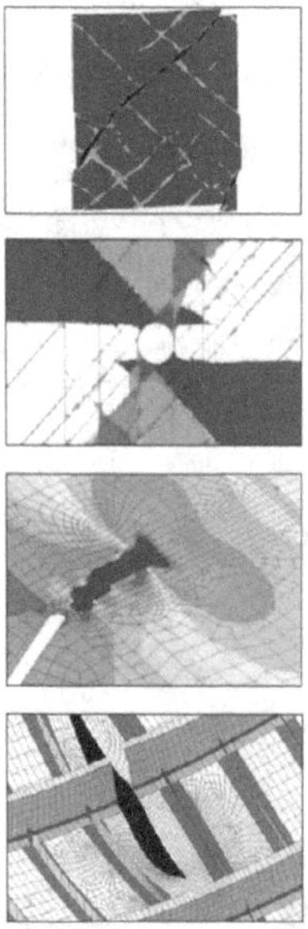

| | 理想化尺寸 | 损伤类型 | 典型方法 |
|---|---|---|---|
| | 细观力学<br>(软不连续) | 纤维/基体界面,<br>基体塑性与损伤 | RVE模型(晶胞) |
| | 介观力学<br>(硬不连续) | 离散损伤 | XFEM+内聚力法则 |
| | 介观力学<br>(软不连续) | 层内损伤 | 连续损伤模型 |
| | 结构力学<br>(软不连续) | 穿透厚度裂纹或分层 | 断裂力学与其修正,<br>应变软化,内聚力法则 |

**图 3.8　不同尺度和不同类型下不连续特征对应的分析方法**

## 3.2　宏观尺度非线性损伤与失效分析

本节以 C/SiC 材料为研究对象,开展其受载时损伤退化行为分析。C/SiC 材料的力学行为复杂,表现在以下几个方面:与 C/C 材料相比,C/SiC 材料中基体与纤维增强体的刚度相当,基体缺陷对材料性能影响明显;与 SiC/SiC 材料相比,C/SiC 材料基体与纤维束之间的膨胀系数存在差异,成品材料在室温下存在明显的残余应力和微裂纹。在外载荷作用下,C/SiC 材料呈现刚度退化与残余变形两种显著的非线性特征。与此同时,损伤与残余应变效应依赖于外载荷的取向,且实际结构的受载状态复杂,这就要求所建立的本构模型能够描述不同载荷状态下的材料非线性行为。

### 3.2.1　拉压双模量模型

拉伸模量和泊松比是结构分析的主要力学性能参数,二者均是静力控制方程的一阶项。泊松比为轴向拉伸变形下侧向收缩与拉伸变形的比值,对于应力和应变的幅值没有大的影响,但极大影响应力、应变的分布和朝向。拉伸模量对力学幅值响应的影响极大,而复合材料常表现出拉伸模量和压缩模量不等的现象,如图 3.9 所示。

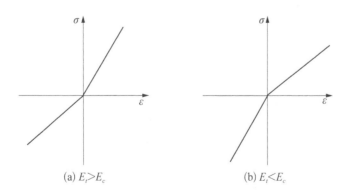

(a) $E_t > E_c$　　　　　　(b) $E_t < E_c$

**图 3.9　双模量复合材料本构模型**

拉压不等模量材料行为的准确预测相比于单模量材料更具挑战性,结构的应力分布不仅与载荷和边界有关,还与应力的方向和大小相关,表现出了非连续材料行为。Bert 模型和 Ambartsumyan 模型是应用较广泛的双模量本构模型,其中 Ambartsumyan 模型用于各向同性材料,通过主应力方向判定模量值,主应力为正时,使用正模量值计算;主应力方向为负时,使用负模量值计算[11]。Bert 模型用于层合复合材料,由纵向纤维方向上的应变判定模量值[12]。Bert 模型和 Ambartsumyan 模型都未考虑复杂三维应力状态下正交各向异性材料的弹性系数。本节给出一种能够考虑三维应力状态的常规柔度系数矩阵材料模型(general weighted flexibility matrix material model, GWFMM)[13],并基于此讨论双模量效应对热结构分析结果的影响,同时针对复合材料建立相应的双模量实验修正方法。

1) GWFMM

三维应力状态下各向异性材料的应力-应变关系如下:

$$
\begin{Bmatrix} \varepsilon_{11} \\ \varepsilon_{22} \\ \varepsilon_{33} \\ \varepsilon_{12} \\ \varepsilon_{13} \\ \varepsilon_{23} \end{Bmatrix} = \begin{bmatrix} S_{ij} \end{bmatrix} \begin{Bmatrix} \sigma_{11} \\ \sigma_{22} \\ \sigma_{33} \\ \sigma_{12} \\ \sigma_{13} \\ \sigma_{23} \end{Bmatrix} = \begin{bmatrix} S_{11} & S_{12} & S_{13} & 0 & 0 & 0 \\ S_{21} & S_{22} & S_{23} & 0 & 0 & 0 \\ S_{31} & S_{32} & S_{33} & 0 & 0 & 0 \\ 0 & 0 & 0 & S_{44} & 0 & 0 \\ 0 & 0 & 0 & 0 & S_{55} & 0 \\ 0 & 0 & 0 & 0 & 0 & S_{66} \end{bmatrix} \begin{Bmatrix} \sigma_{11} \\ \sigma_{22} \\ \sigma_{33} \\ \sigma_{12} \\ \sigma_{13} \\ \sigma_{23} \end{Bmatrix} \quad (3.21)
$$

式中,1、2 和 3 表示材料主方向。

对于双模量材料,柔度矩阵 $[S_{ij}]$ 中各元素可以表达为应力 $\sigma_{ij}$ 方向和幅值的关系式,可以分为如下情形。

(1) $\sigma_{11} > 0$,$\sigma_{22} > 0$,$\sigma_{33} > 0$。

$$
\begin{bmatrix} S_{ij} \end{bmatrix} = \begin{bmatrix} \dfrac{1}{E_1^+} & -\dfrac{\mu_{21}^+}{E_2^+} & -\dfrac{\mu_{31}^+}{E_3^+} & 0 & 0 & 0 \\ -\dfrac{\mu_{12}^+}{E_1^+} & -\dfrac{1}{E_2^+} & -\dfrac{\mu_{32}^+}{E_3^+} & 0 & 0 & 0 \\ -\dfrac{\mu_{13}^+}{E_1^+} & -\dfrac{\mu_{23}^+}{E_2^+} & \dfrac{1}{E_3^+} & 0 & 0 & 0 \\ 0 & 0 & 0 & S_{44} & 0 & 0 \\ 0 & 0 & 0 & 0 & S_{55} & 0 \\ 0 & 0 & 0 & 0 & 0 & S_{66} \end{bmatrix} \quad (3.22)
$$

（2）$\sigma_{11} < 0$，$\sigma_{22} < 0$，$\sigma_{33} < 0$。

$$[S_{ij}] = \begin{bmatrix} \dfrac{1}{E_1^-} & -\dfrac{\mu_{21}^-}{E_2^-} & -\dfrac{\mu_{31}^-}{E_3^-} & 0 & 0 & 0 \\[2mm] -\dfrac{\mu_{12}^-}{E_1^-} & -\dfrac{1}{E_2^-} & -\dfrac{\mu_{32}^-}{E_3^-} & 0 & 0 & 0 \\[2mm] -\dfrac{\mu_{13}^-}{E_1^-} & -\dfrac{\mu_{23}^-}{E_2^-} & \dfrac{1}{E_3^-} & 0 & 0 & 0 \\[2mm] 0 & 0 & 0 & S_{44} & 0 & 0 \\[2mm] 0 & 0 & 0 & 0 & S_{55} & 0 \\[2mm] 0 & 0 & 0 & 0 & 0 & S_{66} \end{bmatrix} \qquad (3.23)$$

（3）$\sigma_{11} < 0$，$\sigma_{22} > 0$，$\sigma_{33} > 0$。

$$[S_{ij}] = \begin{bmatrix} \dfrac{1}{E_1^-} & S_{12} & S_{13} & 0 & 0 & 0 \\[2mm] S_{21} & \dfrac{1}{E_2^+} & -\dfrac{\mu_{32}^+}{E_3^+} & 0 & 0 & 0 \\[2mm] S_{31} & -\dfrac{\mu_{23}^+}{E_2^+} & \dfrac{1}{E_3^+} & 0 & 0 & 0 \\[2mm] 0 & 0 & 0 & S_{44} & 0 & 0 \\[2mm] 0 & 0 & 0 & 0 & S_{55} & 0 \\[2mm] 0 & 0 & 0 & 0 & 0 & S_{66} \end{bmatrix} \qquad (3.24)$$

$$\begin{cases} S_{12} = S_{21} = -\dfrac{\mu_{12}^-}{E_1^-} k_{12} - \dfrac{\mu_{21}^+}{E_2^+} k_{21} \\[4mm] S_{13} = S_{31} = -\dfrac{\mu_{13}^-}{E_1^-} k_{13} - \dfrac{\mu_{31}^+}{E_3^+} k_{31} \end{cases} \qquad (3.25)$$

(4) $\sigma_{11} < 0$, $\sigma_{22} < 0$, $\sigma_{33} > 0$。

$$\left[ S_{ij} \right] = \begin{bmatrix} \dfrac{1}{E_1^-} & -\dfrac{\mu_{21}^-}{E_2^-} & S_{13} & 0 & 0 & 0 \\[3mm] -\dfrac{\mu_{12}^-}{E_1^-} & \dfrac{1}{E_2^-} & S_{23} & 0 & 0 & 0 \\[3mm] S_{31} & S_{32} & \dfrac{1}{E_3^+} & 0 & 0 & 0 \\[3mm] 0 & 0 & 0 & S_{44} & 0 & 0 \\[3mm] 0 & 0 & 0 & 0 & S_{55} & 0 \\[3mm] 0 & 0 & 0 & 0 & 0 & S_{66} \end{bmatrix} \tag{3.26}$$

$$S_{23} = S_{32} = -\frac{\mu_{32}^+}{E_3^+} k_{32} - \frac{\mu_{23}^-}{E_2^-} k_{23} \tag{3.27}$$

式中，

$$k_{21} = \frac{\mid \sigma_{22} \mid}{\mid \sigma_{11} \mid + \mid \sigma_{22} \mid}, \quad k_{12} = \frac{\mid \sigma_{11} \mid}{\mid \sigma_{11} \mid + \mid \sigma_{22} \mid}$$

$$k_{31} = \frac{\mid \sigma_{33} \mid}{\mid \sigma_{11} \mid + \mid \sigma_{33} \mid}, \quad k_{13} = \frac{\mid \sigma_{11} \mid}{\mid \sigma_{11} \mid + \mid \sigma_{33} \mid} \tag{3.28}$$

$$k_{23} = \frac{\mid \sigma_{22} \mid}{\mid \sigma_{22} \mid + \mid \sigma_{33} \mid}, \quad k_{32} = \frac{\mid \sigma_{33} \mid}{\mid \sigma_{22} \mid + \mid \sigma_{33} \mid}$$

系数 $S_{44}$、$S_{55}$ 和 $S_{66}$ 关联剪应力和剪应变,假定其与材料应力的幅值和正负无关;权重系数 $k_{21}$、$k_{12}$、$k_{13}$、$k_{31}$、$k_{32}$ 和 $k_{23}$ 需通过材料方向的应力迭代求解;其他的应力组合推导类似,如式(3.29)所示:

$$\begin{cases} \sigma_{11} > 0, & \sigma_{22} < 0, & \sigma_{33} > 0 \\ \sigma_{11} > 0, & \sigma_{22} > 0, & \sigma_{33} < 0 \\ \sigma_{11} > 0, & \sigma_{22} < 0, & \sigma_{33} < 0 \\ \sigma_{11} < 0, & \sigma_{22} > 0, & \sigma_{33} < 0 \end{cases} \tag{3.29}$$

以上的本构模型可以退化到 Ambartsumyan 模型和各向同性材料本构模型。对于 GWFMM,需要通过材料方向上的应力幅值和正负求解柔度矩阵,具体的选代过程如下：

（1）赋予所有单元拉伸材料属性，通过初始计算获得刚度矩阵 $[K]$ 和应力场；

（2）通过主材料方向应力幅值和符号更新所有单元刚度矩阵 $[K] = [B][D][B]$，同时计算每个单元的位移矢量 $\{U\}$、应变矢量 $\{\varepsilon\}$ 和应力矢量 $\{\sigma\}$；

（3）重复以上过程，直至所有单元的应力场方向不再变化，以迭代过程中位移矢量 $\{U\}$ 和应变矢量 $\{\varepsilon\}$ 变化小于 0.01‰ 为收敛准则。

针对双模量 4D – C/C 建立相应的三点弯曲有限元模型，其材料属性如表 3.1 所示。

**表 3.1　4D – C/C 材料属性**

| 外载 | 弹性模量/GPa | | | 泊松比 | | | 剪切模量/GPa | | |
| --- | --- | --- | --- | --- | --- | --- | --- | --- | --- |
| | $E_1$ | $E_2$ | $E_3$ | $\mu_{12}$ | $\mu_{13}$ | $\mu_{23}$ | $G_{12}$ | $G_{13}$ | $G_{23}$ |
| 拉伸 | 45.1 | 45.1 | 52.6 | 0.02 | 0.04 | 0.04 | 8.84 | 2.19 | 2.19 |
| 压缩 | 6.6 | 6.6 | 5.5 | 0.20 | 0.20 | 0.20 | 8.84 | 2.19 | 2.19 |

正交各向异性复合材料梁模型的主材料方向如图 3.10 所示，假定 3 方向为纤维方向，1 方向和 2 方向为垂直于纤维方向。弯曲梁具体尺寸如下：长度为 300 mm，宽度为 5 mm，高度为 30 mm。建立双模量模型和单模量模型（拉伸模量模型和压缩模量模型），单模量模型用于说明双模量对分析结果的影响。弯曲梁路径上（图 3.10）的位移和最大应力计算结果分别如图 3.11 和图 3.12 所示。图 3.12 中，拉伸模量模型的分析曲线中存在凸尖，这是由于距离加载位置较近的凸尖位置受加载端部效应的影响较大（圣维南原理），且模量越大，影响越显著，这使得图 3.12 模量值最大的复合材料拉伸模量模型在中间位置（距离加载

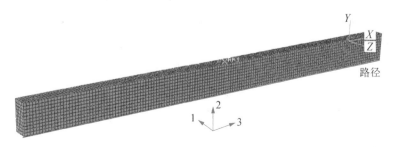

**图 3.10　正交各向异性复合材料方向**

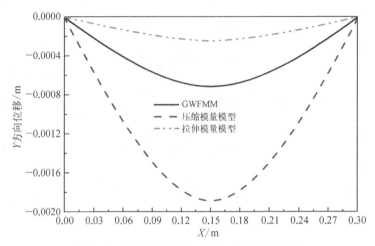

图 3.11　不同模型下的 $Y$ 方向位移计算结果

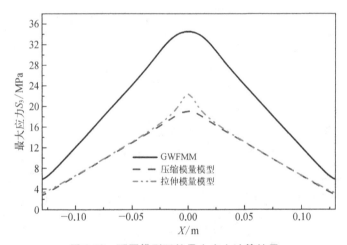

图 3.12　不同模型下的最大应力计算结果

位置最近)出现一个凸尖。相比单模量模型,双模量模型的最大应力预测值高出了 81%,而双模量模型位移预测值位于拉伸模量模型和压缩模量模型之间。

　　单模量模型没有考虑真实复合材料的双模量行为,导致预测结果存在较大误差,甚至严重偏离实际情况。在本节的案例分析中,真实双模量计算结果近似高出单模量结果 81%,导致基于单模量计算模型的结构设计风险偏高。对于孔隙较多的复合材料,必须考虑材料的双模量效应。

　　2) 试验修正方法

　　四点弯曲实验可以获得标距段内均匀的拉伸区和压缩区,基于均匀拉伸区和压缩区可以实现结构力学性能修正,包括模量和泊松比。对单向模量和单向泊松比进行修正较为简单。若轴向方向为 $L$,垂直于轴向的截面方向为 $T$,则模量和泊松比可以通过如下公式计算:

$$\sigma = \varepsilon E \tag{3.30}$$

$$\mu = -\varepsilon_T / \varepsilon_L \tag{3.31}$$

对于双模量材料,需通过拉伸实验和压缩实验确定拉压模量和泊松比。本节基于单次四点弯曲实验实现材料的拉压模型同步修正,四点弯曲试样标距段区可分为拉伸区和压缩区,对应的应力-应变关系如下:

$$\sigma_t = \varepsilon_t E_t \tag{3.32}$$

$$\sigma_c = \varepsilon_c E_c \tag{3.33}$$

梁截面满足静力和力矩平衡方程:

$$\int_{-H_t}^{0} \sigma_t b \mathrm{d}z + \int_{0}^{H_t} \sigma_c b \mathrm{d}z = 0 \tag{3.34}$$

$$\int_{-H_t}^{0} \sigma_t b z \mathrm{d}z + \int_{0}^{H_t} \sigma_c b z \mathrm{d}z = M \tag{3.35}$$

式中, $b$ 为试样的宽度; $H_t$ 为试样均匀弯曲段拉伸区高度; $H_c$ 为试样均匀弯曲段压缩区高度。

应变-位移关系如下:

$$\varepsilon = -z \frac{\mathrm{d}^2 w}{\mathrm{d}x^2} \tag{3.36}$$

$$\frac{1}{2} E_t H_t^2 b \frac{\mathrm{d}^2 w}{\mathrm{d}x^2} - \frac{1}{2} E_c H_c^2 b \frac{\mathrm{d}^2 w}{\mathrm{d}x^2} = 0 \tag{3.37}$$

$$-\frac{1}{3} E_t H_t^3 b \frac{\mathrm{d}^2 w}{\mathrm{d}x^2} - \frac{1}{3} E_c H_c^3 b \frac{\mathrm{d}^2 w}{\mathrm{d}x^2} = M \tag{3.38}$$

对以上公式进行简化:

$$\frac{H_c}{H_t} = \left( \frac{E_t}{E_c} \right)^{1/2} \tag{3.39}$$

$$M = -\frac{1}{3}(E_t H_t^3 b + E_c H_c^3 b)\frac{\mathrm{d}^2 w}{\mathrm{d}x^2} \tag{3.40}$$

令 $D = E_t H_t^3 b + E_c H_c^3 b$，$D$ 还可写成如下形式：

$$D = E_t H_t^3 b + E_c H_c^3 b = E_t H_t^2 Hb = E_c H_c^2 Hb \tag{3.41}$$

式(3.41)和式(3.40)两端乘以 $z$ 后，拉伸模量和压缩模量的计算公式分别变为

$$E_t = \frac{3M}{\varepsilon_{t\max} H_t Hb} \tag{3.42}$$

$$E_c = \frac{3M}{\varepsilon_{c\max} H_c Hb} \tag{3.43}$$

通过式(3.42)和式(3.43)可以得到拉伸应变和压缩应变的比值为

$$\frac{\varepsilon_{t\max}}{\varepsilon_{c\max}} = \frac{E_c H_c}{E_t H_t} = \left(\frac{E_c}{E_t}\right)^{\frac{1}{2}} \tag{3.44}$$

　　在四点弯曲试样标距段上下表面粘贴应变片，通过应变片测试值及加载弯矩即可通过式(3.42)和式(3.44)获得相应的拉压模量值。实际测试中，当上下应变比值近似 1 时，可以忽略双模量效应。现举例说明双模量修正过程，假定双模量修正试样（四点弯曲试样）尺寸如下：内跨距为 20 mm，外跨距为 40 mm，试样高度为 3 mm，宽度为 10 mm，加载面尺寸为 3 mm×10 mm，加载面上下表面均粘贴应变片，应变片方向为试样长度方向。加载过程中，应力-应变呈现线弹性关系，当力学实验机加载力为 500 N，拉应变测试结果为 900με，压应变测试结果为 500με。首先计算得到四点弯曲试样标距段区域弯矩值，为 2 500 N·mm。根据式(3.44)计算得到模量比值 $(E_c/E_t)^{\frac{1}{2}} = 1.8$，根据式(3.39)计算得到试样标距段区域高度方向拉压区域高度比值 $H_t/H_c = (E_c/E_t)^{\frac{1}{2}} = 1.8$，进而得到拉伸区和压缩区的高度值分别为 $H_t = 1.93$ mm，$H_c = 1.07$ mm。由测试得到的应变值，计算得到弯矩值和拉压区域高度值，通过式(3.42)和式(3.43)计算得到拉压模量分别为 143.9 GPa 和 467.3 GPa，至此完成了基于四点弯曲实验的双模量属性修正。

### 3.2.2　基于热力学的损伤模型

本节给出一种基于连续损伤力学的 C/SiC 材料非线性本构模型[14]。在进

行本构建模之前,先给出如下假设与近似:小变形假设,材料在等温条件下受静态载荷产生小变形;面内损伤假设,面外载荷对面内损伤的影响可以忽略;正交各向异性假设,损伤后的材料仍以纤维编织方向为坐标轴,保持正交各向异性;损伤-弹性材料假设,在损伤不发生扩展的条件下,材料保持为线弹性。此外,本节采用 Voigt 记法,下标 1 对应张量的 11 分量,下标 2 对应 22 分量,下标 6 对应采用工程方法表示的 12 分量;采用黑体表示张量,常规字体表示标量或张量的分量,下标 $ii$ 表示哑标不求和。

依据前面的试验分析可知,在特定的名义应力 $\boldsymbol{\sigma}$ 下,材料的应变可以分为弹性应变 $\varepsilon^e$ 和塑性应变 $\varepsilon^p$ 两部分,如式(3.45)所示,这样便将本构建模问题分成了损伤建模与非弹性应变建模两部分。

$$\varepsilon = \varepsilon^e + \varepsilon^p \tag{3.45}$$

1) 损伤演化

在上述假设下,采用一组标量 $\omega_i(i = 1, 2, 6)$ 来表征材料的损伤,利用 C/SiC 材料主轴方向的柔度变化定义,即

$$\omega_i = \frac{\Delta S_{\underline{ii}}}{S_{\underline{ii}}^0} = \frac{S_{\underline{ii}}^d - S_{\underline{ii}}^0}{S_{\underline{ii}}^0} \tag{3.46}$$

式中,$S_{\underline{ii}}^0$ 为材料的初始柔度系数;$S_{\underline{ii}}^d$ 为损伤后材料的柔度系数,两者的关系为

$$S_{\underline{ii}}^d = S_{\underline{ii}}^0 + \Delta S_{\underline{ii}} = \left[1 + H(\hat{\sigma}_i)\omega_i\right]S_{\underline{ii}}^0 \tag{3.47}$$

式中,$H(x)=1, x \geqslant 0$;$H(x)=0, x < 0$,用来表征压缩载荷下的损伤钝化效应;$\hat{\sigma}_i$ 为损伤钝化指示应力,与材料内的残余热应力水平 $\sigma^r$ 相关,定义为

$$\hat{\sigma}_i = \sigma_i - \sigma^r \tag{3.48}$$

柔度系数交叉项与材料泊松比相关,其变化不伴随能量的耗散,故不将其定义为损伤状态变量,认为其在材料损伤中保持为常数。材料发生损伤后,其刚度系数矩阵与柔度系数矩阵互逆,即

$$\boldsymbol{C}^d = \left[\boldsymbol{S}^d\right]^{-1} \tag{3.49}$$

定义等效损伤参数为损伤退化后的弹性模量与初始模量之比:

$$d_i = \frac{E_i^d}{E_i^0} \quad (i = 1, 2); \quad d_6 = \frac{G_{12}^d}{G_{12}^0} \tag{3.50}$$

依据应变能等效假设,给出材料的名义应力及损伤状态变量表达的 Gibbs 自由能为

$$\Phi = \frac{1}{2} \{ S_{11}^0 [ 1 + H(\hat{\sigma}_1)\omega_1 ] \sigma_1^2 + 2S_{12}^0 \sigma_1 \sigma_2 \tag{3.51}$$

$$+ S_{22}^0 [ 1 + H(\hat{\sigma}_2)\omega_2 ] \sigma_2^2 + S_{66}^0 (1 + \omega_6)\sigma_6^2 \}$$

将自由能对名义应力求导,可以得到材料的本构关系,即

$$\varepsilon^e = \left. \frac{\partial \Phi}{\partial \sigma} \right|_{\omega_i} = S^d : \boldsymbol{\sigma} \tag{3.52}$$

将自由能对损伤状态变量求导,可以给出损伤的热力学驱动力,如式(3.53)所示。热力学力表达了损伤扩展中每单位体积释放的能量。损伤与热力学力必须满足热力学不可逆定律,即克劳修斯不等式:

$$Y_i = \left. \frac{\partial \Phi}{\partial \omega_i} \right|_{\sigma_i} \tag{3.53}$$

$$\sum Y_i \mathrm{d}\omega_i \geqslant 0 \tag{3.54}$$

克劳修斯不等式限定了材料的损伤耗散势必须为外凸函数,损伤耗散势函数定义为

$$F = F(Y_i, \ \omega_i) \tag{3.55}$$

在本节的研究中,利用试验数据拟合给出损伤准则,对每个变量,定义如下损伤演化准则:

$$F_i = \omega_i - f_i(\langle \underline{Y_i^*} - Y_i^0 \rangle) \tag{3.56}$$

式中,下标"_"表示所有加载历程中的最大值,以考虑损伤不可逆效应,$< x > = (x + | x |)/2$;$Y_i^0$ 为损伤萌生所对应的热力学力,以考虑材料初始的线弹性特征;$Y_i^*$ 为考虑损伤之前的耦合而建立的等效热力学力。

在建立等效热力学力的过程中,文献中采用的建模方法记为模型 I,给出的等效热力学力的表达式如下:

$$Y_i^* = \tilde{Y}_i + \sum_{j=1, \ 2, \ 6, \ j \neq i} [ g_{ij}(\underline{Y_j}) \tilde{Y}_j ] \quad (i = 1, \ 2) \tag{3.57}$$

$$Y_6^* = \tilde{Y}_6 + \sum_{j=1,2} \left[ g_{6j}(\underline{Y_j}) \tilde{Y}_j \right] - g_c(|Z|) Y_c \tag{3.58}$$

式中,标量函数 $g_{ij}$ 量化了 $j$ 方向的热力学力对 $i$ 方向热力学力的贡献,也就是损伤模式之间的耦合效应;标量函数 $g_c$ 量化了体积静水压力 $Z = \sigma_1 + \sigma_2$ 对剪切损伤演化的抑制作用;$Y_c$ 是对应的热力学力,定义为

$$Y_c = \frac{1}{2} H(-Z) Z^2 S_{11}^0 \tag{3.59}$$

$\tilde{Y}_i$ 为有效热力学力,定义如式(3.60)所示,主要考虑正应力部分,避免负应力下的材料伪损伤扩展:

$$\begin{cases} \tilde{Y}_i = H(\sigma_i) Y_i & (i=1,2) \\ \tilde{Y}_6 = Y_6 \end{cases} \tag{3.60}$$

本节研究的 C/SiC 材料的损伤演化还与应力比例存在关联,这也是复杂应力状态下准确描述材料本构行为相对困难的原因所在。在模型 I 的基础上,本节提出改进模型(记为模型 II),考虑损伤在不同材料方向上演化出现的各向异性,将损伤耦合效应定义为载荷方向的函数[15],进而提升复杂应力状态下模型预测的准确性。具体如下:对于 1 方向与 2 方向损伤的耦合效应,定义双轴载荷比例因子 $l_{12}$ 为

$$l_{12} = \frac{\sigma_1 + \sigma_2}{\sqrt{\sigma_1^2 + \sigma_2^2}} \tag{3.61}$$

类似地,进行如下定义:

$$l_{16}, \, l_{61} = \frac{\sigma_1 + \sigma_2 + \sigma_6}{\sqrt{\sigma_1^2 + \sigma_2^2 + \sigma_6^2}} \tag{3.62}$$

并将损伤耦合效应函数定义为载荷比例因子的函数,即

$$g_{ij} = g_{ij}(l_{ij}) \tag{3.63}$$

2) 非弹性应变演化

本节利用有效应力 $\tilde{\boldsymbol{\sigma}}$ 的概念来建立非弹性应变与外载荷之间的关系,依据有效应力假设,给出有效应力与名义应力之间的关系为

$$\tilde{\boldsymbol{\sigma}} = \boldsymbol{C}^0 : \boldsymbol{\varepsilon}^e \tag{3.64}$$

假设非弹性应变的屈服面满足各向同性硬化,忽略体积压力的影响,可将限制弹性域的屈服面表达为

$$y_s = \sqrt{r_1^2 \tilde{\sigma}_1^2 + r_2^2 \tilde{\sigma}_2^2 + r_6^2 \tilde{\sigma}_6^2} - \kappa(\bar{\varepsilon}^p) \tag{3.65}$$

式中,$\kappa(\bar{\varepsilon}^p)$ 为应变硬化函数;$\bar{\varepsilon}^p$ 为等效塑性应变。

依据塑性流动法则,非弹性应变的演化可以定义为

$$d\varepsilon_i^p = d\lambda \frac{\partial y_s}{\partial \tilde{\sigma}_i} \tag{3.66}$$

式中,$d\lambda$ 采用式(3.67)所示的一致性条件导出:

$$y_s = dy_s = 0 \tag{3.67}$$

塑性加载条件为

$$d\lambda > 0 \tag{3.68}$$

加载过程中的塑性耗散为

$$dW^p = d\tilde{\boldsymbol{\sigma}} : d\boldsymbol{\varepsilon}^p = \bar{\sigma} d\bar{\varepsilon}^p \tag{3.69}$$

式中,$\bar{\sigma}$ 为等效有效应力,即 $\bar{\sigma} = \sqrt{r_1^2 \tilde{\sigma}_1^2 + r_2^2 \tilde{\sigma}_2^2 + r_6^2 \tilde{\sigma}_6^2}$。

将式(3.66)代入式(3.69)并化简,可得

$$d\bar{\varepsilon}^p = d\lambda \tag{3.70}$$

将式(3.70)和式(3.66)自相乘,可得

$$d\bar{\varepsilon}^p = \sqrt{\sum_{i=1,2,6} \left( \frac{d\varepsilon_i^p}{r_i} \right)^2} \tag{3.71}$$

参数 $r_i$ 的引入是为了考虑剪切载荷引起的塑性屈服面出现的各向异性,定义 $r_i$ 为应力空间中,加载方向与剪切轴之间的夹角的函数:

$$\theta_6 = \arccos\left( \frac{|\sigma_6|}{\sqrt{\sigma_1^2 + \sigma_2^2 + \sigma_6^2}} \right) \tag{3.72}$$

$$r_i = r_i(\theta_6) \tag{3.73}$$

且考虑材料的对称性,$r_1$ 与 $r_2$ 具有相同的表达形式。

3）数值计算程序

在以名义应力张量为载荷时,本节所建立的本构模型可以直接进行求解,但这与基于位移解法的有限元软件以应变增量为载荷不同,因而本小节给出本构模型与有限元软件的集成方法。

在包含材料非线性的有限元求解中,通常采用增量法和 N-R 迭代,将载荷步按加载历史进行离散求解。在第 $n$ 个增量步中,本构模型的求解程序如下。

步骤 1：给出试探解。设当前的应变增量 $\Delta\varepsilon$ 完全为弹性应变增量 $\Delta\varepsilon^e$,则当前的弹性应变为

$$\boldsymbol{\varepsilon}^{e,\,n} = \boldsymbol{\varepsilon}^{e,\,n-1} + \Delta\boldsymbol{\varepsilon}^e \tag{3.74}$$

依据式(3.64)求解有效应力张量 $\tilde{\boldsymbol{\sigma}}^{\text{trial},\,n}$。

步骤 2：分析屈服条件。依据式(3.65)和试探解计算塑性屈服函数 $y_s$。 若有 $y_s \leqslant 0$ 说明当前应变增量处于弹性域内,转入步骤 4;若不满足该条件,说明发生了塑性流动,转入步骤 3。

步骤 3：塑性加载。塑性加载中,一致性条件始终应得到满足,即

$$y_s(\tilde{\boldsymbol{\sigma}}^n,\ \bar{\varepsilon}^{p,\,n}) = 0 \tag{3.75}$$

由于 $\tilde{\boldsymbol{\sigma}}^n$、$\bar{\varepsilon}^{p,\,n}$ 均与塑性应变相关,上述方程是一个非线性方程。前一增量步的塑性应变结果已知,因而问题的关键在于求解能够满足式(3.75)的塑性应变增量。该方程可以采用 N-R 方法求解迭代求解。已知第 $k-1$ 步的迭代结果,第 $k$ 步的迭代结果表示为

$$\Delta\bar{\varepsilon}^{p,\,n(k)} = \Delta\bar{\varepsilon}^{p,\,n(k-1)} - \frac{y_s\big[\Delta\bar{\varepsilon}^{p,\,n(k-1)}\big]}{\partial\big[y_s(\Delta\bar{\varepsilon}^{p,\,n(k-1)})\big]/\partial\big[\Delta\bar{\varepsilon}^{p,\,n(k-1)}\big]} \tag{3.76}$$

迭代的初始条件设为

$$\tilde{\boldsymbol{\sigma}}^{\text{trial},\,n(0)} = \tilde{\boldsymbol{\sigma}}^{\text{trial},\,n},\quad \Delta\bar{\varepsilon}^{p,\,n(0)} = 0,\quad \bar{\varepsilon}^{p,\,n(0)} = \bar{\varepsilon}^{p,\,n-1} \tag{3.77}$$

迭代的收敛条件为

$$|\,y_s(\tilde{\boldsymbol{\sigma}}^n,\ \bar{\varepsilon}^{p,\,n})\,| \leqslant 1.0 \times 10^{-8} \tag{3.78}$$

步骤 4：分离弹性与塑性应变。依据式(3.66)更新塑性应变增量,依据式(3.45)计算弹性应变增量。

步骤 5：判断损伤是否扩展。利用更新后的弹性应变和前一增量步获取的材料刚度矢量 $\boldsymbol{C}^{d,\,n-1}$ 计算更新后的名义应力张量 $\boldsymbol{\sigma}^{\text{trial},\,n}$,代入式(3.56)计算损

伤势函数。若 $F_i \leqslant 0$，则表示损伤不扩展，转入步骤 7；如果不满足该条件，说明材料发生退化，转入步骤 6。

步骤 6：损伤演化分析。损伤扩展同样满足一致性条件，即

$$F_i(\omega_i^n, Y_i^n) = 0 \tag{3.79}$$

类似地，同样采用 N-R 子迭代来求解损伤增量 $\Delta\omega_i^n$：

$$\Delta\omega_i^{n(k)} = \Delta\omega_i^{n(k-1)} - \frac{F_i[\Delta\omega_i^{n(k-1)}]}{\partial[F_i(\Delta\omega_i^{n(k-1)})]/\partial[\Delta\omega_i^{n(k-1)}]} \tag{3.80}$$

迭代的初始条件为

$$\boldsymbol{\sigma}^{\text{trial},n(0)} = \boldsymbol{\sigma}^{\text{trial},n}, \quad \Delta\omega_i^{n(0)} = 0, \quad \omega_i^{n(0)} = \omega_i^{n-1} \tag{3.81}$$

迭代的收敛条件为

$$|F_i(\omega_i^n, Y_i^n)| \leqslant 1.0 \times 10^{-5} \tag{3.82}$$

步骤 7：更新名义应力。利用更新后的损伤状态变量计算损伤刚度，材料的名义应力为

$$\boldsymbol{\sigma} = \boldsymbol{C}^d : \boldsymbol{\varepsilon}^e = \boldsymbol{C}^d : (\boldsymbol{\varepsilon} - \boldsymbol{\varepsilon}^p) \tag{3.83}$$

上述求解步骤中所涉及的偏微分求解没有显示形式，可借助于中心差分方法进行数值近似。

在基于位移解法的有限元软件中，为提高非线性本构模型计算的收敛效率，需要推导 N-R 迭代所需的 Jacobian 矩阵。定义张量 $\varsigma$ 为

$$\varsigma = \frac{\partial y_s}{\partial\tilde{\boldsymbol{\sigma}}} \tag{3.84}$$

则名义应力的增量可以写为

$$\mathrm{d}\boldsymbol{\sigma} = \boldsymbol{C}^d : (\mathrm{d}\boldsymbol{\varepsilon} - \mathrm{d}\boldsymbol{\varepsilon}^p) = \boldsymbol{C}^d : (\mathrm{d}\boldsymbol{\varepsilon} - \varsigma\mathrm{d}\lambda) \tag{3.85}$$

利用一致性条件，可以得出如下等式：

$$\frac{\partial y_s}{\partial\tilde{\boldsymbol{\sigma}}} : \mathrm{d}\tilde{\boldsymbol{\sigma}} + \frac{\partial y_s}{\partial\bar{\varepsilon}^p}\mathrm{d}\bar{\varepsilon}^p = \varsigma : \boldsymbol{C}^0 : (\mathrm{d}\boldsymbol{\varepsilon} - \varsigma\mathrm{d}\lambda) + \frac{\partial r}{\partial\kappa}\frac{\partial\kappa}{\partial\bar{\varepsilon}^p}\mathrm{d}\bar{\varepsilon}^p \tag{3.86}$$

令 $H_p = \frac{\partial\chi}{\partial\bar{\varepsilon}^p}$，将式（3.70）代入式（3.86）得

$$\mathrm{d}\lambda = \frac{\varsigma : \boldsymbol{C}^0 : \mathrm{d}\varepsilon}{H_p + \varsigma : \boldsymbol{C}^0 : \varsigma} \tag{3.87}$$

将式(3.87)代入式(3.85),得

$$J = \frac{\partial \mathrm{d}\boldsymbol{\sigma}}{\partial \mathrm{d}\varepsilon} = \boldsymbol{C}^d - \frac{(\boldsymbol{C}^d : \varsigma) \otimes (\varsigma : \boldsymbol{C}^0)}{H_p + \varsigma : \boldsymbol{C}^0 : \varsigma} \tag{3.88}$$

式(3.88)即有限元非线性迭代求解所需的 Jacobian 矩阵表达式。其中,对于三维问题,由于暂不考虑面外方向的损伤,$\boldsymbol{C}^d$ 的定义为

$$\begin{bmatrix} \sigma_1 \\ \sigma_2 \\ \sigma_3 \\ \sigma_4 \\ \sigma_5 \\ \sigma_6 \end{bmatrix} = \begin{bmatrix} C_{11}^d & C_{12}^d & C_{13}^0 & 0 & 0 & 0 \\ C_{12}^d & C_{22}^d & C_{23}^0 & 0 & 0 & 0 \\ C_{13}^0 & C_{23}^0 & C_{33}^0 & 0 & 0 & 0 \\ 0 & 0 & 0 & C_{44}^0 & 0 & 0 \\ 0 & 0 & 0 & 0 & C_{55}^0 & 0 \\ 0 & 0 & 0 & 0 & 0 & C_{66}^d \end{bmatrix} \begin{bmatrix} \varepsilon_1^e \\ \varepsilon_2^e \\ \varepsilon_3^e \\ \varepsilon_4^e \\ \varepsilon_5^e \\ \varepsilon_6^e \end{bmatrix} \tag{3.89}$$

4）本构模型的参数标定

首先采用利用简单载荷下的力学试验结果,来拟合损伤演化函数 $f_1$ 与 $f_6$。利用名义应力计算热力学力,如式(3.53)所示;利用卸载模量的变化计算损伤状态变量 $\omega$,给出热力学力与损伤状态变量之间的关系,如图 3.13 所示。利用数据拟合可以给出损伤演化函数的表达式,如式(3.90)与式(3.91)所示,其中 sign($x$)为符号函数,以引入体积压缩状态下的剪切模量强化效应。

$$\omega_1 = a_1(\langle Y_i^* - Y_i^0 \rangle)^{b_1} \tag{3.90}$$

$$\omega_6 = a_6(\langle Y_i^* - Y_i^0 \rangle)^{b_6} \times \mathrm{sign}(g_c) \tag{3.91}$$

利用偏轴加载试验结果来拟合损伤耦合函数 $g_{ij}$,具体方法为:利用式(3.57)和式(3.58)可以计算等效热力学力,利用式(3.90)和式(3.91)计算对应的损伤,利用式(3.52)计算对应的弹性应变,利用计算得出的弹性应变与不同偏轴角度下的试验结果之间的差异最小化作为目标函数,将参数 $g_{ij}$ 作为优化变量,利用优化算法对 $g_{ij}$ 进行求解;利用式(3.61)和式(3.62)求解对应的载荷因子,给出 $g_{ij}$ 与载荷因子间的关系,如图 3.14 所示。对图中的数据利用多项式拟

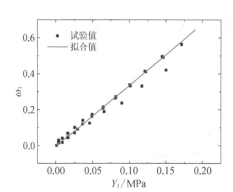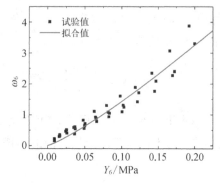

图 3.13    损伤状态变量与热力学力间的关系

合给出依赖于应力状态的损伤耦合函数表达式如下,其中损伤耦合系数与应力比例因子近似呈线性关系。

$$g_{12} = a_{12}l_{12}^2 + b_{12}l_{12} + c_{12} \tag{3.92}$$

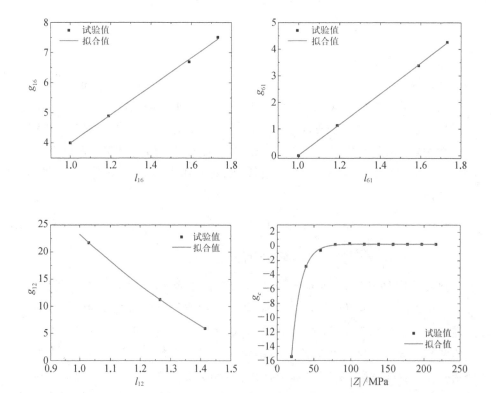

图 3.14    损伤耦合函数

$$g_{16} = b_{16}l_{16} + c_{16}, \quad g_{61} = b_{61}l_{61} + c_{61} \tag{3.93}$$

为得到体积压力对剪切损伤的抑制效应函数 $g_c$ 的表达式,利用 30° 偏轴压缩试验中的面内剪切损伤变化,对比无体积压力状态下的面内剪切损伤,可以反向推导出 $g_c$ 与 $Y_c$ 的函数关系,本节采用的表达式如下:

$$g_c = a_c + b_c e^{-|Z|/t_c} \tag{3.94}$$

利用简单拉伸与面内剪切试验来获取 C/SiC 材料的等效塑性屈服面函数。利用试验中得出的弹性应变结合式(3.64)计算等效应力,给出非弹性应变与等效应力的关系如图 3.15 所示,通过数据拟合给出塑性屈服面的表达式:

$$\kappa(\bar{\varepsilon}^p) = \sigma_0^p + \beta(\bar{\varepsilon}^p)^\gamma \tag{3.95}$$

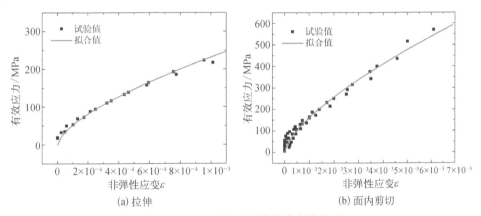

**图 3.15　非弹性应变与等效应力的关系**

为分析非弹性应变演化在有效应力空间中的各向异性,利用偏轴加载试验的弹性应变,计算试验对应的等效应力;进而利用屈服面函数(3.65)可以对非弹性应变分量进行求解;利用求解结果与试验结果间的差异最小化,优化参数 $r_i$;利用式(3.72)求解 $\theta_6$,进而给出两者的关系,如图 3.16 所示。利用二次函数进行数据拟合,得

$$r_1 = a_{mm}\theta_6^2 + b_{mm}\theta_6 + c_{mm} \tag{3.96}$$

$$r_6 = a_{nn}\theta_6^2 + b_{nn}\theta_6 + c_{nn} \tag{3.97}$$

将本节建立的 C/SiC 材料宏观非线性模型所需的参数汇总如表 3.2 所示。

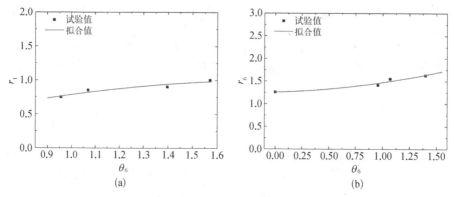

图 3.16 塑性各向异性演化参数

表 3.2 C/SiC 材料宏观非线性模型参数汇总

| 函 数 | 参 数 | 数 值 | 单 位 |
|---|---|---|---|
| $f_1$ | $a_1$ | 3.548 | $(MPa)^{-b_1}$ |
| | $b_1$ | 1.027 | 1 |
| $f_6$ | $a_6$ | 21.89 | $(MPa)^{-b_6}$ |
| | $b_6$ | 1.185 | 1 |
| $g_{12}$ | $a_{12}$ | 22.95 | 1 |
| | $b_{12}$ | 97.27 | 1 |
| | $c_{12}$ | 97.58 | 1 |
| $g_{16}$ | $b_{16}$ | 4.713 | 1 |
| | $c_{16}$ | 0.719 1 | 1 |
| $g_{61}$ | $b_{61}$ | 5.772 | 1 |
| | $c_{61}$ | 5.762 | 1 |
| $\kappa$ | $\sigma_0^p$ | 35.00 | MPa |
| | $\beta$ | $3.938 \times 10^4$ | MPa |
| | $\gamma$ | 0.774 4 | 1 |
| $r_1$ | $a_{mm}$ | $-0.280\ 7$ | 1 |
| | $b_{mm}$ | 1.064 | 1 |
| | $c_{mm}$ | 0 | 1 |
| $r_6$ | $a_{nn}$ | 0.143 7 | 1 |
| | $b_{nn}$ | $0.722 \times 10^{-1}$ | 1 |
| | $c_{nn}$ | 1.256 | 1 |

（续表）

| 函　数 | 参　数 | 数　值 | 单　位 |
|---|---|---|---|
| $g_c$ | $a_c$ | 0.290 | 1 |
| | $b_c$ | −79.7 | 1 |
| | $t_c$ | 12.2 | MPa |

### 3.2.3　唯象强度判据

复合材料的破坏是指材料在服役环境下丧失了规定功能,由于复合材料微结构的多样性和各向异性,不能用一种模式描述所有材料的失效。失效准则研究不同外力作用下材料破坏的判据,需要根据实验结果或假设推演出材料破坏所遵循的规律,失效准则的一般形式如下:

$$F(\sigma_i, m_i) = K \tag{3.98}$$

式中,$\sigma_i$ 为应力状态;$m_i$ 为材料常数;$K$ 为具有确定物理意义的参数,如最大拉伸强度、最大剪切强度、最大拉伸或剪切应变等。

如果 $\sigma_i$ 使材料达到极限状态,则方程(3.98)描述的是应力空间的一个曲面,在曲面包围范围内的应力状态下,材料是安全的,在曲面上或曲面外的应力状态下,材料将发生破坏。为了形象描述失效准则,通常将准则方程绘成的应力空间的几何图形称为失效包络面。失效准则是计算热结构安全裕度的基础,应具有明确的物理意义且能够与实验吻合,同时准则中的材料常数应可以通过简单实验进行确定。

失效准则是合理进行复合材料结构设计和结构强度评估(结构分析)的基础。现有复合材料的强度准则有最大应力(应变)准则、Tsai - Hill 失效判据、Tsai - Wu 准则和 Hoffman 准则等。

1) 最大应力准则

最大应力准则可叙述为,当某个应力分量达到材料相应的基本强度值时,材料发生破坏,最大应力准则数学表达式为

$$\sigma_i = X_i \quad (i = 1, 2, 3) \tag{3.99}$$

式中,$\sigma_i$ 为材料主方向上的应力;$X_i$ 表示不同材料主方向上的强度值。

2) Tsai - Hill 失效判据

Hill 将针对各向同性材料的 von Mises 准则推到各向异性,同时 Tsai 认为,

纤维增强树脂基复合材料破坏与进入塑性状态相似,以此制定了 Tsai – Hill 失效判据:

$$F(\sigma_2 - \sigma_3)^2 + G(\sigma_1 - \sigma_3)^2 + H(\sigma_1 - \sigma_2)^2 + 2L\tau_{23}^2 + 2M\tau_{31}^2 + 2N\tau_{12}^2 = 1$$
$$(3.100)$$

式中,参数 $F$、$G$、$H$、$L$、$M$ 和 $N$ 可由 3 个主方向的拉伸及 3 个材料对称面内的纯剪切实验确定。

对于横观各向同性复合材料,Tsai – Hill 失效判据变为

$$\left(\frac{\sigma_1}{X}\right)^2 + \left(\frac{\sigma_2}{Y}\right)^2 - \frac{\sigma_1\sigma_2}{X^2} + \left(\frac{\tau_{12}}{S}\right)^2 = 1 \qquad (3.101)$$

Tsai – Hill 失效判据建立在主坐标系上,该准则只适用于正交各向异性材料,表达式含有应力分量的二次项,不包含应力分量的线性项,因此无法考虑材料拉压强度不等的情况。其次,该准则中的所有二次项系数都是独立的,基于材料塑性不可压缩假设。

基于测试获得的强度参量数据,建立材料 Tsai – Hill 失效判据:

$$\begin{cases} \left(\frac{\sigma_1}{X_1}\right)^2 + \left(\frac{\sigma_2}{Y_1}\right)^2 - \frac{\sigma_1\sigma_2}{X_1^2} + \left(\frac{\tau_{12}}{S_1}\right)^2 = 1 \quad (\text{拉应力状态}) \\ \left(\frac{\sigma_1}{X_2}\right)^2 + \left(\frac{\sigma_2}{Y_2}\right)^2 - \frac{\sigma_1\sigma_2}{X_2^2} + \left(\frac{\tau_{12}}{S_2}\right)^2 = 1 \quad (\text{压应力状态}) \end{cases}$$
$$(3.102)$$

Tsai – Wu 失效准则未考虑拉压强度不等的复合材料,而这恰恰是热结构复合材料最为重要的特性,因此在复合材料预报中,该准则逐渐被 Hoffman 准则替代。

3) Hoffman 准则

Hoffman 准则是在 Tsai – Hill 失效判据的基础上提出的,它针对 Tsai – Hill 判据的缺陷做出了改进,在 Tsai – Hill 失效判据的基础上增加了一次应力项,用于预测正交各向异性材料破坏,并考虑到拉压强度不等的情况,其数学表达式为

$$C_1(\sigma_2 - \sigma_3)^2 + C_2(\sigma_1 - \sigma_3)^2 + C_3(\sigma_1 - \sigma_2)^2 + C_4\sigma_1 + C_5\sigma_2$$
$$+ C_6\sigma_3 + C_7\tau_{23}^2 + C_8\tau_{31}^2 + C_9\tau_{12}^2 = 1 \qquad (3.103)$$

$$\begin{cases} C_1 = \dfrac{1}{2}\left( \dfrac{1}{Y_t Y_c} + \dfrac{1}{Z_t Z_c} - \dfrac{1}{X_t X_c} \right), & C_4 = \dfrac{1}{X_t} - \dfrac{1}{X_c}, & C_7 = \dfrac{1}{T^2} \\[3mm] C_2 = \dfrac{1}{2}\left( \dfrac{1}{Z_t Z_c} + \dfrac{1}{X_t X_c} - \dfrac{1}{Y_t Y_c} \right), & C_5 = \dfrac{1}{Y_t} - \dfrac{1}{Y_c}, & C_8 = \dfrac{1}{R^2} \\[3mm] C_3 = \dfrac{1}{2}\left( \dfrac{1}{X_t X_c} + \dfrac{1}{Y_t Y_c} - \dfrac{1}{Z_t Z_c} \right), & C_6 = \dfrac{1}{Z_t} - \dfrac{1}{Z_c}, & C_9 = \dfrac{1}{S^2} \end{cases}$$

$$\tag{3.104}$$

考虑横观各向同性复合材料处于平面应力状态, $Y_t = Z_t$, $Y_c = Z_c$, 则有

$$\frac{\sigma_1^2}{X_t X_c} + \frac{\sigma_2^2}{Y_t Y_c} - \frac{\sigma_1 \sigma_2}{X_t X_c} + \frac{X_c - X_t}{X_t X_c}\sigma_1 + \frac{Y_c - Y_t}{Y_t Y_c}\sigma_2 + \frac{\tau_{12}^2}{S^2} = 1$$

$$\tag{3.105}$$

基于所列的强度参量, 建立复合材料的 Hoffman 准则:

$$\frac{\sigma_1^2}{X_t X_c} + \frac{\sigma_2^2}{Y_t Y_c} - \frac{\sigma_1 \sigma_2}{X_t X_c} + \frac{X_c - X_t}{X_t X_c}\sigma_1 + \frac{Y_c - Y_t}{Y_t Y_c}\sigma_2 + \frac{\tau_{12}^2}{S^2} = 1$$

$$\tag{3.106}$$

4) Tsai-Wu 失效准则

Tsai 和 Wu 假定应力空间下的破坏包络面存在如下张量形式:

$$F_i \sigma_i + F_{ij}\sigma_i \sigma_j + F_{ijk}\sigma_i \sigma_j \sigma_k + \cdots = 1 \tag{3.107}$$

Tsai-Wu 失效准则的基本假设也是近似取式(3.107)的一次项和二次项来建立强度包络面, 即

$$F_i \sigma_i + F_{ij}\sigma_i \sigma_j = 1 \tag{3.108}$$

对应平面应力状态下的正交各向异性材料, 由于材料主方向上坐标系内剪切应力的正负号对破坏状态无影响, 该准则可以简化为

$$F_1 \sigma_1 + F_2 \sigma_2 + F_{11}\sigma_1^2 + F_{22}\sigma_2^2 + 2F_{12}\sigma_1 \sigma_2 + F_{66}\sigma_6^2 = 1 \tag{3.109}$$

$$\begin{cases} F_1 = \dfrac{1}{X_t} - \dfrac{1}{X_c}, & F_2 = \dfrac{1}{Y_t} - \dfrac{1}{Y_c} \\[3mm] F_{11} = \dfrac{1}{X_t X_c}, & F_{22} = \dfrac{1}{Y_t Y_c}, & F_{66} = \dfrac{1}{S^2} \end{cases}$$

$$\tag{3.110}$$

式中,仅 $F_{12}$ 是未知的,可以采用数学和力学方法、几何方法、实验方法确定,其中实验方法最为有效。

实际工程应用中,热结构大多处于复杂应力状态,在复杂应力状态下,复合材料往往表现出非线性、强度刚度耦合效应、复杂损伤和破坏模式等,同时现有的简单拉伸、剪切、扭转等试验也无法提供复合材料失效面的完整数据,一般需要借助复合材料在双轴应力状态下的实验来进行研究。

## 3.3  跨尺度建模与多尺度方法

相较传统的金属材料,复合材料具有更加明显的非均质特性,这种非均质特性使得复合材料结构的损伤和破坏具有更加复杂的机理。在外载荷作用下,结构中的高应力区域内微观尺度的纤维束和基体将会出现不同程度的损伤,如纤维丝的断裂、基体的裂纹和扩展、界面的脱黏等。复合材料的损伤与失效不仅与材料的编织体结构、基体工艺及其几何特征等因素密切相关,而且损伤的发展演化与载荷之间存在明显的依赖关系,载荷决定了损伤的萌生与扩展,损伤的扩展与材料的退化反过来影响传力路径,进而影响载荷分配。在对复合材料进行损伤破坏分析时,将这些非均质的特性考虑进来,能够提高复合材料结构件的分析精度,同时能够预测复合材料失效的细观机理。

在结构宏观分析模型中,由于忽略了微细观特征,难以准确反映损伤失效机理。复合材料细观力学方法从微细观尺度出发,考虑复合材料的非均匀特性,能够有效分析其在外部载荷下的损伤与失效行为。然而,若完全从微细观尺度出发,建立结构分析模型,目前的计算能力还不够,同时在结构分析中完全采用细观模型会在工程应用中面临计算效率的瓶颈。宏观均匀化方法与细观分析方法的本质是解决不同尺度下的材料响应分析,所采用的分析对象与方法存在尺度差异。近年来,有大量的学者对多尺度分析方法进行了研究,使得宏观分析方法的高效率和细观模型的精度得以综合应用。

复合材料多尺度分析的关键是建立复合材料宏观响应量与细观响应量之间的关联关系,并建立相应的数值模拟框架。从复合材料宏观尺度与细观尺度之间的跨尺度关联方法出发,可以将复合材料的多尺度分析方法分为两大类[16]。

(1)均匀化方法:将细观模型的响应与性能进行均匀化,获取等效的宏观应力-应变响应及等效弹性性能,将其传递给宏观模型进行计算。复合材料的均匀化方法包括经典的复合材料均匀化解析理论,如 Hashin 变分法、Mori‐Tanaka 方法、自洽法等[17],以及渐进均匀化方法及其衍生的变分方法[18];另外,还有半解析方法,如通用单胞方法和高精度通用单胞法[19]等。

(2) 耦合方法:将两个不同尺度的模型在界面上进行耦合,在界面上进行信息的传递,并在界面上保证两尺度模型的平衡与相容性。典型的耦合方法如将紧束缚方法、分子动力学和有限元法进行耦合的 MAAD ( Macroscopic, Ab-initio and Atomistic Dynamics)方法[20],以及使用多尺度基函数的扩展多尺度有限元方法等[21]。

针对这两大类方法,也发展了三类多尺度问题求解策略,见图 3.17。

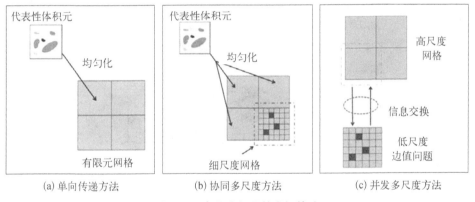

图 3.17　多尺度问题的求解策略

(1) 单向传递方法:主要指多个尺度之间仅存在单向的信息传递,主要有"自下而上"和"自上而下"两种类型。前者计算不同条件下微细观的响应,并作为数据库信息传递到宏观模型中[22],例如,Yvonnet 等[23]针对颗粒增强超弹性材料,利用代表性体积元(representative volume element, RVE)计算了不同载荷比例下的材料等效应变能,利用平行正交分解结合基函数插值等方式建立了应变能函数,进而导出宏观的本构模型,并拓展到大变形条件下。Wirtz 等[24]利用支持向量机等机器学习算法,构建了细观模型的代理模型,实现了多尺度问题的快速求解。"自上而下"是指对宏观模型进行局部细化,如建立局部细观模型,利用子模型方法将宏观响应量传递给细观模型进行损伤分析等。

(2) 协同多尺度方法:多与均匀化方法结合使用,采用宏观模型与细观模型进行信息的双向传递。宏观模型将特定的响应量,如应变载荷传递给细观模型,由细观模型进行局部化分析,分析细观模型的损伤失效等,并进行均匀化,将特定的信息传递回宏观模型。典型的方法为在宏观模型的每一个积分点嵌套一个细观模型,如 Feyel 等[25]提出的 $FE^2$ 求解方法等。

(3)并发多尺度方法:在该方法中,细观模型与宏观模型同时求解。例如,Lloberas - Valls 等[26]基于域分解方法,将材料区域分解为互不干涉的区域,在每个区域内依据载荷状态进行自适应的网格细化,与直接数值模拟对比验证了方法的可靠性。

目前,多尺度方法仍面临一些挑战:受微细观损伤失效分析的计算效率限制,不便于与宏观模型直接集成。一方面,可发展简化的计算方法,如 Abdulle 和 Bai[27]发展了细观分析模型的减缩基求解方法,将求解分为离线阶段和在线阶段。在离线阶段,通过计算不同条件下的细观模型响应形成数据库,并通过误差控制来选取足够的减缩基,利用里茨法对减缩后的问题进行求解。细观问题的降阶求解误差通常随着减缩基的增加而迅速降低,因而能够将原问题的自由度缩减至数十个,进而极大地降低在线阶段细观问题的求解成本。该方法的关键是减缩问题误差的评估及减缩基的选取。Aboudi[28]发展的通用单胞法(generalized method of cells, GMC)将细观单胞按体元方法剖分为有限胞元,每一个胞元内为一种材料。对每个单胞内的应力与应变进行一阶 Taylor 级数展开,表述为宏观均匀应变和细观周期应变叠加的形式。利用单胞界面处的平均位移与应力连续条件,以及相邻单胞等同边上的周期性条件,建立宏观平均应力-应变关系与胞元内组分材料的应力-应变关系,得出的半解析解能够提高计算效率。

Mayes 和 Hansen[29]发展了多组分连续理论,该方法利用纤维-基体二元模型或代表性体积元模型,将复合材料的平均应力与应变变换为组分材料的平均应力与应变信息,并建立平均应力下的破坏准则。对于层合板中主要的损伤失效形式,分别定义不同的损伤状态,利用刚度折减法或能量法计算损伤演化及损伤后材料的等效性能,并利用试验数据进行校正。Liu 等[30]采用聚类算法依据应变集中张量将细观模型进行分块减缩,并计算每个分块间的相互作用张量,以减小细观问题的求解成本。另外,研究人员利用协同方法便于并行化的特点,发展了大规模并行算法,也可以实现了多尺度问题的加速求解。例如,Fritzen 和 Hodapp[31]利用大规模 GPU 并行计算来提升多尺度方法的求解效率。均匀化方法依赖于微细观结构的周期性或代表性,以及宏观尺度与细观尺度特征长度可分离的假设,在结构边缘位置与高变形梯度位置,上述条件不能得到满足,需要进一步发展改进的周期性边界条件[32]与高阶均匀化理论[33]。在损伤与软化问题中,对于细观模型,需要发展特定的边界条件以消除边界条件形式对损伤过程的影响[34]。此外,Bazant[35]指出,在材料发生峰值后软化时,在两尺度间确定材料的局部化特征尺度,两尺度间的能量释放率很难保持一致[36]。发展局部位置的多尺度耦合方法虽能解决上述一部分问题,但目前的文献报道中,耦合方法仅针对简单结构进行一些方法的验证,针对复合材料复杂外形结构建立自适应的两尺度耦合计算程序时,仍面临一些困难。

综上所述,复合材料损伤退化分析的困难在于其结构与失效机理的复杂性。从结构的损伤退化分析需求出发,其挑战性在于如何在把握结构损伤退化特征的同时保证较高的计算效率,因此其核心问题是方法的效率与精确度的矛盾。

### 3.3.1 渐进均匀化基本原理

渐进均匀化方法用来分析具有周期性微细观结构的复合材料性能,既能够分析由细观模型决定宏观材料特性,又可以由宏观响应量获取的细观局部响应,并在二者之间建立联系,且具有严格的数学依据[37]。

由于微细观结构的周期性,宏观材料体 $\Omega$ 在受外界力学载荷作用下的响应,如位移、应变及应力表现出高速振荡特性。然而对于材料体 $\Omega$ 的小邻域,即材料的微细观尺度观察,这种变化则较为平缓。因此,分析时存在两个不同尺度,分别为 $x$ 与 $y$,两者之间满足如下关系:

$$y = x/\xi \tag{3.111}$$

式中,$\xi$ 为细观特征长度与宏观特征长度的比值,$\xi \ll 1$;$x$ 对应于材料宏观尺度 $\Omega$,用于描述材料特征场的渐变光滑变化;$y$ 对应于细观尺度 $Y$,用于描述微细观尺度内的振荡,渐进均匀化的基本思想是认为复合材料真实的响应可以是宏观均匀化响应与细观周期振荡响应的叠加(图 3.18)。

1)复合材料弹性问题控制方程的渐进展开

复合材料弹性问题的控制方程可以表达为

$$\frac{\partial \sigma_{ij}^{\xi}}{\partial x_j^{\xi}} + f_i = 0 \tag{3.112}$$

$$\sigma_{ij}^{\xi} = D_{ijkl}^{\xi} \frac{\partial u_i^{\xi}}{\partial x_j^{\xi}} \tag{3.113}$$

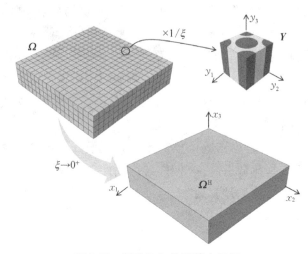

图 3.18　渐进均匀化的基本思想

$$u_i^\xi\big|_{S_u} = \bar{u}_i \tag{3.114}$$

$$\sigma_{ij}^\xi n_j\big|_{S_t} = \bar{t}_i \tag{3.115}$$

将复合材料位移场 $u_i^\xi(\boldsymbol{x})$ 设为相互独立两个尺度的函数，即 $u_i^\xi(\boldsymbol{x}) = u_i(\boldsymbol{x},\boldsymbol{y})$，利用多尺度渐进展开方法可以将位移场表示为

$$u_i^\xi(\boldsymbol{x}) = \xi^0 u_i^{(0)}(\boldsymbol{x},\boldsymbol{y}) + \xi^1 u_i^{(1)}(\boldsymbol{x},\boldsymbol{y}) + \cdots \tag{3.116}$$

依据经典的位移解法，将上述展开式代入位移表达的本构方程，并考虑到复合求导法则，即

$$\frac{\partial}{\partial x_i^\xi} = \frac{\partial}{\partial x_i} + \frac{1}{\xi}\frac{\partial}{\partial y_i} \tag{3.117}$$

可以获得应力张量的渐进展开式：

$$\sigma_{ij}^\xi(\boldsymbol{x}) = \xi^{-1}\sigma_{ij}^{(0)}(\boldsymbol{x},\boldsymbol{y}) + \xi^0\sigma_{ij}^{(1)}(\boldsymbol{x},\boldsymbol{y}) + \cdots \tag{3.118}$$

式中，

$$\sigma_{ij}^{(0)} = D_{ijkl}\frac{\partial u_k^{(0)}}{\partial y_l}, \quad \sigma_{ij}^{(r)} = D_{ijkl}\left(\frac{\partial u_k^{(r-1)}}{\partial x_l} + \frac{\partial u_k^{(r)}}{\partial y_l}\right) \tag{3.119}$$

将位移表达的应力张量代入复合材料弹性问题的控制方程中，并考虑到 $\xi$ 的任意性，可以将原问题的控制方程按照 $\xi$ 的阶次分解为

$$\xi^{-2} \to \frac{\partial \sigma_{ij}^{(0)}}{\partial y_j} = 0 \tag{3.120}$$

$$\xi^{-1} \to \left( \frac{\partial \sigma_{ij}^{(0)}}{\partial x_j} + \frac{\partial \sigma_{ij}^{(1)}}{\partial y_j} \right) = 0 \tag{3.121}$$

$$\xi^0 \to \left( \frac{\partial \sigma_{ij}^{(1)}}{\partial x_j} + \frac{\partial \sigma_{ij}^{(2)}}{\partial y_j} + f_i \right) = 0 \tag{3.122}$$

同理,可以获得复合材料弹问题位移边界条件的渐进展开式:

$$\xi^0 \to u_i^{(0)} \big|_{S_u} = \bar{u}_i \tag{3.123}$$

$$\xi^r \to u_i^{(r)} \big|_{S_u} = 0 \tag{3.124}$$

应力边界的渐进展开式:

$$\xi^0 \to \sigma_{ij}^{(1)} n_j \big|_{S_u} = \bar{t}_i \tag{3.125}$$

$$\xi^r \to \sigma_{ij}^{(r+1)} n_j \big|_{S_u} = 0 \tag{3.126}$$

2) 用于局部化分析的细观控制方程

利用控制方程的 $\xi^{-2}$ 阶展开项式(3.120)及本构方程的 $\xi^{-1}$ 阶展开项式 (3.119),并考虑 $D_{ijkl}$ 的正定性,可以得

$$\sigma_{ij}^{(0)} = D_{ijkl} \frac{\partial u_k^{(0)}}{\partial y_l} = 0 \tag{3.127}$$

$$u_i^{(0)} = u_i^{(0)}(\boldsymbol{x}) \tag{3.128}$$

可以看出,真实位移解答展开的 $\xi^0$ 阶项与细观尺度 $\boldsymbol{y}$ 无关,也就是说 $u_i^{(0)}$ 表达的是宏观均匀化条件下的光滑渐变位移项。利用连续性方程,可以得出 $\partial u_i^{(0)}/\partial x_j$ 为宏观均匀化应变。

利用控制方程的 $\xi^{-1}$ 阶展开项,并考虑上述结论,有

$$\frac{\partial \sigma_{ij}^{(1)}}{\partial y_j} = 0 \tag{3.129}$$

$$\frac{\partial}{\partial y_j} \left[ D_{ijkl} \left( \frac{\partial u_k^{(0)}}{\partial x_l} + \frac{\partial u_k^{(1)}}{\partial y_l} \right) \right] = 0 \tag{3.130}$$

利用式(3.130)可以证明，$u_i^{(1)}$ 具有 $Y$ 周期性，且其解答可以写为如下形式：

$$u_i^{(1)}(\boldsymbol{x},\boldsymbol{y}) = -\chi_i^{kl}(\boldsymbol{y})\frac{\partial u_k^{(0)}}{\partial x_l} \tag{3.131}$$

式(3.131)建立了细观尺度由材料结构周期性引起的周期振荡位移与宏观应变之间的关系，利用该公式，可以求解细观尺度的应力响应：

$$\sigma_{ij}^{(1)} = D_{ijkl}(\boldsymbol{y})\left(I_{kl}^{mn} - \frac{\partial \chi_k^{mn}}{\partial y_l}\right)\frac{\partial u_m^{(0)}}{\partial x_n} \tag{3.132}$$

可以看出，式(3.132)建立了细观应力响应与宏观均匀化应变的关联关系，即由宏观响应获取细观响应的局部化方法。其中 $\chi_i^{kl}$ 为未知的特征位移场 $\boldsymbol{\chi}$ 的 $Y$ 周期部分，满足如下控制方程：

$$\frac{\partial}{\partial y_j}\left[D_{ijkl}(\boldsymbol{y})\left(I_{kl}^{mn} - \frac{\partial \chi_k^{mn}}{\partial y_l}\right)\right] = 0 \tag{3.133}$$

3）用于均匀化分析的宏观控制方程

对控制方程中的 $\xi^0$ 展开式(3.122)对代表性体积单元 $Y$ 内取体积平均，用 $\langle \cdot \rangle_Y$ 表示该运算，则有

$$\left\langle\frac{\partial \sigma_{ij}^{(1)}}{\partial x_j}\right\rangle_Y + \left\langle\frac{\partial \sigma_{ij}^{(2)}}{\partial y_j}\right\rangle_Y + \langle f_i \rangle_Y = 0 \tag{3.134}$$

利用边界条件的展开式(3.126)及高斯积分定理，式(3.134)左侧第二项可以简化为0；考虑到 $\partial \cdot / \partial x_i$ 及 $f_i$ 与细观尺度无关，则式(3.134)可简化为

$$\frac{\partial \langle \sigma_{ij}^{(1)} \rangle_Y}{\partial x_j} + f_i = 0 \tag{3.135}$$

$\langle \sigma_{ij}^{(1)} \rangle_Y$ 的表达式如下：

$$\langle \sigma_{ij}^{(1)} \rangle_Y = D_{ijkl}^h \frac{\partial u_k^{(0)}}{\partial x_l} \tag{3.136}$$

同理，利用边界条件展开式(3.125)，对代表性体积单元 $Y$ 内取体积平均，可

以得

$$\langle \sigma_{ij}^{(1)} \rangle_Y n_j \big|_{S_t} = \bar{t}_i \tag{3.137}$$

可以看出,式(3.135)、式(3.136)、式(3.137)及式(3.123)构成了宏观均匀化问题的控制方程,其中宏观均匀化刚度张量由式(3.138)给出:

$$D_{ijmn}^h = \frac{1}{|Y|} \int_Y D_{ijkl}(\boldsymbol{y}) \left( I_{kl}^{mn} - \frac{\partial \chi_k^{mn}}{\partial y_l} \right) dY \tag{3.138}$$

4) 周期性边界条件

可以看出,由渐进均匀化方法进行均匀化与局部化的关键是求解特征位移场 $\chi_k^{mn}$,其满足控制方程(3.133)。该控制方程所需满足的边界条件可由 $\chi_k^{mn}$ 的周期性得出,对于如图 3.18 中所示的代表性体积元,其周期性边界条件可以写为

$$\chi_i^{jk} \big|_{j^+} = \chi_i^{jk} \big|_{j^-} \tag{3.139}$$

式中,下标表示代表性体积元 $j$ 方向上的正面与负面。

利用上述周期性边界条件及控制方程(3.133)即可实现对 $\chi_k^{mn}$ 的求解,进而可以获得材料的宏观刚度张量 $D_{ijkl}^h$,利用宏观控制方程组对宏观均匀化问题进行求解,获取宏观响应量 $\partial u_k^{(0)} / \partial x_l$ 后,利用式(3.132)即可以实现细观响应量的求解。

注意到求解 $\chi_k^{mn}$ 的控制方程有别于传统的弹性问题控制方程,在对其进行求解时,需要重新编写有限元格式。注意到在 $u_i^{\xi}$ 的展开式中,忽略 $\xi$ 高阶项,则得到

$$u_i^{\xi} = u_i^{(0)} + \xi u_i^{(1)} = u_i^{(0)} - \xi \chi_i^{kl}(\boldsymbol{y}) \frac{\partial u_k^{(0)}}{\partial x_l} \tag{3.140}$$

$$\sigma_{ij}^{\xi} = \sigma_{ij}^{(1)} = D_{ijkl}(\boldsymbol{y}) \left( I_{kl}^{mn} - \frac{\partial \chi_k^{mn}}{\partial y_l} \right) \frac{\partial u_m^{(0)}}{\partial x_n} \tag{3.141}$$

上述公式表明,原问题的真实应力与细观尺度的应变具有一致性,可直接对原问题的真实位移进行求解,避免重新编写有限元格式的问题。利用 $u_i^{(1)}$ 的 $Y$ 周期特性,建立 $u_i^{\xi}$ 的周期性边界条件如下:

$$u_i^\xi\big|_{j^+} - u_i^\xi\big|_{j^-} = u_i^{(0)}\big|_{j^+} - u_i^{(0)}\big|_{j^-} \tag{3.142}$$

$$u_i^\xi\big|_{j^+} - u_i^\xi\big|_{j^-} = \frac{\partial u_i^{(0)}}{\partial x_j}\Delta y_j \tag{3.143}$$

在获取局部应力-应变响应后,对局部应力-应变响应的本构关系对体积 $Y$ 进行均匀化,即可以获得均匀材料的等效刚度特性:

$$D_{ijkl}^h = \langle D_{ijkl}^\xi \varepsilon_{kl}^\xi \rangle_Y / \langle \varepsilon_{kl}^{(1)} \rangle_Y \tag{3.144}$$

### 3.3.2　协同多尺度分析框架

基于上述渐进均匀化的原理,复合材料结构多尺度分析可以采用协同多尺度计算策略,流程如图 3.19 所示。

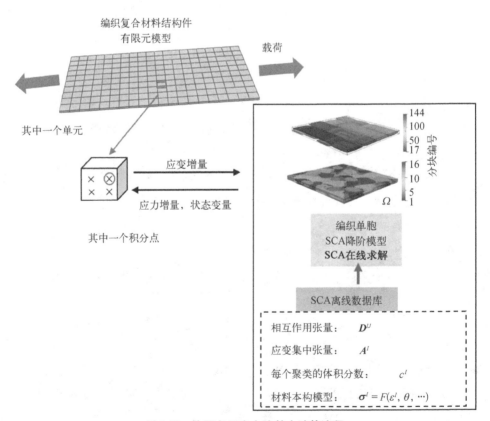

图 3.19　协同多尺度方法基本计算流程

（1）首先从宏观热结构分析入手,研究构件宏观结构设计、材料属性对结构内部应力场和应变场分布的影响,利用无损伤材料属性宏观唯象失效判据分析结构中的关键区域。

（2）在结构关键区域内,调用跨尺度分析方法,将宏观模型的分析结果传递到细观分析模型中,模拟计算细观模型在该载荷条件下的渐进损伤过程,利用细观渐进损伤演化模型,判断细观模型的损伤和失效,最终体现在材料宏观力学性能的折减。

（3）将力学性能折减后的材料物性赋予宏观结构中发生局部损伤区域的材料,整体结构根据新的物性重新进行宏观力学分析。

（4）如此迭代至该载荷步收敛,进而进入下一个载荷步,直至完成整个载荷历程下的分析。

为利用商业有限元软件实现前面所建立的多尺度分析流程,所需解决的关键问题是不同尺度模型之间的有效结合与信息传递。

基于商业有限元软件 ABAQUS,利用其用户自定义子程序及 PDE 开发等二次开发能力,实现了上述多尺度分析方法。该计算方法的核心是宏观与细观信息的传递接口,以及细观到宏观信息的传递接口,计算流程如图 3.20 所示。

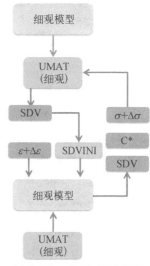

图 3.20　基于 ABAQUS 的多尺度计算框架

1）宏观至细观接口

在宏观模型中,利用 ABAQUS 自定义材料本构的能力,编写用户子程序来定义材料的机械行为。宏观材料的 UMAT 并非真正意义上的材料本构,而是提供了一个宏观模型与细观模型的接口,该用户子程序需要完成如下功能:

（1）预留宏观材料唯象强度理论接口,可以调用该模型分析宏观材料是否处于损伤阶段;

（2）若有可能发生损伤,则将当前增量步结束时刻的应变写入外部文件中;

（3）触发细观有限元模型,读取上述应变信息,执行局部化分析;

（4）读取细观模型分析给出的应力、含损伤材料的刚度及细观模型的损伤状态;

（5）若宏观材料不会发生损伤,则可以直接利用弹性模型进行增量步分析。

2）细观至宏观接口

在细观模型中,利用 ABAQUS 中的 Python 开发环境编写执行局部化分析的细观有限元模型控制脚本,该控制脚本需要实现如下功能:

（1）读取宏观 UMAT 所写出的应变载荷信息文件以及初始的损伤状态信息,并施加到细观有限元模型上;

（2）预留细观渐进损伤模型接口,可以调用细观模型渐进损伤分析用户子程序,即细观模型所使用的自定义材料本构 UMAT 子程序,执行材料的渐进损伤分析;

（3）执行后处理,提取细观模型的均匀应力,以及各个积分点位置的损伤状态变量信息,写入外部文件中;

（4）依据损伤分析获取的状态变量信息,获取含损伤的组分材料性能;利用线性独立应变组合,获取含损伤细观模型的等效刚度信息,并写入外部文件中。

细观模型发生损伤时,在后续的增量步分析中,都需要利用到前一增量步下的损伤信息,即损伤状态继续演化,而非从无损伤状态开始分析。因此,在分析前,需要对材料的损伤状态进行初始化,在 ABAQUS 中需要利用用户子程序来实现这一功能。

可以看出,在多尺度框架中,单胞模型的数量和有限元的积分点数量是一致的。单胞模型的求解,可以采用 FEM,即宏观 FEM 模型嵌套细观 FEM 模型,这种方法又称为 FE$^2$。但这种方法中,整个多尺度模型的求解仍然需要大量的计算,为了能提高计算效率,本节介绍基于 Lippmann-Schwinger 积分方程的单胞求解方法,另外采用自洽聚类分析（self-consistent clustering analysis,SCA）降阶模型对单胞模型进行求解,如图 3.21 所示。对于编织复合材料,在整个计算之前,首先采用单胞模型对纤维束的弹性性能进行预测,然后对编织单胞进行聚类分析,将具有最近应变集中张量的单元分为一类,最后基于这样的聚类结果,求解离散的 Lippmann-Schwinger 积分方程,获得每个类的应力、应变。

$\varepsilon(x)=E+\varepsilon^*(x)$
单胞区域 $\Omega$

图 3.21　单胞模型局部应变场

### 3.3.3　宏观和细观跨尺度关联关系

考虑到复合材料微结构的准周期性,只取其具有代表性的单胞区域 $\Omega$ 进行分析,并且假设单胞区域 $\Omega$ 在均匀的载荷作用下,变形也具有周期性。在均匀的载荷作用和周期性的边界条件下,求解单胞区域 $\Omega$ 内局部的应变场 $\boldsymbol{\varepsilon}(\boldsymbol{x})$ 和应力场 $\boldsymbol{\sigma}(\boldsymbol{x})$ 是求解单胞问题的关键。

1) Lippmann-Schwinger 积分方程

依据渐进均匀化假设,可将非均匀应变场 $\boldsymbol{\varepsilon}(\boldsymbol{x})$ 分解为两部分,一部分是整个区域的平均应变 $\boldsymbol{E}$, 其在整个区域 $\Omega$ 内是常数,不随坐标 $\boldsymbol{x}$ 发生改变;另一部分则可以认为是由于材料的非均匀性导致的扰动应变 $\boldsymbol{\varepsilon}^*(\boldsymbol{x})$,

因此,局部应变场 $\boldsymbol{\varepsilon}(\boldsymbol{x})$ 可写为平均应变场 $\boldsymbol{E}$ 和扰动应变场 $\boldsymbol{\varepsilon}^*(\boldsymbol{x})$ 之和,即

$$\boldsymbol{\varepsilon}(\boldsymbol{x}) = \boldsymbol{E} + \boldsymbol{\varepsilon}^*(\boldsymbol{x}) \tag{3.145}$$

平均应变场 $\boldsymbol{E}$ 为单胞区域 $\Omega$ 内的体积平均:

$$\boldsymbol{E} = \langle \boldsymbol{\varepsilon}(\boldsymbol{x}) \rangle = \frac{1}{|\Omega|} \int_\Omega \boldsymbol{\varepsilon}(\boldsymbol{x}) \, \mathrm{d}x \tag{3.146}$$

同样,在单胞区域 $\Omega$ 内,其位移场 $\boldsymbol{u}(\boldsymbol{x})$ 可分解为平均位移场 $\boldsymbol{Ex}$ 和相应的扰动位移场 $\boldsymbol{u}^*(\boldsymbol{x})$, 因此,单胞内的整个位移场为

$$\boldsymbol{u}(\boldsymbol{x}) = \boldsymbol{Ex} + \boldsymbol{u}^*(\boldsymbol{x}) \tag{3.147}$$

其扰动位移场 $\boldsymbol{u}^*(\boldsymbol{x})$ 和扰动应变场 $\boldsymbol{\varepsilon}^*(\boldsymbol{x})$ 满足如下条件:

$$\langle \boldsymbol{u}^*(\boldsymbol{x}) \rangle = \frac{1}{|\Omega|} \int_\Omega \boldsymbol{u}^*(\boldsymbol{x}) \, \mathrm{d}x = \boldsymbol{0} \tag{3.148}$$

$$\langle \boldsymbol{\varepsilon}^*(\boldsymbol{x}) \rangle = \frac{1}{|\Omega|} \int_\Omega \boldsymbol{\varepsilon}^*(\boldsymbol{x}) \, \mathrm{d}x = \boldsymbol{0} \tag{3.149}$$

因此,在整个区域 $\Omega$ 及其边界 $\partial\Omega$ 上,假设材料为线弹性的,则满足如下平衡方程、本构方程及边界条件:

$$\begin{cases} \nabla \cdot \boldsymbol{\sigma}(\boldsymbol{x}) = \boldsymbol{0} \\ \boldsymbol{\sigma}(\boldsymbol{x}) = \boldsymbol{C}(\boldsymbol{x}) : \boldsymbol{\varepsilon}(\boldsymbol{x}) \quad (\boldsymbol{x} \in \Omega) \\ \boldsymbol{\varepsilon}(\boldsymbol{x}) = \boldsymbol{E} + \boldsymbol{\varepsilon}^*(\boldsymbol{x}) \end{cases} \tag{3.150}$$

$$\begin{cases} \boldsymbol{u}^*(\boldsymbol{x}) \text{ 周期性} \\ \boldsymbol{\sigma}(\boldsymbol{x})\boldsymbol{n}(\boldsymbol{x}) \text{ 反周期} \end{cases} \quad (\boldsymbol{x} \in \partial\Omega) \tag{3.151}$$

上述本构方程中,弹性性能 $\boldsymbol{C}(\boldsymbol{x})$ 为坐标的函数,为了便于求解,引入参考材料的弹性张量 $\boldsymbol{C}^0$, 并将上述弹性本构方程改写为

$$\boldsymbol{\sigma}(\boldsymbol{x}) = \boldsymbol{C}^0 : \boldsymbol{\varepsilon}(\boldsymbol{x}) + \boldsymbol{\tau}(\boldsymbol{x}) = \boldsymbol{C}^0 : \boldsymbol{\varepsilon}^*(\boldsymbol{x}) + \boldsymbol{\tau}(\boldsymbol{x}) + \sum \qquad (3.152)$$

式中，$\sum = \boldsymbol{C}^0 : \boldsymbol{E}$，为平均应力场；$\boldsymbol{\tau}(\boldsymbol{x})$ 为极应力场，定义为

$$\boldsymbol{\tau}(\boldsymbol{x}) = [\boldsymbol{C}(\boldsymbol{x}) - \boldsymbol{C}^0] : \boldsymbol{\varepsilon}(\boldsymbol{x}) = \delta\boldsymbol{C}(\boldsymbol{x}) : \boldsymbol{\varepsilon}(\boldsymbol{x}) \qquad (3.153)$$

扰动的应变场 $\boldsymbol{\varepsilon}^*(\boldsymbol{x})$ 满足如下几何方程：

$$\varepsilon_{ij}^*(\boldsymbol{x}) = \frac{1}{2}[u_{i,j}^*(\boldsymbol{x}) + u_{j,i}^*(\boldsymbol{x})] \qquad (3.154)$$

将式（3.152）代入式（3.150）的平衡方程中，并考虑到 $\nabla \cdot \sum = \boldsymbol{0}$，则原平衡方程转化为

$$C_{ijkl}^0 u_{k,lj}^*(\boldsymbol{x}) + \tau_{ij,j}^*(\boldsymbol{x}) = 0 \qquad (3.155)$$

为了求解上述平衡方程（3.155），将方程中的变量写成 Fourier 逆变换的形式：

$$u_k^*(\boldsymbol{x}) = \int_{\Omega_\xi} \bar{u}_k^*(\boldsymbol{\xi}) e^{2\pi i \xi x} d\boldsymbol{\xi} = \int_{\Omega_\xi} \bar{u}_k^*(\boldsymbol{\xi}) e^{2\pi i \xi_m x_m} d\boldsymbol{\xi} \qquad (3.156)$$

$$\tau_{ij}(\boldsymbol{x}) = \int_{\Omega_\xi} \bar{\tau}_{ij}(\boldsymbol{\xi}) e^{2\pi i \xi x} d\boldsymbol{\xi} = \int_{\Omega_\xi} \bar{\tau}_{ij}(\boldsymbol{\xi}) e^{2\pi i \xi_m x_m} d\boldsymbol{\xi} \qquad (3.157)$$

式中，$\Omega_\xi$ 是 $\Omega$ 对应的 Fourier 频率空间。

对式（3.156）和式（3.157）求导，可得

$$u_{k,lj}^*(\boldsymbol{x}) = -4\pi^2 \int_{\Omega_\xi} \bar{u}_k^*(\boldsymbol{\xi}) \xi_l \xi_j e^{2\pi i \xi_m x_m} d\boldsymbol{\xi} \qquad (3.158)$$

$$\tau_{ij,j}(\boldsymbol{x}) = 2\pi i \int_{\Omega_\xi} \bar{\tau}_{ij}(\boldsymbol{\xi}) \xi_j e^{2\pi i \xi_m x_m} d\boldsymbol{\xi} \qquad (3.159)$$

式中，$i = \sqrt{-1}$，将式（3.158）和式（3.159）代入平衡方程（3.155）中，可得

$$\int_{\Omega_\xi} [4\pi^2 C_{ijkl}^0 \bar{u}_k^*(\boldsymbol{\xi}) \xi_l \xi_j - 2\pi i \bar{\tau}_{ij}(\boldsymbol{\xi}) \xi_j] e^{2\pi i \xi_m x_m} d\boldsymbol{\xi} = 0 \qquad (3.160)$$

若上述积分方程对 $\boldsymbol{\xi}$ 总是满足，则

$$2\pi C_{ijkl}^0 \bar{u}_k^*(\boldsymbol{\xi}) \xi_l \xi_j - i \bar{\tau}_{ij}(\boldsymbol{\xi}) \xi_j = 0 \qquad (3.161)$$

令 $K_{ik}(\boldsymbol{\xi}) = 2\pi C_{ijkl}^0 \xi_j \xi_l$，$f_i(\boldsymbol{\xi}) = i \bar{\tau}_{ij}(\boldsymbol{\xi}) \xi_j$ 则方程（3.161）可写为

$$K_{ik}(\boldsymbol{\xi})\bar{u}_k^*(\boldsymbol{\xi}) = f_i(\boldsymbol{\xi}) \tag{3.162}$$

将其改写成矩阵形式，即

$$\begin{bmatrix} K_{11}(\boldsymbol{\xi}) & K_{12}(\boldsymbol{\xi}) & K_{13}(\boldsymbol{\xi}) \\ K_{21}(\boldsymbol{\xi}) & K_{22}(\boldsymbol{\xi}) & K_{23}(\boldsymbol{\xi}) \\ K_{31}(\boldsymbol{\xi}) & K_{32}(\boldsymbol{\xi}) & K_{33}(\boldsymbol{\xi}) \end{bmatrix} \begin{bmatrix} \bar{u}_1^*(\boldsymbol{\xi}) \\ \bar{u}_2^*(\boldsymbol{\xi}) \\ \bar{u}_3^*(\boldsymbol{\xi}) \end{bmatrix} = \begin{bmatrix} f_1(\boldsymbol{\xi}) \\ f_2(\boldsymbol{\xi}) \\ f_3(\boldsymbol{\xi}) \end{bmatrix} \tag{3.163}$$

因此，上述代数方程组(3.163)的解为

$$\bar{u}_k^*(\boldsymbol{\xi}) = K_{ik}^{-1}(\boldsymbol{\xi})f_i(\boldsymbol{\xi}) \tag{3.164}$$

考虑到 $\bar{\tau}_{ij}(\boldsymbol{\xi})$ 的对称性，因此有

$$\bar{u}_k^*(\boldsymbol{\xi}) = \frac{i}{2}\left[ K_{ik}^{-1}(\boldsymbol{\xi})\xi_j + K_{jk}^{-1}(\boldsymbol{\xi})\xi_i\bar{\tau}_{ij}(\boldsymbol{\xi}) \right] \tag{3.165}$$

同样，对几何方程(3.154)进行 Fourier 变换，可得 $\varepsilon^*(\boldsymbol{x})$ 和 $u^*(\boldsymbol{x})$ 在频率空间的关系为

$$\bar{\varepsilon}_{kh}^*(\boldsymbol{\xi}) = \pi\mathrm{i}\left[ \xi_h\bar{u}_k^*(\boldsymbol{\xi}) + \xi_k\bar{u}_h^*(\boldsymbol{\xi}) \right] \tag{3.166}$$

将 $\bar{u}_i^*(\boldsymbol{\xi})$ 和 $f_i(\boldsymbol{\xi})$ 的表达式代入式(3.166)，可得

$$\bar{\varepsilon}_{kh}^*(\boldsymbol{\xi}) = -\bar{G}_{khij}(\boldsymbol{\xi})\bar{\tau}_{ij}(\boldsymbol{\xi}) \tag{3.167}$$

式中，

$$\bar{G}_{khij}(\boldsymbol{\xi}) = \frac{\pi}{2}\left[ K_{hi}^{-1}(\boldsymbol{\xi})\xi_j\xi_k + K_{ki}^{-1}(\boldsymbol{\xi})\xi_j\xi_h + K_{hj}^{-1}(\boldsymbol{\xi})\xi_i\xi_k + K_{kj}^{-1}(\boldsymbol{\xi})\xi_i\xi_h \right] \tag{3.168}$$

对于各向同性参考材料的弹性张量 $\boldsymbol{C}^0$，可写成各向同性的张量形式：

$$C_{ijkl}^0 = \lambda^0\delta_{ij}\delta_{kl} + \mu^0(\delta_{ik}\delta_{jl} + \delta_{il}\delta_{jk}) \tag{3.169}$$

根据 $K_{ik}(\boldsymbol{\xi}) = 2\pi C_{ijkl}^0\xi_j\xi_l$，则

$$K_{ij}(\boldsymbol{\xi}) = 2\pi\left[ (\lambda^0 + \mu^0)\xi_i\xi_j + \mu^0 \mid \boldsymbol{\xi} \mid^2\delta_{ij} \right] \tag{3.170}$$

对于二阶张量 $K_{ij}(\boldsymbol{\xi})$，其逆可写为

$$K_{ij}^{-1}(\boldsymbol{\xi}) = \frac{N_{ij}(\boldsymbol{\xi})}{2\pi D(\boldsymbol{\xi})} \tag{3.171}$$

式中,

$$D(\boldsymbol{\xi}) = e_{mnl} K_{m1}(\boldsymbol{\xi}) K_{n2}(\boldsymbol{\xi}) \boldsymbol{K}_{l3}(\boldsymbol{\xi}) \tag{3.172}$$

$$N_{ij}(\boldsymbol{\xi}) = \frac{1}{2} e_{ikl} e_{jmn} K_{km} K_{ln} \tag{3.173}$$

因此,可得

$$K_{ij}^{-1}(\boldsymbol{\xi}) = \frac{1}{2\pi\mu^0 |\boldsymbol{\xi}|^2} \left( \delta_{ij} - \frac{\xi_i \xi_j}{|\boldsymbol{\xi}|^2} \frac{\lambda^0 + \mu^0}{\lambda^0 + 2\mu^0} \right) \tag{3.174}$$

在上述推导中,$\delta_{ij}$ 为克罗内克符号,$e_{ijk}$ 为置换张量,分别定义如下:

$$\delta_{ij} = \begin{cases} 1 & (\text{如果 } i \neq j) \\ 0 & (\text{如果 } i = j) \end{cases} \tag{3.175}$$

$$e_{ijk} = \begin{cases} 1 & (ijk \text{ 顺序排列}) \\ -1 & (ijk \text{ 逆序排列}) \\ 0 & (ijk \text{ 其他排列}) \end{cases} \tag{3.176}$$

最终可得 $\overline{G}_{khij}(\boldsymbol{\xi})$ 在 Fourier 空间的显示表达:

$$\overline{G}_{khij}(\boldsymbol{\xi}) = \frac{1}{4\mu^0 |\boldsymbol{\xi}|^2} (\delta_{ki}\xi_h\xi_j + \delta_{hi}\xi_k\xi_j + \delta_{kj}\xi_h\xi_i + \delta_{hj}\xi_k\xi_i)$$

$$- \frac{\lambda^0 + \mu^0}{\mu^0(\lambda^0 + 2\mu^0)} \frac{\xi_i\xi_j\xi_k\xi_h}{|\boldsymbol{\xi}|^4} \tag{3.177}$$

为了得到扰动应变场 $\boldsymbol{\varepsilon}^*(\boldsymbol{x})$ 在 $\boldsymbol{x}$ 空间的表达式,首先对 $\tau_{ij}(\boldsymbol{x})$ 进行 Fourier 变换:

$$\overline{\tau}_{ij}(\boldsymbol{\xi}) = \int_{\Omega} \tau_{ij}(\boldsymbol{x}) \mathrm{e}^{-2\pi\mathrm{i}\xi x} \mathrm{d}\boldsymbol{x} \tag{3.178}$$

$$\overline{G}_{khij}(\boldsymbol{\xi}) = \int_{\Omega} G_{khij}(\boldsymbol{x}) \mathrm{e}^{-2\pi\mathrm{i}\xi x} \mathrm{d}\boldsymbol{x} \tag{3.179}$$

将式(3.178)和式(3.179)代入式(3.167),可得

$$\overline{\varepsilon}_{kh}^*(\boldsymbol{\xi}) = - \int_{\Omega} \tau_{ij}(\boldsymbol{x}) \mathrm{e}^{-2\pi\mathrm{i}\xi x} \mathrm{d}\boldsymbol{x} \int_{\Omega} G_{khij}(\boldsymbol{y}) \mathrm{e}^{-2\pi\mathrm{i}\xi y} \mathrm{d}\boldsymbol{y} \tag{3.180}$$

将上述方程进行整理,可得

$$\bar{\varepsilon}_{kh}^{*}(\boldsymbol{\xi}) = -\int_{\Omega} \tau_{ij}(\boldsymbol{x}) \left[ \int_{\Omega} G_{khij}(\boldsymbol{y}) \, \mathrm{e}^{-2\pi \mathrm{i}\xi(x+y)} \mathrm{d}\boldsymbol{y} \right] \mathrm{d}\boldsymbol{x} \qquad (3.181)$$

令 $\boldsymbol{x} + \boldsymbol{y} = \boldsymbol{z}$, 并进行整理,可得

$$\bar{\varepsilon}_{kh}^{*}(\boldsymbol{\xi}) = -\int_{\Omega} \left[ \int_{\Omega} \tau_{ij}(\boldsymbol{x}) \, G_{khij}(\boldsymbol{z} - \boldsymbol{x}) \mathrm{d}\boldsymbol{x} \right] \mathrm{e}^{-2\pi \mathrm{i}\xi z} \mathrm{d}\boldsymbol{z} \qquad (3.182)$$

考虑到 $\bar{\varepsilon}_{kh}^{*}(\boldsymbol{\xi})$ 的 Fourier 逆变换:

$$\bar{\varepsilon}_{kh}^{*}(\boldsymbol{\xi}) = \int_{\Omega} \varepsilon_{kh}^{*}(\boldsymbol{x}) \, \mathrm{e}^{-2\pi \mathrm{i}\xi x} \mathrm{d}\boldsymbol{x} \qquad (3.183)$$

可得扰动应变场 $\boldsymbol{\varepsilon}^{*}(\boldsymbol{x})$ 在 $\boldsymbol{x}$ 空间的表达式为

$$\varepsilon_{kh}^{*}(\boldsymbol{x}) = -\int_{\Omega} G_{khij}(\boldsymbol{x} - \boldsymbol{y}) \tau_{ij}(\boldsymbol{y}) \mathrm{d}\boldsymbol{y} \qquad (3.184)$$

根据应变场的关系式(3.145),可得到关于应变场 $\boldsymbol{\varepsilon}(\boldsymbol{x})$ 的积分方程,即 Lippmann–Schwinger 积分方程[38]:

$$\boldsymbol{\varepsilon}(\boldsymbol{x}) + \int_{\Omega} \boldsymbol{G}(\boldsymbol{x} - \boldsymbol{y}) : \boldsymbol{\tau}(\boldsymbol{y}) \mathrm{d}\boldsymbol{y} - \boldsymbol{E} = \boldsymbol{0} \qquad (3.185)$$

式中, $\boldsymbol{G}(\boldsymbol{x} - \boldsymbol{y})$ 为 Green 函数,在 Fourier 空间有显示表达式(3.177)。

2) Lippmann–Schwinger 方程离散化

为了对 Lippmann–Schwinger 积分方程进行求解,将极应力表达式 $\boldsymbol{\tau}(\boldsymbol{x}) = \boldsymbol{\sigma}(\boldsymbol{x}) - \boldsymbol{C}^{0} : \boldsymbol{\varepsilon}(\boldsymbol{x})$ 代入式(3.185),可得

$$\boldsymbol{\varepsilon}(\boldsymbol{x}) + \int_{\Omega} \boldsymbol{G}(\boldsymbol{x} - \boldsymbol{y}) : \left[ \boldsymbol{\sigma}(\boldsymbol{y}) - \boldsymbol{C}^{0} : \boldsymbol{\varepsilon}(\boldsymbol{y}) \right] \mathrm{d}\boldsymbol{y} - \boldsymbol{E} = \boldsymbol{0} \qquad (3.186)$$

为了便于求解,将上述方程写成增量的形式:

$$\Delta\boldsymbol{\varepsilon}(\boldsymbol{x}) + \int_{\Omega} \boldsymbol{G}(\boldsymbol{x} - \boldsymbol{y}) : \left[ \Delta\boldsymbol{\sigma}(\boldsymbol{y}) - \boldsymbol{C}^{0} : \Delta\boldsymbol{\varepsilon}(\boldsymbol{y}) \right] \mathrm{d}\boldsymbol{y} - \Delta\boldsymbol{E} = \boldsymbol{0} \qquad (3.187)$$

方程(3.187)为连续性的增量方程,在数值求解过程中,需要对其进行离散化,如图 3.22 所示。

因此,需要将式(3.187)写为离散化的形式。首先,引进如下函数:

$$\chi^{I}(x) = \begin{cases} 1 & (x \in \Omega^{I}) \\ 0 & (其他) \end{cases} \qquad (3.188)$$

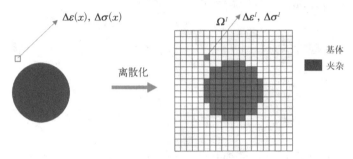

**图 3.22　单胞模型的离散化**

式中, $\Omega^I$ 为第 $I$ 个区域。

上述函数具有如下性质:

$$\int_\Omega \chi^I(x)\left[\,\cdot\,\right]\mathrm{d}x = \int_{\Omega^I}\left[\,\cdot\,\right]\mathrm{d}x \tag{3.189}$$

将求解的等效体积单元共分为 $K$ 个区域,将上述方程在第 $I$ 个区域进行体积平均,可得

$$\frac{1}{c^I\mid\Omega\mid}\int_\Omega \chi^I(x)\Delta\boldsymbol{\varepsilon}(x)\mathrm{d}x + \frac{1}{c^I\mid\Omega\mid}\iint_\Omega \chi^I(x)\boldsymbol{G}(x-y):$$

$$\left[\Delta\boldsymbol{\sigma}(y)-\boldsymbol{C}^0:\Delta\boldsymbol{\varepsilon}(y)\right]\mathrm{d}y\mathrm{d}x - \Delta\boldsymbol{E} = \boldsymbol{0} \tag{3.190}$$

式中, $c^I$ 为第 $I$ 个区域的体积分数。

假设每个区域的应变场为均匀的,对整个应变场进行分段线性插值:

$$\Delta\boldsymbol{\varepsilon}(x) = \sum_{I=1}^K \chi^I(x)\Delta\boldsymbol{\varepsilon}^I \tag{3.191}$$

同样,对于应力场进行分段线性插值:

$$\Delta\boldsymbol{\sigma}(x) = \sum_{I=1}^K \chi^I(x)\Delta\boldsymbol{\sigma}^I \tag{3.192}$$

代入式(3.190),可得

$$\Delta\boldsymbol{\varepsilon}^I + \sum_{J=1}^K \boldsymbol{D}^{IJ}:\left[\Delta\boldsymbol{\sigma}^J-\boldsymbol{C}^0:\Delta\boldsymbol{\varepsilon}^J\right] - \Delta\boldsymbol{E} = \boldsymbol{0} \tag{3.193}$$

将式(3.193)展开写成方程组的形式:

$$
\begin{cases}
\Delta\boldsymbol{\varepsilon}^{1} + \sum_{J=1}^{K} \boldsymbol{D}^{1J} : \left[\Delta\boldsymbol{\sigma}^{J} - \boldsymbol{C}^{0} : \Delta\boldsymbol{\varepsilon}^{J}\right] - \Delta\boldsymbol{E} = \boldsymbol{0} \\[2mm]
\Delta\boldsymbol{\varepsilon}^{2} + \sum_{J=1}^{K} \boldsymbol{D}^{2J} : \left[\Delta\boldsymbol{\sigma}^{J} - \boldsymbol{C}^{0} : \Delta\boldsymbol{\varepsilon}^{J}\right] - \Delta\boldsymbol{E} = \boldsymbol{0} \\[2mm]
\quad\vdots \\[2mm]
\Delta\boldsymbol{\varepsilon}^{K} + \sum_{J=1}^{K} \boldsymbol{D}^{KJ} : \left[\Delta\boldsymbol{\sigma}^{J} - \boldsymbol{C}^{0} : \Delta\boldsymbol{\varepsilon}^{J}\right] - \Delta\boldsymbol{E} = \boldsymbol{0}
\end{cases}
\tag{3.194}
$$

式中，$\boldsymbol{D}^{IJ}$ 为相互作用张量，用来表征不同区域间的相互作用，其表达式为

$$
\boldsymbol{D}^{IJ} = \frac{1}{c^{I}\mid\Omega\mid} \iint_{\Omega} \chi^{I}(\boldsymbol{x})\chi^{J}(\boldsymbol{y})\,\boldsymbol{G}(\boldsymbol{x}-\boldsymbol{y})\,\mathrm{d}\boldsymbol{y}\mathrm{d}\boldsymbol{x}
\tag{3.195}
$$

相互作用张量 $\boldsymbol{D}^{IJ}$ 需要在对方程(3.194)组求解之前获得，其表达式(3.195)中的 Green 函数 $\boldsymbol{G}(\boldsymbol{x}-\boldsymbol{y})$ 在 Fourier 空间有显示表达，可写为

$$
\overline{\boldsymbol{G}}(\boldsymbol{\xi}) = \frac{1}{4\mu^{0}}\,\overline{\boldsymbol{G}}^{\alpha}(\boldsymbol{\xi}) + \frac{\lambda^{0}+\mu^{0}}{\mu^{0}(\lambda^{0}+2\mu^{0})}\,\overline{\boldsymbol{G}}^{\beta}(\boldsymbol{\xi})
\tag{3.196}
$$

由式(3.177)可得

$$
\overline{G}^{\alpha}_{ijkl}(\boldsymbol{\xi}) = \frac{1}{\mid\boldsymbol{\xi}\mid^{2}}(\delta_{ik}\xi_{j}\xi_{l} + \delta_{il}\xi_{j}\xi_{k} + \delta_{jl}\xi_{i}\xi_{k} + \delta_{jk}\xi_{i}\xi_{l})
\tag{3.197}
$$

$$
\overline{G}^{\beta}_{ijkl}(\boldsymbol{\xi}) = -\frac{\xi_{i}\xi_{j}\xi_{k}\xi_{l}}{\mid\boldsymbol{\xi}\mid^{4}}
\tag{3.198}
$$

对于式(3.197)中的多重积分，其分部积分可在 Fourier 空间中进行计算，即

$$
\int_{\Omega} \chi^{J}(\boldsymbol{y})\,\boldsymbol{G}(\boldsymbol{x}-\boldsymbol{y})\,\mathrm{d}\boldsymbol{y} = F^{-1}\left[\overline{\chi}^{J}(\boldsymbol{\xi})\,\boldsymbol{G}(\boldsymbol{\xi})\right]
\tag{3.199}
$$

式中，$F[\,\cdot\,]$ 为 Fourier 变换；$F^{-1}[\,\cdot\,]$ 为 Fourier 逆变换，可得

$$
\boldsymbol{D}^{IJ} = \frac{1}{4\mu^{0}}\boldsymbol{D}^{IJ}_{\alpha} + \frac{\lambda^{0}+\mu^{0}}{\mu^{0}(\lambda^{0}+2\mu^{0})}\boldsymbol{D}^{IJ}_{\beta}
\tag{3.200}
$$

式中，$\boldsymbol{D}^{IJ}_{\alpha}$ 和 $\boldsymbol{D}^{IJ}_{\beta}$ 分别为

$$
\boldsymbol{D}^{IJ}_{\alpha} = \frac{1}{c^{I}\mid\Omega\mid}\int_{\Omega}\chi^{I}(\boldsymbol{x})\,\{\,F^{-1}\left[\overline{\chi}^{I}(\boldsymbol{\xi})\,\overline{\boldsymbol{G}}^{\alpha}(\boldsymbol{\xi})\right]\}\,\mathrm{d}\boldsymbol{x}
\tag{3.201}
$$

$$D_\beta^{IJ} = \frac{1}{c^I \mid \Omega \mid} \int_\Omega \chi^I(x) \left\{ F^{-1} \left[ \overline{\chi^I}(\xi) \, \overline{G}^\beta(\xi) \right] \right\} \mathrm{d}x \qquad (3.202)$$

3）非线性 Lippmann-Schwinger 方程组的 Newton 法求解

在平均应变增量 $\Delta E$ 给定时,通过求解离散增量 Lippmann-Schwinger 方程组（3.194）,可获得非均匀应变增量 $\Delta\varepsilon^I$。当 $\Delta\varepsilon^I$ 和 $\Delta\sigma^I$ 的关系为线性时,则上述方程组为线性方程组;当 $\Delta\varepsilon^I$ 和 $\Delta\sigma^I$ 的关系为非线性时,则上述方程组为非线性方程组,例如,在加载过程中,有塑性、损伤等非线性行为发生。为了求解方程（3.194）组时,采用 Newton 迭代法,对于线性和非线性都具有较好的收敛性。

在求解过程中,非线性方程组的残差可表示为

$$r^I = \Delta\varepsilon^I + \sum_{J=1}^{K} D^{IJ} : \left[ \Delta\sigma^J - C^0 : \Delta\varepsilon^J \right] - \Delta E \qquad (3.203)$$

式中,$D^{IJ}$ 只和复合材料的微结构有关,与材料性能、应变和应力场无关,可在求解 Lippmann-Schwinger 方程组之前进行求解。

将应力、应变采用 Voigt 表达,写成方程组的形式,可得

$$\begin{bmatrix} r^1 \\ \vdots \\ r^K \end{bmatrix} = \begin{bmatrix} D^{11} & & D^{1K} \\ & \ddots & \\ D^{K1} & & D^{KK} \end{bmatrix} \cdot \begin{bmatrix} \Delta\sigma^1 \\ \vdots \\ \Delta\sigma^K \end{bmatrix}$$

$$+ \left( I - \begin{bmatrix} D^{11} & & D^{1K} \\ & \ddots & \\ D^{K1} & & D^{KK} \end{bmatrix} \cdot \begin{bmatrix} C^0 & & 0 \\ & \ddots & \\ 0 & & C^0 \end{bmatrix} \right) \cdot \begin{bmatrix} \Delta\varepsilon^1 \\ \vdots \\ \Delta\varepsilon^K \end{bmatrix} - \begin{bmatrix} \Delta E \\ \vdots \\ \Delta E \end{bmatrix}$$

$$(3.204)$$

式中,$I$ 为 $6K$ 阶单位矩阵;对于各向同性参考材料,$C^0$ 可写为关于拉梅常数的矩阵,为

$$C^0 = \begin{bmatrix} 2\mu^0 + \lambda^0 & \lambda^0 & \lambda^0 & 0 & 0 & 0 \\ \lambda^0 & 2\mu^0 + \lambda^0 & \lambda^0 & 0 & 0 & 0 \\ \lambda^0 & \lambda^0 & 2\mu^0 + \lambda^0 & 0 & 0 & 0 \\ 0 & 0 & 0 & \mu^0 & 0 & 0 \\ 0 & 0 & 0 & 0 & \mu^0 & 0 \\ 0 & 0 & 0 & 0 & 0 & \mu^0 \end{bmatrix}$$

式中, $\lambda^0 = \dfrac{E^0 \nu^0}{(1 + \nu^0)(1 - 2\nu^0)}$; $\mu^0 = \dfrac{E^0}{2(1 + \nu^0)}$。

$\pmb{C}^0$ 的选取对计算结果具有重要影响,对于各相材料均为各向同性的情况,例如球形颗粒夹杂问题等,当非线性存在时, $\pmb{C}^0$ 可以选取为整个单胞模型的等效切线刚度:

$$\pmb{C}^0 = \overline{\pmb{C}} = \sum_{I=1}^{K} c^I \pmb{C}_{\mathrm{alg}}^I \cdot \pmb{A}^I \tag{3.205}$$

式中, $\overline{\pmb{C}}$ 为单胞的等效切线刚度矩阵; $c^I$ 为第 $I$ 个区域的体积分数; $\pmb{C}_{\mathrm{alg}}^I$ 为第 $I$ 个区域材料模型的切线刚度矩阵,即 Jacob 矩阵; $\pmb{A}^I$ 为第 $I$ 个区域的平均应变集中张量,其定义为

$$\varepsilon_m^I = \pmb{A}^I : \varepsilon_M \tag{3.206}$$

式中, $\varepsilon_m^I$ 为第 $I$ 个区域的弹性应变; $\varepsilon_M$ 为整个单胞模型的均匀应变。

对于含有各向异性相的复合材料,如单向增强复合材料、编织复合材料等,由于 $\pmb{C}^0$ 为各向同性矩阵,无法直接使用式(3.204)和式(3.205),需要对各向异性的矩阵进行投影,获取最为接近的各向同性矩阵,即

$$\pmb{C}^0 = (\pmb{J} : : \overline{\pmb{C}}) \pmb{J} + \frac{1}{5}(\pmb{K} : : \overline{\pmb{C}}) \pmb{K} \tag{3.207}$$

式中, $\pmb{K} = \pmb{I} - \pmb{J}$,其中, $I_{ijkl} = \dfrac{1}{2}(\delta_{ik}\delta_{jl} + \delta_{il}\delta_{jk})$, $J_{ijkl} = \dfrac{1}{3}\delta_{ij}\delta_{kl}$。

在采用 Newton 法求解时,为了能提高收敛效率,需要获得整个方程组的 Jacob 矩阵,即

$$\pmb{J} = \frac{\partial \Delta r(\Delta \varepsilon)}{\partial \Delta \varepsilon} \tag{3.208}$$

将式(3.204)代入,可得

$$\pmb{J} = \pmb{D} \cdot \frac{\partial \Delta \pmb{\sigma}}{\partial \Delta \varepsilon} + \pmb{I} - \pmb{D} \cdot \pmb{C} \tag{3.209}$$

式中,

$$\pmb{D} = \begin{bmatrix} \pmb{D}^{11} & & \pmb{D}^{1K} \\ & \ddots & \\ \pmb{D}^{K1} & & \pmb{D}^{KK} \end{bmatrix} \tag{3.210}$$

$$C = \begin{bmatrix} C^0 & & \mathbf{0} \\ & \ddots & \\ \mathbf{0} & & C^0 \end{bmatrix} \tag{3.211}$$

$$\frac{\partial \Delta \boldsymbol{\sigma}}{\partial \Delta \boldsymbol{\varepsilon}} = \begin{bmatrix} \dfrac{\partial \Delta \boldsymbol{\sigma}^1}{\partial \Delta \boldsymbol{\varepsilon}^1} & & \mathbf{0} \\ & \ddots & \\ \mathbf{0} & & \dfrac{\partial \Delta \boldsymbol{\sigma}^K}{\partial \Delta \boldsymbol{\varepsilon}^K} \end{bmatrix} \tag{3.212}$$

式(3.212)为分块矩阵,仅有对角线上的子矩阵存在,第 $I$ 个子矩阵 $\dfrac{\partial \Delta \boldsymbol{\sigma}^I}{\partial \Delta \boldsymbol{\varepsilon}^I}$

对应第 $I$ 个区域材料模型的 Jacob 矩阵可进一步写为

$$\frac{\partial \boldsymbol{\sigma}^I}{\partial \boldsymbol{\varepsilon}^I} = \begin{bmatrix} \dfrac{\partial \sigma_1^I}{\partial \varepsilon_1^I} & & \dfrac{\partial \sigma_1^I}{\partial \varepsilon_6^I} \\ & \ddots & \\ \dfrac{\partial \sigma_6^I}{\partial \varepsilon_1^I} & & \dfrac{\partial \sigma_6^I}{\partial \varepsilon_6^I} \end{bmatrix} \tag{3.213}$$

因此,通过以上过程,将上述方程转化为求解 $6K$ 个非线性方程,随着 $K$ 的增加,求解规模也线性增加。

### 3.3.4 基于 SCA 求解加速策略

从上述推导流程可以看出,整个算法的核心是对非线性 Lippmann - Schwinger 方程组的求解。方程组中, $\Delta E$ 是外加的平均应变场载荷,求解前已知; $\Delta \boldsymbol{\varepsilon}^I$ 是每个材料区域的应变增量,是未知的待求解变量; $\Delta \boldsymbol{\sigma}^I$ 是每个区域的应力增量,可通过材料的本构模型获得; $D^{IJ}$ 是相互作用张量,取决于材料的微观结构和区域的离散结果,需要在求解方程组之前获得; $C^0$ 是参考材料的弹性矩阵,也需要在求解前给出,而其求解效率直接取决于区域数量 $K$。当采用传统的有限单元法对单胞进行离散划分时,将每个单元作为一个材料区域,则需要巨大的计算量,为了降低计算量,提高求解效率,将初始的网格进行合并,并且假设合并的网格具有相同的应变,采用一个应变增

量,这样模型的自由度会显著下降。算法的迭代求解对区域并没有连续性
和规则性的要求,因此合并的网格既可以是连续的,也可以分散在单胞区域
内,是非连续的,如图 3.23 所示。

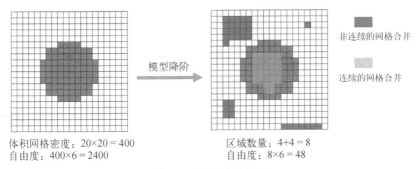

体积网格密度: 20×20 = 400　　区域数量: 4+4 = 8
自由度: 400×6 = 2400　　　　　自由度: 8×6 = 48

**图 3.23　模型降阶过程**

在模型自由度降低的过程中,网格的合并是关键。网格的合并方法和依据
对计算精度有重要影响,一种是根据材料的微观结构和网格分布,人为地进行合
并和划分,这种方法操作简单,但没有科学的依据,因此计算的精度往往较差。
数据科学与计算力学交叉融合,引入数据科学中的聚类算法,可以实现大量网格
的自动合并聚类,这样将明显提高网格的合并质量及最终的求解精度[39],如图
3.24 所示。

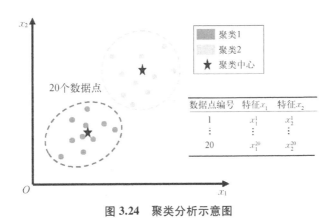

**图 3.24　聚类分析示意图**

在众多的聚类算法中,$k$ - means 聚类算法是其中一种,其目的是把 $n$ 个点
划分到 $k$ 个聚类中,使得每个点都属于离它最近的聚类中心对应的聚类,并且不
同聚类之间的距离最远,其基本思想为:首先在数据集中随机生成 $k$ 个点作为
初始聚类中心,计算数据集中每个点到各个聚类中心的距离,根据计算的距离,

将其归到距离最近的类中,然后计算各个类的平均值,将其作为新的聚类中心,根据新的聚类中心,重新计算距离和聚类,重复上述过程,直至收敛,如图 3.25 所示。

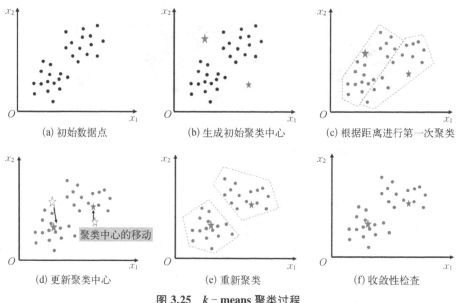

图 3.25 $k$-means 聚类过程

通过 $k$-means 聚类进行单胞模型的降价,然后求解离散的 Lippmann-Schwinger 积分方程,主要分为两个阶段:第一阶段为离线阶段,是需要在整个计算前完成的数据准备阶段,包括对单胞模型进行 $k$-means 聚类分析,然后根据聚类分析的结果计算不同类之间的相互作用张量 $\boldsymbol{D}^{IJ}$,不同类的体积分数 $c^I$,不同类在空间的分布函数 $\chi^I$ 等参数;第二阶段为在线阶段,采用 Newton 迭代法求解离散的 Lippmann-Schwinger 积分方程组,获得各个类的应变 $\boldsymbol{\varepsilon}^I$ 和应力 $\boldsymbol{\sigma}^I$,作为单胞模型局部的应变场和应力场。通过各个类的应变 $\boldsymbol{\varepsilon}^I$ 和应力 $\boldsymbol{\sigma}^I$,可以求得宏观等效的应力-应变关系,即均匀化的本构模型,整个过程如图 3.26 所示。

从上述计算流程可以看出,当改变平均应变载荷增量 $\Delta E$ 和组分的材料性能及本构模型时,无须重新计算相互作用张量 $\boldsymbol{D}^{IJ}$ 等数据库,可直接进行在线阶段的求解,因此这种方案极大地提高了计算效率。例如,对于相同的微结构设计,当采用不同的工艺参数成型时,组分的性能有一定的差异;或者对于相同的微结构,选用不同的组分材料等,可直接高效获得单胞模型内局部的应力、应变

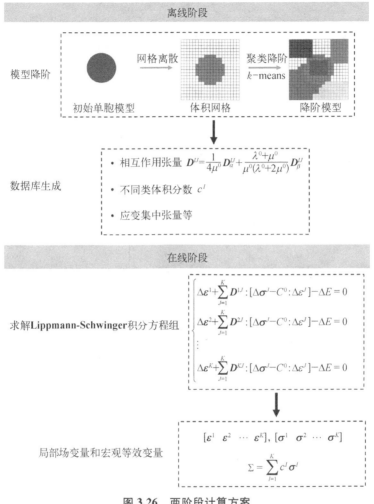

图 3.26　两阶段计算方案

和其他场变量,如损伤变量等,进一步求得宏观等效的材料性能和力学响应;对于改变平均应变载荷增量 $\Delta E$,例如,在不同的复杂应力状态组合和不同的加载比等情况下,可同样快速求得等效的响应,提高求解复合材料的等效屈服面、失效面等重要的工程设计参数的效率。对于复合材料结构级的多尺度分析,可假设组成结构的单胞模型具有相同的微结构,不考虑微观结构的不确定性,结构宏观应变场的非均匀性导致施加在不同位置单胞模型上的载荷不同,考虑到 SCA 在线阶段的高效求解,可将 SCA 和 FEM 结合起来,搭建复合材料结构级的多尺度求解框架[40, 41]。

## 3.4 分析案例

### 3.4.1 C/SiC T 形接头损伤演化分析

T 形接头是常用的一种搭接结构,图 3.27 给出了一个典型的 T 形 C/SiC 材料搭接接头,由两块 L 形支板和一块底板构成,两者采用铆钉和界面沉积的 SiC 基体粘接。在板材组成的结构中,T 形结构常用来支撑蒙皮、改变传力路径等,常见的受载形式为上方受拉伸载荷。针对图 3.27 所示的接头 T 形接头,演示采用损伤本构模型和断裂力学方法分析接头破坏机理和损伤演化的过程。

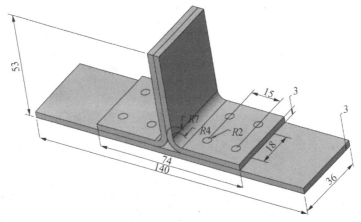

**图 3.27  典型 T 形接头及其几何尺寸(单位:mm)**

1)分析模型

采用商业有限元软件 ABAQUS 进行有限元建模,如图 3.28 所示。模型中两侧采用固定边界条件,T 形上端采用法向加载,总力大小为 $F$。由于结构中涉及较多的界面接触,初步分析模型中采用线性减缩积分单元进行分析,在厚度方向上划分 6 层网格,其余位置的典型网格尺寸不大于 1 mm。

在建模中,着重考虑以下两点因素。

(1)结构为 C/SiC 材料,是典型的正交各向异性材料,需要在有限元模型中定义局部材料方向,并使得界面处材料方向的定义一致。为分析 C/SiC 损伤劣化行为,采用了前面所建立的损伤本构模型,主要考虑材料的面内损伤;对于面内破坏行为,采用 Hoffman 强度模型进行破坏位置的分析,对于可能出现的面外

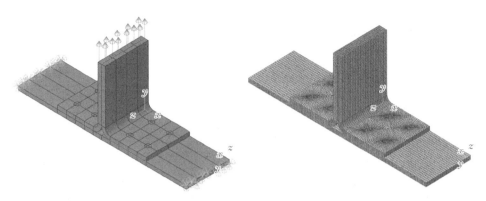

图 3.28　T 形搭接结构有限元模型

破坏,采用最大应力准则进行分析。

(2) 结构中所有的界面均采用内聚力模型进行建模,采用二次断裂起始准则和线性退化规律,其余模型参数如表 3.3 所示。

表 3.3　T 形接头分析案例界面模型参数

| 参　　数 | 法向(33) | 切向(13) | 切向(23) |
| --- | --- | --- | --- |
| 刚度/MPa | 200 | 76 | 76 |
| 强度/MPa | 10 | 6.67 | 6.67 |
| 最终断裂位移/mm | — | $4.5 \times 10^{-2}$ | — |

2) 拉伸载荷下受力特征

在拉伸载荷下,接头的变形形式如图 3.29 所示,整体呈现向上的弯曲变形,两块 L 形板之间、L 形板与底板之间出现局部界面破坏和张开。

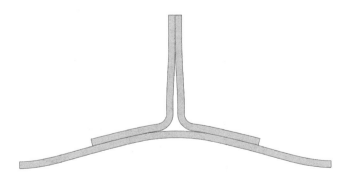

图 3.29　拉伸载荷下 T 形接头变形形式

对应于上述变形特征,如图 3.30 所示,底板在边界约束处和中部呈现弯曲受载特征,其中根部应力较为明显;L 形板在弯角处则会受到弯曲载荷及面外方向的拉伸载荷。

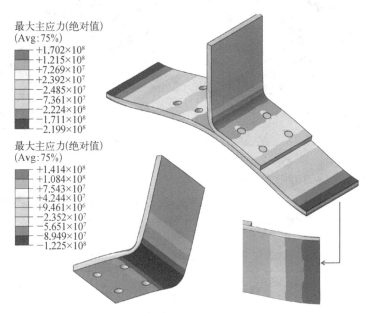

最大主应力(绝对值)
(Avg:75%)
　+1.702×10⁸
　+1.215×10⁸
　+7.269×10⁷
　+2.392×10⁷
　−2.485×10⁷
　−7.361×10⁷
　−2.224×10⁸
　−1.711×10⁸
　−2.199×10⁸

最大主应力(绝对值)
(Avg:75%)
　+1.414×10⁸
　+1.084×10⁸
　+7.543×10⁷
　+4.244×10⁷
　+9.461×10⁶
　−2.352×10⁷
　−5.651×10⁷
　−8.949×10⁷
　−1.225×10⁸

**图 3.30　T 形接头结构拉伸载荷下的应力分布特征(F＝1 kN)**

3) 材料损伤与破坏形式

结构中材料出现的主要损伤模式如下:底板两端与中间位置的 1 方向为拉伸损伤,孔周边为剪切损伤,以及 L 形板直角位置为面外拉伸损伤,而 2 方向上的损伤并不明显,如图 3.31 所示。

结合强度判据,给出 L 形接头中的潜在的破坏形式主要包括:底板两端边界处底层材料的拉伸破坏、L 形板内直角处的拉伸破坏,如图 3.32 所示。

4) 界面损伤与破坏形式

对于结构中的界面,首先在两块 L 形板之间的界面主要在直角位置发生张开,并且界面破坏逐渐向内扩展,如图 3.35 所示。

对比图 3.33 和图 3.34 可以看出,对于 L 形板与底板之间的界面,破坏发生时间晚于 L 形板之间的界面。首先,在 L 形板与底板连接的两侧出现张开,随后向内扩展到螺纹位置,如图 3.34 所示,两排螺纹之间的界面未发生明显损伤。界面最终可能在 L 形板与底板搭接中部发生破坏、张开,如图 3.35 所示,与图 3.29 所示的变形形式一致。

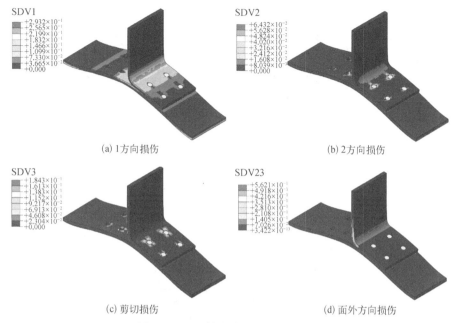

(a) 1 方向损伤

(b) 2 方向损伤

(c) 剪切损伤

(d) 面外方向损伤

**图 3.31　T 形接头中的材料损伤形式**

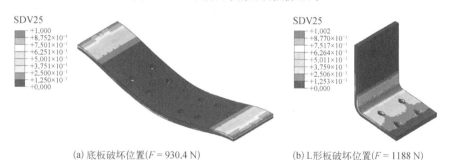

(a) 底板破坏位置($F = 930.4\ \text{N}$)

(b) L 形板破坏位置($F = 1188\ \text{N}$)

**图 3.32　T 形接头拉伸载荷下材料破坏位置**

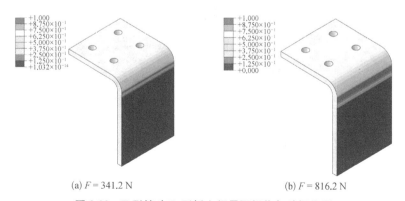

(a) $F = 341.2\ \text{N}$

(b) $F = 816.2\ \text{N}$

**图 3.33　T 形接头 L 形板之间界面损伤与破坏位置**

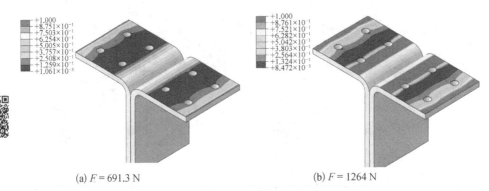

(a) $F = 691.3\,\text{N}$          (b) $F = 1264\,\text{N}$

图 3.34 T 形接头 L 形板与底板界面张开位置

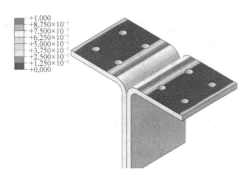

图 3.35 T 形接头 L 形板与底板界面破坏位置($F = 1\,264\,\text{N}$)

结构中的铆钉界面破坏载荷则更高,起始损伤位于铆钉上方靠近中间一侧,如图 3.36 所示。最终拉脱位置则位于铆钉下方,对应底板连接的位置,如图 3.37 所示。

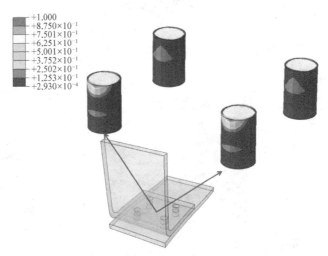

图 3.36 T 形接头中铆钉界面的损伤起始位置($F = 952.7\,\text{N}$)

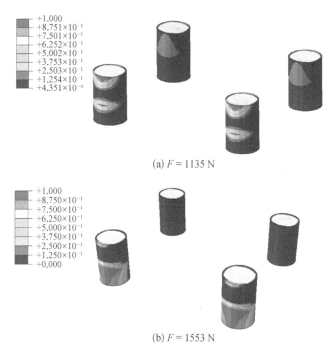

(a) $F = 1135$ N

(b) $F = 1553$ N

**图 3.37　T 形接头中铆钉界面的破坏(拉脱)位置**

顶端加载位置的载荷-位移曲线如图 3.38 所示,图中标出了整个 T 形接头中发生的损伤破坏事件的先后顺序,即板之间的界面先张开,底板底层产生拉伸破坏,然后铆钉界面张开,最后 L 形直角板弯角处发生拉伸破坏。

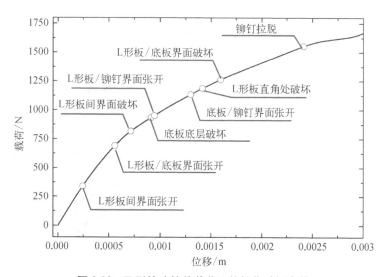

**图 3.38　T 形接头拉伸载荷下的损伤破坏事件**

### 3.4.2 C/C 开孔板的拉伸破坏多尺度分析

该小节针对受单轴拉伸的开孔板,给出一个采用 SCA 方法进行损伤破坏过程分析的案例[42]。以 2D 平纹编织 C/C 复合材料为例,采用开孔板的单轴拉伸作为实验验证,其几何参数和实验过程如图 3.39 所示。

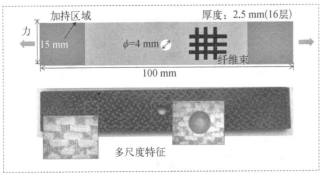

图 3.39　开孔板的单轴拉伸

首先对纤维束的横截面进行观测,如图 3.40 所示,获得纤维单丝的直径和分布等几何信息。然后建立对应的单胞模型,施加周期性边界条件,纤维单丝和基体的材料参数如表 3.4 所示,采用有限元方法计算其等效弹性常数,结果如表 3.5 所示。

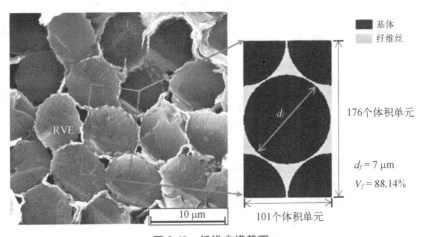

图 3.40　纤维束横截面

表 3.4　纤维束组分材料性能

| 材　　料 | $E_{11}$/GPa | $E_{22}$/GPa | $\nu_{12}$ | $\nu_{23}$ | $G_{12}$/GPa |
|---|---|---|---|---|---|
| T300 单丝 | 362.7 | 9.9 | 0.41 | 0.45 | 19.9 |
| 基体 | 10.6 | — | 0.15 | — | — |

表 3.5　纤维束的等效弹性常数

| 参　　数 | $E_{11}$/GPa | $E_{22}$/GPa | $\nu_{12}$ | $\nu_{23}$ | $G_{12}$/GPa |
|---|---|---|---|---|---|
| 纤维束 | 321.00 | 10.04 | 0.38 | 0.42 | 16.32 |

然后对纤维束进行观测,获得纤维束单胞模型的几何信息,纤维束的走向采用三角函数表示,横截面采用椭圆方程表示,建立如图 3.41 所示的编织结构单胞模型,其中各个参数的平均值如下: $\bar{w}$ 为 3 200 μm, $\bar{h}$ 为 160 μm, $\bar{a}$ 为 385.9 μm, $\bar{b}$ 为 35.4 μm, $\overline{d_1}$ 为 800 μm, $\overline{d_2}$ 为 29.2 μm。

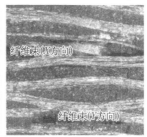

(a) 光学显微镜观测的微观结构

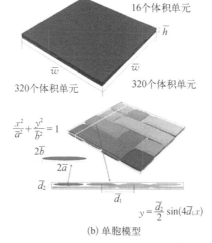

(b) 单胞模型

图 3.41　编织结构的单胞模型

基于上述编织结构的单胞模型,采用 $k$-means 聚类算法,根据每个体积单元的应变集中系数,进行聚类分析,采用不同的聚类数量,结果如图 3.42 所示。

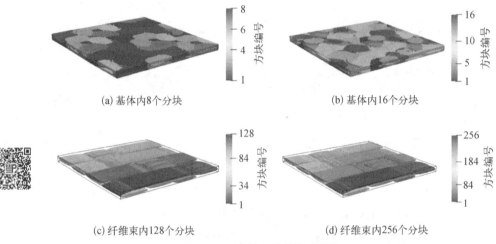

(a) 基体内8个分块  (b) 基体内16个分块

(c) 纤维束内128个分块  (d) 纤维束内256个分块

图 3.42　编织结构聚类结果

在常温环境下,C/C 复合材料表现为脆性,因此采用弹性损伤模型,即当组分材料的应力达到其强度时,对其进行刚度折减,折减幅度为 99%。对于基体,采用各向同性损伤模型;对于纤维束,采用各向异性的损伤模型,如表 3.6 所示,其中各个强度参数的值如表 3.7 所示。

表 3.6　基体和纤维束损伤模式

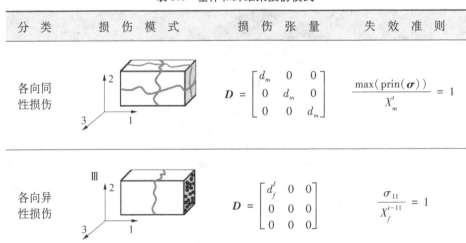

| 分　类 | 损　伤　模　式 | 损　伤　张　量 | 失　效　准　则 |
|---|---|---|---|
| 各向同性损伤 |  | $\boldsymbol{D} = \begin{bmatrix} d_m & 0 & 0 \\ 0 & d_m & 0 \\ 0 & 0 & d_m \end{bmatrix}$ | $\dfrac{\max(\mathrm{prin}(\boldsymbol{\sigma}))}{X_m^t} = 1$ |
| 各向异性损伤 |  | $\boldsymbol{D} = \begin{bmatrix} d_f^t & 0 & 0 \\ 0 & 0 & 0 \\ 0 & 0 & 0 \end{bmatrix}$ | $\dfrac{\sigma_{11}}{X_f^{t-11}} = 1$ |

（续表）

| 分　类 | 损 伤 模 式 | 损 伤 张 量 | 失 效 准 则 |
|---|---|---|---|
| 各向异性损伤 | 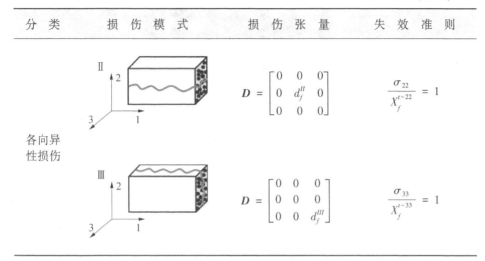 | $D = \begin{bmatrix} 0 & 0 & 0 \\ 0 & d_f^{II} & 0 \\ 0 & 0 & 0 \end{bmatrix}$ | $\dfrac{\sigma_{22}}{X_f^{t-22}} = 1$ |
| | | $D = \begin{bmatrix} 0 & 0 & 0 \\ 0 & 0 & 0 \\ 0 & 0 & d_f^{III} \end{bmatrix}$ | $\dfrac{\sigma_{33}}{X_f^{t-33}} = 1$ |

表 3.7　组分强度参数值

| 强度参数 | $X_m^t$ | $X_f^{t-11}$ | $X_f^{t-22}$ | $X_f^{t-33}$ |
|---|---|---|---|---|
| 数值/MPa | 5.53 | 783.85 | 5.53 | 5.53 |

采用上述损伤模型和多尺度框架对开孔板的拉伸进行模拟,其宏观断口形貌和实验的对比如图 3.43 所示。

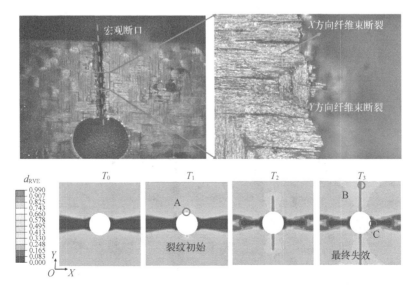

图 3.43　多尺度模拟和实验断口形貌对比

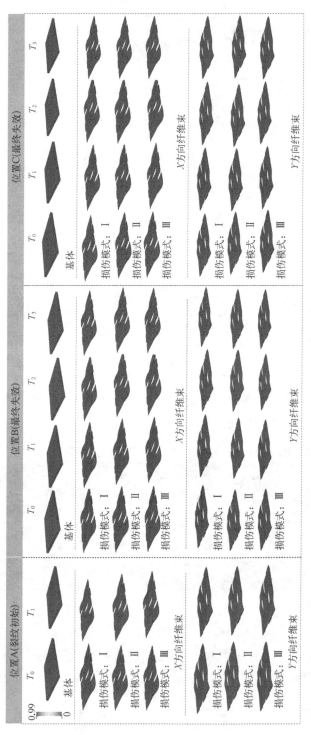

图 3.44 多尺度模型的细观破坏模式

在模型过程中,选取 A、B 和 C 三处典型的位置,对其细观的破坏模式进行输出,结果如图 3.44 所示,从图中可以看出,在拉伸过程中,纤维束在横向的强度较弱,因此首先在横向发生损伤,在拉伸的最后,纤维束在纵向发生断裂,最终整个结构失效。

从上述的模拟和实验验证可以看出,在宏观尺度,开孔板的断裂模式和实验结果吻合较好。开孔板的细观破坏模式在实验过程中很难观测,可以通过多尺度的数值模拟进行分析。

**参考文献**

[ 1 ] Maire J F, Chaboche J L. A new formulation of continuum damage mechanics ( CDM ) for composite materials. Aerospace Science and Technology, 1997, 1(4): 247 - 257.

[ 2 ] Ladevèze P, Gasser A, Allix O. Damage mechanisms modeling for ceramic composites. Journal of Engineering Materials & Technology, 1994, 116(116): 331 - 336.

[ 3 ] Chaboche J L, Maire J F. A new micromechanics based CDM model and its application to CMC's. Aerospace Science and Technology, 2002, 6(2): 131 - 145.

[ 4 ] He Z, Zhang L, Chen B, et al. Static response and failure behavior of 2D C/SiC cantilever channel beam. Applied Composite Materials, 2015, 22(5): 525 - 541.

[ 5 ] Marcin L, Maire J F, Carrère N, et al. Development of a macroscopic damage model for woven ceramic matrix composites. International Journal of Damage Mechanics, 2011, 20(6): 939 - 957.

[ 6 ] McLendon W R, Whitcomb J D. Characteristic progressive damage modes in a plain weave textile composite under multiaxial loads. Journal of Composite Materials, 2017, 51(11): 1539 - 1556.

[ 7 ] Belytschko T, Black T. Elastic crack growth in finite elements with minimal remeshing. International Journal for Numerical Methods in Engineering, 1999, 45(5): 601 - 620.

[ 8 ] Moës N, Dolbow J, Belytschko T. A finite element method for crack growth without remeshing. International Journal for Numerical Methods in Engineering, 1999, 46(1): 131 - 150.

[ 9 ] Areias P M, Belytschko T. Analysis of three-dimensional crack initiation and propagation using the extended finite element method. International Journal for Numerical Methods in Engineering, 2005, 63(5): 760 - 788.

[10] Sukumar N, Moës N, Moran B, et al. Extended finite element method for three-dimensional crack modelling. International Journal for Numerical Methods in Engineering, 2000, 48(11): 1549 - 1570.

[11] Iwase T, Hirashima K I. High-accuracy analysis of beams of bimodulus materials. Journal of Engineering Mechanics, 2000, 126(2): 149 - 156.

[12] Bert C W. Models for fibrous composites with different properties in tension and compression. Journal of Engineering Materials and Technology, 1977, 99(4): 344.

[13] Xie W H, Peng Z J, Meng S H, et al. GWFMM model for bi-modulus orthotropic materials:

application to mechanical analysis of 4D-C/C composites. Composite Structures, 2016, 150: 132 – 138.

[14] Yang Q, Han X, Xu C, et al. Development and validation of an anisotropic damage constitutive model for C/SiC composite. Ceramics International, 2018, 44(18): 22880 – 22889.

[15] Xie J, Fang G, Chen Z, et al. An anisotropic elastoplastic damage constitutive model for 3D needled C/C-SiC composites. Composite Structures, 2017, 176: 164 – 177.

[16] Belytschko T, Song J H. Coarse-graining of multiscale crack propagation. International Journal for Numerical Methods in Engineering, 2010, 81(5): 537 – 563.

[17] Qu J, Cherkaoui M. Fundamentals of Microme-chanics of Solids. New York: John Wiley & Sons, 2006.

[18] Yu W, Tang T. Variational asymptotic method for unit cell homogenization//Advances in Mathematical Modeling and Experimental Methods for Materials and Structures. Netherlands: Springer, 2009: 117 – 130.

[19] Haj-Ali R, Aboudi J. Formulation of the high-fidelity generalized method of cells with arbitrary cell geometry for refined micromechanics and damage in composites. International Journal of Solids and Structures, 2010, 47(25): 3447 – 3461.

[20] Mathew N, Picu R C, Bloomfield M. Concurrent coupling of atomistic and continuum models at finite temperature. Computer Methods in Applied Mechanics and Engineering, 2011, 200 (5): 765 – 773.

[21] Zhang H W, Wu J K, Fu Z D. Extended mul-tiscale finite element method for elasto-plastic analysis of 2D periodic lattice truss materials. Computational Mechanics, 2010, 45(6): 623 – 635.

[22] Le B A, Yvonnet J, He Q C. Computational homogenization of nonlinear elastic materials using neural networks. International Journal for Numerical Methods in Engineering, 2015, 104(12): 1061 – 1084.

[23] Yvonnet J, Gonzalez D, He Q C. Numerically explicit potentials for the homogenization of nonlinear elastic heterogeneous materials. Computer Methods in Applied Mechanics and Engineering, 2009, 198(33 – 36): 2723 – 2737.

[24] Wirtz D, Karajan N, Haasdonk B. Surrogate modeling of multiscale models using kernel methods. International Journal for Numerical Methods in Engineering, 2015, 101(1): 1 – 28.

[25] Feyel F, Chaboche J L. FE² multiscale approach for modelling the elastoviscoplastic behaviour of long fibre SiC/Ti composite materials. Computer Methods in Applied Mechanics and Engineering, 2000, 183(3): 309 – 330.

[26] Lloberas-Valls O, Rixen D J, Simone A, et al. Multiscale domain decomposition analysis of quasi-brittle heterogeneous materials. International Journal for Numerical Methods in Engineering, 2012, 89(11): 1337 – 1366.

[27] Abdulle A, Bai Y. Reduced basis finite element heterogeneous multiscale method for high-order discretizations of elliptic homogenization problems. Journal of Computational Physics, 2012, 231(21): 7014 – 7036.

[28] Aboudi J. The generalized method of cells and high-fidelity generalized method of cells micromechanical models—a review. Mechanics of Advanced Materials and Structures, 2004,

11(4 - 5): 329 - 366.

[29] Mayes J S, Hansen A C. Composite laminate failure analysis using multicontinuum theory. Composites Science and Technology, 2004, 64(3 - 4): 379 - 394.

[30] Liu Z, Bessa M A, Liu W K. Self-consistent clustering analysis: an efficient multi-scale scheme for inelastic heterogeneous materials. Computer Methods in Applied Mechanics and Engineering, 2016, 306: 319 - 341.

[31] Fritzen F, Hodapp M. The finite element square reduced ($FE^2R$) method with GPU acceleration: towards three-dimensional two-scale simulations. International Journal for Numerical Methods in Engineering, 2016, 107(10): 853 - 881.

[32] Larsson F, Runesson K, Saroukhani S, et al. Computational homogenization based on a weak format of micro-periodicity for RVE-problems. Computer Methods in Applied Mechanics and Engineering, 2011, 200(1): 11 - 26.

[33] Kouznetsova V G, Geers M G D, Brekelmans W A M. Multi-scale second-order computational homogenization of multi-phase materials: a nested finite element solution strategy. Computer Methods in Applied Mechanics and Engineering, 2004, 193(48): 5525 - 5550.

[34] Coenen E W C, Kouznetsova V G, Geers M G D. Novel boundary conditions for strain localization analyses in microstructural volume elements. International Journal for Numerical Methods in Engineering, 2012, 90(1): 1 - 21.

[35] Bazant Z P. Can multiscale-multiphysics methods predict softening damage and structural failure? International Journal for Multiscale Computational Engineering, 2010, 8(1): 61 - 67.

[36] Pineda E J, Bednarcyk B A, Waas A M, et al. Progressive failure of a unidirectional fiber-reinforced composite using the method of cells: discretization objective computational results. International Journal of Solids and Structures, 2013, 50(9): 1203 - 1216.

[37] Kalamkarov A L, Andrianov I V, Danishevs'kyy V V. Asymptotic homogenization of composite materials and structures. Applied Mechanics Reviews, 2009, 62(3): 669 - 676.

[38] Moulinec H, Suquet P. A numerical method for computing the overall response of nonlinear composites with complex microstructure. Computer Methods in Applied Mechanics and Engineering, 1998, 157(1 - 2): 69 - 94.

[39] Liu Z, Bessa M A, Liu W K. Self-consistent clustering analysis: an efficient multi-scale scheme for inelastic heterogeneous materials. Computer Methods in Applied Mechanics and Engineering, 2016, 306: 319 - 341.

[40] Han X, Xu C, Xie W, et al. Multiscale computational homogenization of woven composites from microscale to mesoscale using data-driven self-consistent clustering analysis. Composite Structures, 2019, 220: 760 - 768.

[41] Liu Z, Fleming M, Liu W K. Microstructural material database for self-consistent clustering analysis of elastoplastic strain softening materials. Computer Methods in Applied Mechanics and Engineering, 2018, 330: 547 - 577.

[42] Han X, Gao J, Fleming M, et al. Efficient multiscale modeling for woven composites based on self-consistent clustering analysis. Computer Methods in Applied Mechanics and Engineering, 2020, 364: 112929.

# 第4章

## 高超声速多场耦合行为与分析

随着飞行速度的提高,高超声速气体通过激波压缩或黏性阻滞减速,导致气体的动能大量转化为内能,激波层内气体温度急剧升高。高温导致在整个激波层区域内的气体分子产生能量激发、离解、电离、电子激发等一系列复杂的物理化学变化,即出现如表4.1所列的高温气体效应。

表 4.1　高温气体效应

| 温度/K | 物 理 化 学 变 化 |
|---|---|
| 800 | 分子振动激发 |
| 2 000 | 氧分子离解 |
| 4 000 | 氮分子离解,氧气完全离解,一氧化氮生成 |
| 9 000 | 氮分子完全离解,氧原子和氮原子电离 |

高温气体效应使得高超声速飞行器面临极其严峻的气动热环境,并会强烈地影响飞行器表面的流体力(压力和表面摩擦力)、能量通量(对流和辐射加热)和质量通量(烧蚀)。更为重要的是,含有大量氧、氮的分子和原子组分的化学非平衡流会与飞行器表面热防护材料发生强烈的非线性耦合作用,如烧蚀、氧化、催化、高温辐射、变形与失效等复杂问题。首先,气动热与飞行器壁面产生换热,热量被传递到飞行器结构内部并使飞行器表面温度升高。壁面温度改变将影响到外围流场的流动特征和气动加热,该变化又将导致新的壁面响应。同时,在以上过程中还会同时伴随着热应力产生的热变形问题。气动热、结构传热、热变形三种物理问题耦合在一起同时发生,即产生流-热-固耦合问题。而传统的热力环境和结构性能分析是将多物理场分割为几个独立的物理场分别求解,这样既无法得到精确的气动热力载荷环境也无法正确地评价热防护材料及其结构服役特征。

其次,气动热环境在对防热材料施加复杂气动热载荷的同时,防热材料及其结构内部热力场的变化必将引起材料自身性能的变化,如热物理性能(辐射率、热导率等)、力学性能(材料力学非线性)、表面性能(表面催化效应、表面粗糙度)等,这些本质特性的变化同时反过来会影响结构外形及内部热场的变化,而这种变化会同时作用于气动环境,引起气动环境的变化。同时,研究表明,材料的表面催化、氧化、辐射及蒸发产物均存在相互影响,其耦合效应共同影响材料响应,这使得本已十分复杂的耦合作用变得更为复杂。迄今,人们对这些复杂的耦合特征还没有得到很好地认识。如图 4.1 所示为高超声速流动在不同气动热力学区域的基本物理化学特征及典型再入飞行器飞行走廊。

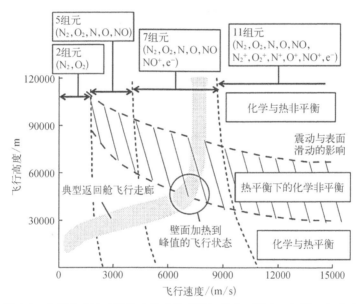

**图 4.1　高超声速流动的基本物理化学特征及典型再入飞行器飞行走廊**

气动热环境与材料响应耦合问题,会直接影响高超声速飞行器的综合性能,甚至飞行成败。弹道导弹和返回舱等传统飞行器的热防护系统设计冗余较大,能够用牺牲重量和性能换来安全,因此对气动热环境与材料响应的预测精度要求不高。但是,新一代高超声速飞行器逐步发展,要求最大限度地提高载荷效率与飞行性能,热防护设计冗余有限,在这种情况下,对气动热力环境和材料响应的预测提出了更为严苛的要求。

气动热力环境和材料响应预测精度的提高必然建立在对复杂物理效应、气动热力环境和材料响应耦合特性的充分认识和掌控上,材料的催化、氧化效应在高超声速飞行器的大气再入过程中非常重要[1]。高温下分子离解产生的大量原子在飞行器壁面发生重组并释放化学能,使气动热环境变得更为严峻。尤其当流动处于非平衡状态时,放热材料表面的催化属性会强烈影响表面加热。已有研究表明,驻点区域的完全催化热流可以达到非催化热流的 2~3 倍,而在其他区域,催化热流也比非催化热流高出 12%~50%[2]。因此,必须准确地对催化效应进行合理的表征建模,并整合到计算工具中,以准确评估飞行器表面热载荷和材料响应。对于非烧蚀或者低烧蚀防热结构和材料,通常要满足在高温氧化环境下长时间服役的要求,这对热防护材料的抗氧化性能提出了苛刻的要求。在高焓非平衡流动中,材料表面的氧化过程与激波层环境因素(氧组元状态、氧分压、温度、压力、时间等)及材料特性(组分分布、微结构、表面特性及物性等)密切相关。高温环境下氧化效应对材料的耦合传热的影响,关系到该材料能否可靠、高效地应用于高超声速飞行器结构。而氧化导致的材料热物性和温度场发生变化等一系列作用也使得耦合作用变得更为复杂。

在高超声速飞行环境中,除了催化、氧化特性外,环境/材料表面耦合响应因素还包括烧蚀。热解或烧蚀气体进入边界层形成热阻塞效应,烧蚀改变飞行器外形并影响表面热流载荷,而且烧蚀导致的表面粗糙度可能会引起热增量效应等。此外,材料自身的催化、氧化、烧蚀及辐射等特性也存在相互关联和耦合。材料的催化属性与温度相关,热流间接与飞行器表面温度相关,也就是间接与热防护材料的热辐射系数相关;氧化会导致表面材料的热物性和温度场发生变化,必然会导致其辐射系数和催化属性发生变化;催化和氧化分别通过复合反应和表面氧化反应,对氮原子、氧原子产生消耗竞争关系。

最为理想的热防护系统设计,应该充分利用和控制关键物理效应,发挥材料及结构的最大潜力。通过防热材料改性和优化设计实现气动热载荷的主动控制是世界发达国家极为重视和重点支持的研究热点,因此,高超声速飞行器的发展对于气动热力环境与材料耦合行为的研究提出了迫切需求。高超声速流动-传热与材料响应耦合问题是一个涉及物理、化学、材料、传热学、力学等多学科交叉的问题,也必须通过多学科的交叉与融合才能获得突破。

## 4.1 气动热力环境与热防护材料的耦合行为

随着高超声速飞行器对高焓、中低热流、长时间热环境下热防护技术等需求逐步提升,非平衡流动、环境与材料的交互作用及新型高温材料成为发展高超声速技术亟待解决的重大基础问题。化学非平衡流会与热防护材料发生强烈的非线性耦合作用,如烧蚀、氧化、催化、辐射等。

### 4.1.1  共轭传热与材料热物性

当固体结构处于高超声速气体流动中时,其壁面会受到对流加热,此时在流体和固体传热之间会发生相互作用,在传热研究中称为共轭传热问题。以前对这类问题通常是进行简化处理:首先在假设的等温壁面条件下进行流场计算得到壁面热流,再将热流加载在界面上计算结构温度场。对于某些工程应用来说这是可以接受的,但是这种方法忽略了外围流动与固体内部温度场之间的耦合效应,如图 4.2 所示。

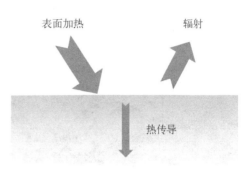

图 4.2  典型被动热防护系统的能量传输

高超声速气动热及固体热传导对结构尤其是低刚度结构的影响不可忽略。气动热力作用导致结构产生变形,会显著影响扰流的流动和传热过程。热应力评估的准确性、热防护材料厚度的选择很大程度上取决于结构温度响应预测的准确性。如果要准确地预测气动热载荷环境和结构响应,就必须考虑高超声速流动与结构传热耦合效应。另外,新一代高超声速飞行器要面临高焓、中低热流和长时间气动加热的热环境,防热材料可能达到很高的温度。防热材料内部热力场的变化必将引起材料自身性能的变化,如材料热导率和比热容等热物理性能将随温度发生非线性变化。由于多物理场耦合问题的复杂性,材料在高温下的热物性非线性对耦合传热过程的影响需要进一步开展分析研究。

### 4.1.2  材料表面催化效应

高超声速飞行使激波层内的气体达到极高的温度,导致气体分子发生离解甚至电离现象。当温度达到 9 000 K 时,激波层内的所有分子几乎完全离解,原子开始产生电离,此时空气中包含 O、N、$O^+$、$N^+$ 和 $e^-$ 等的等离子体[3]。当流动特征时间与完成化学反应的时间或者能量交换机制的时间量级相当时,激波后流动将处于非平衡状态。此时,少量原子组分在流动中复合,其余大部分随流动到达飞行器热防护材料表面,这部分原子组分在表面材料的作用下发生复合反应:$O + O \longrightarrow O_2$、$O + N \longrightarrow NO$ 和 $N + N \longrightarrow N_2$,并释放化学能[4, 5],从而加剧热防护结构表面的气动热环境,催化效应可能带来接近 50% 的气动热增量。图 4.3 给出了典型再入飞行器表面的物理化学反应。

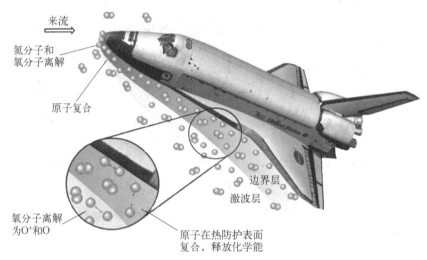

**图 4.3  再入飞行器表面的物理化学反应**

当飞行器附近的流动处于化学平衡状态时,若壁面温度很低,则壁面催化特性的影响可以忽略[6]。而当流动处于化学非平衡状态时,防热材料表面的催化特性将在很大程度上直接影响飞行器热防护系统所承受的气动热载荷。材料表面的催化特性越强,对原子组分发生复合反应的促进能力越强,意味着释放到表面的化学能越多,从而恶化飞行器的局部热环境;材料表面的催化特性越弱,对原子组分的复合反应速率的促进作用越小,从而减少材料表面热增量。对于热防护材料的催化特性,一般采用非催化或者完全催化壁面两个假定。完全催化壁面假定认为,催化作用使复合反应以无限大的速率发生,即表面处的化学组分质量分数等于在当地压力和温度条件下的当地平衡值;非催化壁假定则认为,壁面抑制原子复合反应。可以看出,前者忽略了催化作用而低估了气动热载荷,后者过于保守,因而会增加热防护系统冗余。因此,必须对热防护材料的催化性能做出精确的评价。

值得注意的是,催化效应与氧化、辐射等重要效应的耦合关系尚未得到足够重视。首先,材料的催化属性与温度直接相关。在实际飞行过程中,热防护材料的壁面温度会随着气动热环境和表面材料属性的变化而不断改变。催化属性随温度变化,将直接影响流场组分和扩散热流的变化,热环境的变化反过来又作用于壁面响应。热流间接与飞行器表面温度相关,也就是说间接与热防护材料的热辐射系数相关。其次,长时间的高温服役环境会导致材料表面发生氧化,产生氧化物,从而改变表面材料属性,必然会导致其催化属性发生变化。新生成的表面材料具有新的热物性,从而将影响温度场分布,又间接影响表面催化属性。因此,防热材料表面催化作用与材料表面性能高温演化和高温气体状态密切相关。

### 4.1.3 材料表面氧化效应

以临近空间飞行器或高速再入精确打击武器等为代表的新一代高超声速飞行器,要求具备较高的可操作性能和机动性能,并能够进行长航时机动飞行和精确控制。传统的烧蚀型、钝头体形式的热防护系统难以满足以上苛刻的要求,取而代之的是采用非烧蚀或者低烧蚀防热材料的尖锐前缘热防护系统,此类热防护系统的特点是具有小曲率半径的前缘,可以保证飞行器具有良好的气动性能,并且不会发生明显烧蚀钝化而引起气动性能下降,但是这对高温氧化环境下热防护材料的耐高温能力和抗氧化能力提出了挑战。超高温陶瓷(ultra-high temperature ceramic,UHTC)材料在高温下的物理化学性能稳定,强度高并具有良好的抗氧化、抗烧蚀性能[7],是可以应用于此类高超声速飞行器的候选材料之一。在目前的 UHTC 材料中,理论上,$ZrB_2$ 材料的密度最低[8],这对于航空航天应用来说具有很大吸引力。在长时间的强气动热作用下,高超声速再入飞行器的头锥、翼前缘等位置的热防护材料通常要面临严峻的高温环境(1 500℃或更高)。在如此高的温度下,即使 $ZrB_2$ 和 $ZrB_2$-SiC 具有优良的抗氧化性能,也不能阻止其暴露于高温空气的表面发生氧化反应。$ZrB_2$ 氧化生成固体 $ZrO_2$ 和液态 $B_2O_3$,而 $ZrB_2$-SiC 在低温下生成固体 $ZrO_2$ 和液态 $B_2O_3$,在高温下则生成 $ZrO_2$ 和 $SiO_2$,并形成 SiC 耗尽层[9],如图 4.4 所示。氧化层的热物性和微观结构与原材料存在较大不同,因此会对 UHTC 材料的传热造成影响,UHTC 材料的氧化问题一直是研究者们关注的热点。

当前,研究重点多放在提高材料的抗高温氧化能力方面,而氧化对耦合传热的影响,以及氧化与催化、辐射等特性的耦合尚未得到足够重视。在高焓非平衡流动中,材料表面的氧化过程不仅与氧组元状态、氧分压、温度、压力等气动环境因素密切相关,而且与材料组分、微结构、表面特性及物性等材料特性密切相关。在真实飞行环境中,UHTC 材料部件内部的热响应与外界高超声速流动之间存

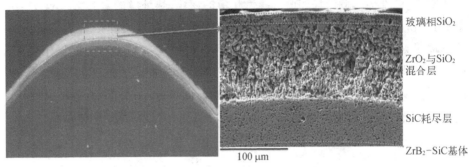

图 4.4  球锥横截面及尖端区域氧化层扫描电子显微镜图片[10]

在复杂的耦合作用。结构吸收热量,在内部进行传导,其内部热响应的变化必将引起材料自身性能的变化,这些本征特性的变化同时反过来影响内部温度场的变化,而这种变化会同时作用于气动热环境,变化的气动热环境又反过来作用,导致热流载荷发生变化。而氧化导致材料的热物性和温度场等发生变化这一系列作用的加入,使得耦合作用变得更为复杂。在高温环境下,氧化效应对 UHTC 材料的高超声速流动耦合传热有怎样的影响,关系到该材料能否可靠、高效地应用于高超声速飞行器结构。因此,合理有效地表征氧化过程对 UHTC 材料耦合传热的影响及材料表面响应是必须解决的基础问题之一。

### 4.1.4  材料表面烧蚀

在目前提出的热沉式、发汗冷却式和烧蚀型等多种形式的热防护概念[11]中,烧蚀型热防护在消耗热能方面的效率是最高的。烧蚀型热防护以牺牲表面材料为代价来转移热量,从而保护内部结构。在高热流密度和高温环境下,烧蚀型热防护材料通常会发生热解、烧蚀和力学失效等一系列响应。热解是指材料内部发生化学分解而释放出气体,该过程不消耗大气组分。烧蚀是蒸发、升华和化学反应(如氧化和氮化)的结合,使液体或固体表面组分转化为气态组分,其中液体表面组分是由于材料熔化产生的。力学失效是指表面材料的损失,该过程不产生气体组分,如表面氧化物的熔融流动、固体胶开裂及液体粒子引起的侵蚀等。

图 4.5 描述了烧蚀壁面和边界层之间的物理化学相互作用,边界层通过高温气体的对流和辐射加热使壁面升温。此外,由于壁面处化学反应的出现,在边界层内会产生组分浓度梯度,浓度梯度会产生组分扩散净热流。加载在表面的热流一部分在材料中进行传导,另一部分从高温表面辐射回大气。热防护材料

表面与边界层内组分发生化学反应产生的气态产物会注入边界层中,这些化学反应通常是吸热的。此外,烧蚀产物的注入会对边界层进行冷却,从而缓解壁面对流热流。在烧蚀产物注入很强烈的时候,对流热流的降低成为减少向基底结构传递能量的主要因素(即热阻塞效应),壁面的摩擦力也会对表面造成机械剥蚀。

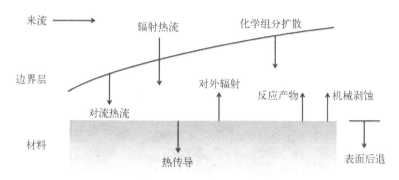

**图 4.5  烧蚀表面能量通量**

烧蚀主要受来流条件、再入体外形和表面材料的影响。当前对烧蚀问题的处理一般以简化的方式处理流/固边界,而通常不考虑质量输运。空气动力学方法或材料响应方法分别将注意力集中在各自领域而忽略耦合问题[12, 13],例如,空气动力学方法聚焦于流场,依靠其他方法获得材料的响应特性;材料响应方法聚焦于表面烧蚀和材料内部热传导,而采用简化的模型计算气动热载荷。然而,在现实中这些现象是高度耦合的。在对非平衡化学反应边界层数值建模时,需要考虑到多组分动力学和传输特性,使分析的复杂性大大增加。在烧蚀出现时,这个问题便变成了耦合问题。热解气体混合物组分之间的化学反应很重要,同时它们与边界层流动中各种组分的反应也必须考虑在内。此外,烧蚀表面的热流计算通常是基于输入的非烧蚀传热系数,并将质量引射转化为气动热影响因子来表征烧蚀产物的热阻塞效应[14]。这种估算的烧蚀表面热流的不确定性很高,并且表面质量流率和温度的预测不准确,因此可靠性较低。另外,在烧蚀导致外形改变明显时,会对飞行器的空气动力学和表面热流产生很大影响。

因此,为了提高烧蚀表面上的热流和烧蚀材料热响应的预测精度,必须求解高温流体、烧蚀及固体传热的耦合效应。这个目标可以通过考虑表面能量和质量平衡、与烧蚀模型耦合及提供完全的热化学边界条件,求解完全耦合的流体动力学/固体力学问题来实现。

### 4.1.5　材料表面辐射

高超声速飞行器在大气层中飞行时,严重的气动加热使飞行器表面温度急剧升高。具有高辐射率的表面材料可以起到辐射散热作用,从而降低飞行器表面温度,增加滞空时间。另外,高辐射率能够降低材料的温度梯度和结构热应力,使飞行器能够在更高的热流条件下飞行。因此,材料的辐射率决定了飞行器外蒙皮的散热效率[15, 16],它是高超声速飞行器防热设计的关键性能参数之一。当达到较高温度时(1 600℃以上),多采用 $ZrB_2$ - SiC 和 C/SiC 等陶瓷复合材料,这类材料在耐高温的同时可以通过材料表面的辐射向外散热。

材料表面辐射率不仅与材料表面组分、粗糙度和化学状态相关,还与温度和波长相关[17]。另外,已有的辐射率试验结果表明[18],环境对材料的辐射率有很大影响。在真空状态下测量的 UHTC 总半球发射率值要低于高压力(200 Pa)条件下的测量值,二者的差异与高压力下形成的表面氧化层的属性有关。在缺少实验数据的情况下,通常在热防护设计中采用非常保守的理论值,导致飞行器冗余过大。对于 $ZrB_2$ - SiC 等陶瓷材料,通过抗氧化处理可以提高其表面辐射率,提高飞行器蒙皮的散热效率,并且,辐射与催化、氧化和烧蚀等效应之间存在高度耦合关系。因此,合理地表征辐射对耦合传热问题的影响,以及辐射与催化、氧化等效应的耦合关系是高超声速飞行器热防护系统设计中不可或缺的一环。

## 4.2　高超声速流动-传热与材料响应数值分析方法

高超声速飞行器的环境与材料响应的多场耦合问题非常复杂,涉及气动热、气动力、结构热传导、结构热力响应及气体表面相互作用等因素,需要采用试验与数值模拟相结合的方式开展相关研究工作。随着计算机硬件的迅速发展,经过实验数据考核与验证的数值模拟程序逐渐成为研究高超声速飞行器多场耦合问题的重要手段。利用计算流体动力学和有限元方法可以模拟试验不能实现或不可直接测量的热力环境和热防护材料响应。数值方法有助于深入理解大气再入过程中影响飞行器热环境的物理化学过程及热环境与热防护材料之间的耦合作用。

### 4.2.1  空间耦合方案与策略

多物理场耦合问题可以分为直接耦合、同步求解和顺序耦合等几类。其中，直接耦合是指所有的物理场由一个代码求解，联立偏微分方程组实现多物理场耦合；同步求解是指不同场的求解同步进行；顺序耦合是指按照定义好的顺序逐个求解。

对于多物理场耦合的多学科问题，直接耦合需要一次性完全求解，非常复杂，计算难度高，运算量大，目前且在相当长的时间内都难以在工程上实现。为更清楚地说明耦合问题，针对多物理场耦合问题提出了多场、多域和多尺度的概念。其中，多场是指分析中的物理场，包括气动场、热场、结构场等；多域是指存在共同的边界条件且存在相互作用的系统，包括气动域和结构域。分场、分区域求解的分析思路抓住了多物理场问题的主要矛盾，可以满足高超声速飞行器多物理场耦合工程中的分析需要，也可作为应用基础研究的重要途径。

目前，在分区域的空间耦合上多采用面耦合、体耦合和面体耦合策略，例如，气动热与热响应（即气动场与热场）之间通过表面的热量传递紧密耦合在一起，属于典型的面耦合；热响应与热应力/热变形（即热场与结构场）的耦合属于典型的体耦合；气动力/热与结构的多场耦合既包含气动力/热与外形变化之间的面耦合，又有热应力与热变形之间的体耦合，因此属于面体耦合。

采用分区法实现高超声速流动、传热和材料响应耦合分析时，属于典型的面体耦合。整个系统可以根据物理和空间分为流体区域和固体区域，如图 4.6 所示。在该模型中，流场采用同时求解连续方程、动量守恒和能量守恒方程的耦合

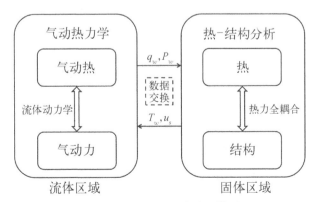

图 4.6  多物理场耦合分析模型

解格式得到热流 $q_w$ 和压力 $P_w$，结构场通过有限元方法求解得到壁面温度 $T_w$ 和结构位移 $u_w$，这两个独立的模型通过在流体-固体耦合界面上实时交换数据来表征外部高超声速流动与热响应的耦合作用，每个求解器所需的下一步的计算数据在耦合界面上反复交换，并且流体和固体区域采用"非匹配网格"，即两个区域的网格大小和节点位置均不相同，由此产生了非匹配网格间的数据插值传递问题。

### 4.2.2　时间耦合方案与策略

对于复杂的高超声速流动-传热与材料响应的多物理场耦合问题，在计算中采用合理的时间耦合策略和方案才能达到良好的效果。采用分区法实现高超声速流动、传热和材料响应耦合分析时，整个系统可以根据物理和空间分为流体区域和固体区域。将高超声速流动-传热和材料响应耦合问题分离为气动热力学问题与热结构问题的耦合问题，耦合过程中采用显式或隐式的迭代方法，就可以得到时间松耦合或时间紧耦合方案。

1）时间松耦合方案

时间松耦合方案在每个时间步内只进行一次数据交换。这类方法采用不同的求解器对流体和固体方程进行求解，可以采用不同的计算网格（结构、非结构网格），且在边界上可以不匹配。在不同模块之间，需要采用接口技术或借助平台在模块间交换数据。这一方案认为稳态流场建立的特征时间远小于结构稳态温度场建立的特征时间，因此可以假设一定时间范围内流场是瞬态稳定的，只进行结构温度场的计算。

根据以上假设建立如图 4.7 所示的时间松耦合方案，计算流程详细描述如下：① 在由结构温度确定的定常壁温边界条件下进行稳态计算，将所得结果作

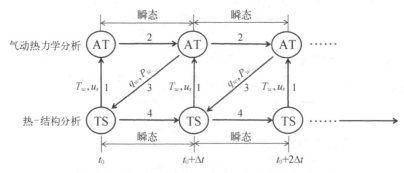

图 4.7　多物理场耦合问题的时间松耦合方案示意图

为瞬态耦合分析的初始条件,在耦合开始时刻进行瞬态流动计算,得到初始时刻的壁面热流 $q_w$ 和压力 $P_w$;② 在流固耦合界面对 $q_w$ 和 $P_w$ 进行插值,作为结构有限元求解器的边界条件,在热流和压力耦合载荷下进行热力耦合分析,一个时间步 $\Delta t$ 后,通过结构求解器计算得到结构表面温度 $T_w$ 和结构位移 $u_w$;③ $T_w$ 用于更新流体求解的壁面温度边界条件,$u_w$ 则用于更新流场网格,并进行下一步的流场计算,经过时间步 $\Delta t$ 后得到新的 $q_w$ 和 $P_w$,将其提取出来,用于下一时间步的热分析,该过程不断重复直至计算时间结束。

2) 时间紧耦合方案

时间紧耦合方案采用隐式迭代,在每个时间步内都进行模块间的多次内迭代,直至满足当前时间步的收敛标准或达到迭代次数。该方案将求解器以更紧密的形式耦合起来,特别适用于复杂的非线性问题。该方案中,流体和结构方程由不同的求解器进行求解,但是流场和结构的计算是同时推进的,进行内迭代时,数据交换在耦合界面上实时交互、耦合迭代。这种耦合方案最接近真实物理意义,计算结果也最为准确,但是这种方案的计算量也非常大。

多物理场耦合问题的时间紧耦合方案示意图如图 4.8 所示。具体来说,流场和结构场同时进行求解,进行一个迭代步后,通过流场计算得到热流和压力,由结构场计算得到壁面温度和结构位移;然后在模块间进行数据交换,在新的迭代步中,结构求解器使用耦合求解得到的力/热载荷进行结构的温度场和应力/应变场计算,流体求解器使用耦合求解得到的结构位移更新流场网格,在新的壁面温度边界条件下进行气动热力环境计算;在每个迭代步后,检查是否收敛,如果前后两个迭代步交换的耦合变量值接近于定值,此时继续内迭代也不会改善结果,则流体求解器和固体求解器同时推进到下一时间步,进行下一轮迭代。这样的耦合求解能够最大化地提高精度,但是需要付出很大的计算量代价。

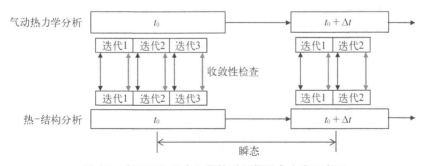

**图 4.8　多物理场耦合问题的时间紧耦合方案示意图**

3）时间耦合方案的选择

根据文献中的实验数据及计算分析对比,通常认为时间松耦合方案需要慎重地选择耦合时间步长,不同的时间步长会导致不同的计算结果[19]。逐渐减小时间步长,时间松耦合方案计算结果逐渐趋于真实值。而时间紧耦合方案在每个时间步内进行多次内迭代,在相对较大的时间步长就可以得到比较精确的结果,但是要付出的计算量代价很大。

紧耦合和松耦合是对同时发生的物理现象的近似,是一个相对的概念。时间紧耦合方案在计算效率和解决复杂流场问题方面有待提高,而时间松耦合方案的计算效率更高,通过谨慎选取耦合时间步长可以取得与紧耦合方法相近的精度。松、紧耦合方案所需的代价不同,可以根据具体研究进行取舍。

## 4.3 高超声速流动-传热与响应耦合影响因素分析

飞行器再入过程中,催化效应可能导致接近50%的气动热增量,同时伴随着氧化,使材料表面物质改变,导致表面的传热性质、辐射性质和催化性能等一系列表面性能发生变化。飞行器所承受的热载荷受流动与热防护表面之间复杂的、动态的相互作用的影响。材料表面与流动之间的耦合随着高超声速条件的加剧而变得更为强烈,因此非平衡流动与材料的耦合效应直接考验着热载荷预测的可靠性。高温环境下,材料催化、氧化等效应对材料的高超声速流动耦合传热的影响,直接关系到该材料是否能够高效、可靠地应用于高超声速飞行器的相关结构。通过对热防护材料进行改性的方法,以及优化设计手段,可以实现对气动热载荷的主动控制,而这些建立在对耦合效应机制的理解基础之上。因此,合理有效地表征催化、氧化等效应对热环境、材料耦合传热过程及材料响应的影响是高超声速飞行器热防护系统设计中必须解决的基础问题之一。

### 4.3.1 催化效应的影响

1）表面化学反应

大气再入时,氧分子和氮分子的离解会导致材料表面发生催化复合反应:$O + O \longrightarrow O_2$, $O + N \longrightarrow NO$, $N + N \longrightarrow N_2$,同时分别释放大约 $500\,kJ/mol$、$630\,kJ/mol$ 和 $950\,kJ/mol$ 的能量。相对于复合形成 $O_2$ 和 $N_2$,形成异相的 NO 的重要性还没有很好地理解,通常在气动热模拟中不予考虑。然而,实验中发现等离子体风洞中的试样附近有 NO 生成[20],并且在与 OREX 再入飞行数据的匹配过程中证明了 NO 生成的重要性[21]。目前,通过一系列激光诱导荧光组分检测试验表明 NO 的形成与 O+O 和 N+N 反应途径具有同样的重要性。

目前,能够较好地表征气动热环境和结构材料响应之间催化效应的模型主要有有限速率表面化学模型和简化催化原子复合模型。

有限速率表面化学模型为通用气体-表面交互作用模型[22-24],能够模拟再入过程中高超声速流动与飞行器表面之间的化学反应,包括壁面催化效应和有壁面参与的化学反应(如碳材料的氧化和氮化)。有限速率表面化学模型能够包含多种表面反应,如粒子吸附/解吸附等,该模型能够应用于多气体组分,并考虑不同表面反应,如粒子吸附/解吸附、气体原子与表面吸附的原子复合(Eley-Rideal 机理)、两个壁面吸附的原子复合(Langmuir-Hinshelwood 机理)、导致表面后退的反应等。

简化催化原子复合模型只能用于研究恒定催化效率的表面催化效应,通常通过在实验室测量在一系列特定的温度、压力和组分条件下的原子从气相中消失的净速率来研究原子消耗,并得出相应的催化复合系数 $\gamma$ 值。大多数情况下,将催化系数拟合为温度的函数,在计算流体力学模拟中作为催化边界条件使用。这种方法是一种纯粹的经验手段,没有包含任何基于表面反应的物理机制。但是简化催化原子复合模型发展相对成熟且易于实现,在目前阶段仍然具有重要的研究意义,实际研究中可以根据具体需求进行取舍。

将表面相互作用模型嵌入计算流体力学中实现其表面反应建模能力,并与有限元程序相耦合,可以研究催化效应对耦合传热过程的影响。

2) 表面催化系数测定

简化催化原子复合模型中的催化复合系数随着材料表面温度变化而发生改变,为了准确表征催化效应带来的气动热增量影响并将其应用于数值计算,有必要获得准确的与温度相关的材料表面催化复合系数。通常可以采用高频等离子风洞,对材料的表面催化性能进行研究。

例如,对于 ZrB₂-SiC 材料,选用驻点压力分别为 3.32 kPa 和 5.81 kPa、焓值为 19.27~35.86 MJ/kg 的流场环境对试样进行催化特性试验研究。表 4.1 给出了各状态下氧、氮原子的质量分数($C_O$、$C_N$)及驻点压力 $p_s$、焓值 $h_t$ 等实验状态参数。其中,A 状态下的平均驻点压力 $\bar{p}_s$ 为 3.32 kPa,A01~A06 分别对应不同的焓值。同理,B 状态下的平均驻点压力 $\bar{p}_s$ 为 5.81 kPa,B01~B06 分别对应不同的焓值,氧原子和氮原子浓度为实测值。试样模型是直径为 20 mm、厚度为

3 mm的圆片,分别在这些流场环境下开展 $ZrB_2$ - SiC 材料表面催化测试。测量材料在不同表面温度下的平衡热流,结合相关的理论分析和数值模拟,最终确定材料表面催化复合系数。

表 4.1    高频等离子风洞流动参数

| 状　态 | | $p_s/(kPa)$ | $h_t/(kJ/kg)$ | $C_O$ | $C_N$ | $\bar{p}_s$ |
|---|---|---|---|---|---|---|
| A | A01 | 3.10 | 19 271 | 0.233 | 0.209 | 3.32 |
| | A02 | 3.17 | 24 087 | 0.233 | 0.316 | — |
| | A03 | 3.21 | 27 067 | 0.234 | 0.382 | — |
| | A04 | 3.25 | 29 824 | 0.234 | 0.445 | — |
| | A05 | 3.48 | 32 840 | 0.234 | 0.518 | — |
| | A06 | 3.46 | 43 343 | 0.234 | 0.691 | — |
| B | B01 | 5.57 | 20 250 | 0.233 | 0.187 | 5.81 |
| | B02 | 5.76 | 23 977 | 0.233 | 0.268 | — |
| | B03 | 5.80 | 28 154 | 0.233 | 0.351 | — |
| | B04 | 5.86 | 30 509 | 0.233 | 0.407 | — |
| | B05 | 6.07 | 35 859 | 0.233 | 0.511 | — |

通过改变高频等离子风洞的焓值,可以得到不同热流密度下的材料表面催化特性。试样表面必须达到热平衡,以实现准确的测量热流。在每种测试环境下的测试时间均不少于 100 s,以确保试样表面温度趋于稳定,保证试样处于热平衡状态。通过双比色测温仪测得的不同环境状态下试样表面温度随时间的变化情况及相应的表面热流如图 4.9 所示。

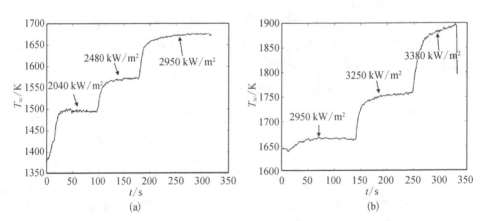

图 4.9   不同环境状态下试样表面温度的时间历程及相应表面热流

实验测得 $ZrB_2$ - SiC 材料的催化复合系数,将其拟合为与材料表面温度相关的函数,如图 4.10 所示。$\gamma$ 即简化催化原子复合模型中的催化复合系数,对材料的催化特性纯粹是一种经验的、宏观的表征。$\gamma$ 值通常为 $0\sim1$,$\gamma$ 越大表明材料越接近于完全催化材料。由实验结果可以看出,$ZrB_2$ - SiC 材料表现出低催化的性质。当表面温度低于 1 600 K 时,$ZrB_2$ - SiC 材料的催化复合系数小于 0.001 且变化不大。而在更高的温度下,催化复合系数也仍小于

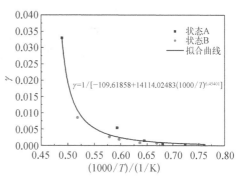

0.035。总体而言,催化复合系数随着

图 4.10　不同状态下试样表面的催化复合系数

材料表面温度升高而逐渐增大,该催化特性实验结果的拟合公式可以用于耦合分析计算。

3）催化效应影响分析

UHTC 材料具有较高的热导率,头锥处的一部分热载荷向内部快速进行热传导,因此热传导的存在降低了驻点温度并使后面锥面的温度升高。如图 4.11 所示,非耦合的辐射平衡假设结果高估了驻点温度并低估了锥面温度。对于热导率更高的材料,这种效应会更明显。在非催化壁面条件下,考虑固体热传导时的驻点温度比辐射平衡假设结果低了 780 K,而在完全催化条件下则低了 960 K。

对于尖锐前缘,在驻点前缘激波后的温度足够高,能够发生剧烈的化学反应,离解的气体能够形成足够的壁面复合反应,所以催化效应较明显,如图 4.12 所示,对比了催化和非催化壁面条件下非耦合的壁面辐射平衡和耦合传热对表面热流的影响。因此可以得出,对于尖锐前缘飞行器,非催化和完全催化壁面只

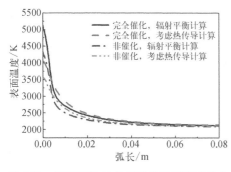

图 4.11　有无固体热传导时的表面温度分布

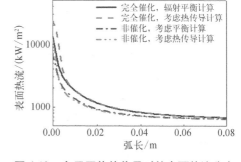

图 4.12　有无固体热传导时的表面热流分布

有在前缘头部附近才会导致不可忽略的差异,驻点处催化壁面温度比非催化壁面温度高出了 450 K。

非催化、有限催化和完全催化壁面条件下的驻点压力、热流和温度见表 4.2,结果表明,壁面催化特性对壁面热流和温度有很大影响,而对压力没有影响。最低的非催化壁面热流与最高的完全催化热流相差了 4.78 MW/$m^2$。

表 4.2　驻点压力、热流和温度

| 条　件 | $\gamma_w$ | 压力/<br>kPa | 热流/<br>(MW/$m^2$) | 温度/<br>K |
|---|---|---|---|---|
| 完全催化壁面 | 1 | 336.5 | 30.53 | 4 046.9 |
| 部分催化壁面 | 0.1 | 336.5 | 27.2 | 3 722.82 |
| 部分催化壁面 | 0.01 | 336.5 | 26.02 | 3 601.71 |
| 部分催化壁面 | 0.001 | 336.5 | 25.88 | 3 570.5 |
| 非催化壁面 | 0 | 336.5 | 25.75 | 3 550.44 |

### 4.3.2　氧化层对耦合传热的影响

UHTC 材料氧化后产生氧化层,其热力学性能和微观结构发生变化,会对耦合传热造成影响,准确预测热响应需要对氧化层对 UHTC 材料耦合传热的影响进行量化表征。

1) 氧化与耦合模型

在低于 1 373 K 时 $ZrB_2$ 氧化生成 $ZrO_2$ 和 $B_2O_3$,$B_2O_3$ 可在 $ZrO_2$ 表面形成保护层并阻止氧气的扩散。但 $B_2O_3$ 在超过 1 373 K 时会蒸发,而其蒸发速度在 1 673 K 时达到其生成速度,从而降低保护层作用。在 $ZrB_2$ 中加入 SiC 可提高抗氧化能力,这是由于 $B_2O_3$ 和气态的 $SiO_2$ 相互作用形成了保护性的硼酸盐玻璃层。另外,在高温或外部高速流动条件下,$SiO_2$ 会蒸发,从而导致表面玻璃相消失。$ZrB_2$-SiC UHTC 材料在超过 1 773 K 时会形成 SiC 耗尽层,$ZrB_2$ 和 $ZrB_2$-SiC 氧化层的微观结构如图 4.13 所示,该层形成于 $ZrB_2$-SiC 基底和混合氧化物($ZrO_2$-$SiO_2$)层之间。图 4.13 从左到右依次为 $ZrB_2$-SiC 氧化层 SEM 图,低温范围内 $ZrB_2$-SiC 的氧化模型,中温或外部高速流动条件下的 $ZrB_2$-SiC 氧化模型,中温或外部高速流动条件下的 $ZrB_2$ 氧化模型。

假设材料氧化后的氧化层各层厚度均匀,且氧化层的孔洞规则分布。预氧化后的圆柱形 UHTC 材料端头暴露在不同的高超声速来流条件下,高超声速飞行条件下的 UHTC 材料试样与圆柱形代表性体积单元如图 4.14 所示,提取试样

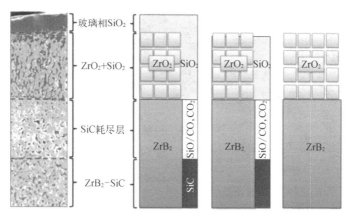

图 4.13　$ZrB_2$ 和 $ZrB_2$-SiC 氧化层微观结构

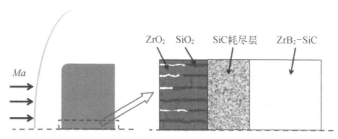

图 4.14　高超声速飞行条件下的 UHTC 材料试样与圆柱形代表性体积单元

中一个微小圆柱形代表性体积单元,对其进行流动耦合传热分析。根据轴对称边界条件,可将问题简化为二维轴对称耦合传热问题。

2) 氧化影响分析

利用耦合分析模型研究高温氧化生成的氧化层对 UHTC 材料的高超声速流动耦合传热的影响。在给定的氧化条件下,根据不同氧化条件由氧化模型计算得出氧化层厚度。

在相同来流条件下,驻点总温为 2 000 K 时,$ZrB_2$ 试样表面热流如图 4.15 所示。在 $t = 0$ 时刻(即 $T_w = 293$ K),氧化和未氧化热流载荷相同,然后由于材料热物性发生了变化,导致壁面温度响应不同,壁面温度的不同导致热流载荷存在一定差别,热流最大可相差 140 kW/$m^2$。在初始短时间内,两个试

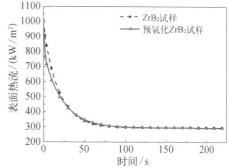

图 4.15　$ZrB_2$ 试样表面热流

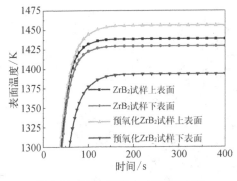

**图 4.16　ZrB$_2$ 试样上、下表面温度**

样的热流变化很剧烈,然后变化逐渐趋于平缓,达到稳态温度后,二者的热流差别非常小。

耦合计算的 ZrB$_2$ 试样上、下表面温度如图 4.16 所示。考虑氧化层影响的试样上表面温度比不考虑氧化的试样高出 17.4 K,而下表面温度要低 35.6 K,因此试样氧化后的阻热能力有所提高,这是因为氧化层主要由热导率很低的 ZrO$_2$ 组成,ZrO$_2$ 在高温下的比热容要大于 ZrB$_2$,因此阻止了热量向试样背面的传导。

相似地,ZrB$_2$ - SiC 试样表面热流和 ZrB$_2$ - SiC 试样上、下表面温度分别如图 4.17 和图 4.18 所示。加入 SiC 材料大大提高了 ZrB$_2$ - SiC 的抗氧化能力,其氧化层厚度仅为 0.04 mm,因此 ZrB$_2$ - SiC 氧化形成的氧化层对热流环境和试样温度的影响相对都很小,最终导致试样的上、下表面温度差异仅为 2 K 左右。与 ZrB$_2$ 材料的结果相似,试样的温度和热流在初始时段内变化较剧烈,在 100 s 后趋于平缓。

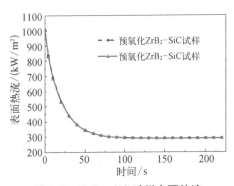

**图 4.17　ZrB$_2$ - SiC 试样表面热流**

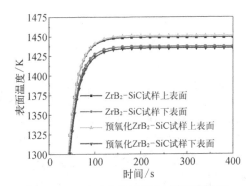

**图 4.18　ZrB$_2$ - SiC 试样上、下表面温度**

热防护材料的主要作用是保护飞行器内部结构,因此其内表面的温度对于结构设计来说尤其重要。生成氧化层的 ZrB$_2$ 试样的下表面温度要低于原始试样,这表明氧化后的 ZrB$_2$ 材料具有更高的热阻能力,并且来流总温越高,表现越明显。而 ZrB$_2$ - SiC 材料具有优良的抗氧化性能,生成的氧化层非常薄,因此氧化前后其背温变化非常小,表明 ZrB$_2$ - SiC 材料氧化前后的热阻变化很小。

考虑氧化层生成的 $ZrB_2$ 和 $ZrB_2$ - SiC 试样在不同总温下的背壁温度如图 4.19所示,由图可知,$ZrB_2$ 材料的背面温度低于 $ZrB_2$ - SiC 材料,表明在相同热环境条件下 $ZrB_2$ 材料的热阻性能高于 $ZrB_2$ - SiC 材料。

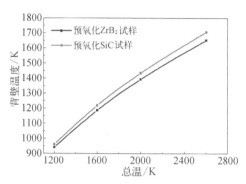

**图 4.19  预氧化 $ZrB_2$ 和 $ZrB_2$ - SiC 试样在不同总温下的背壁温度**

## 4.4  典型热结构的复杂耦合机制影响案例

1)UHTC 风洞试验中的表面温度突变现象

地面试验和数值模拟之间需要协作和迭代,才能不断深入理解地面试验过程中复杂的物理化学过程和耦合机理。同时,地面试验中遇到的特殊物理现象引出的科学问题,可以通过机理研究找到答案。例如,$ZrB_2$ - SiC 材料在高焓、高热流的地面风洞中进行氧化烧蚀试验,当超过极限使用温度时,会在试样结束后产生氧化层自动脱落现象。另外,试验中材料表面温度达到稳态后并进一步延长烧蚀时间,$ZrB_2$ - SiC 材料表面温度会出现突变现象,以上特殊的物理现象引出了一系列科学问题,可以通过气动热环境与材料响应之间的耦合作用及影响因素之间的复杂耦合作用得出合理的解释。

高焓、高热流的气动加热环境下,$ZrB_2$ - SiC 材料表面温度会出现突变现象。在电弧风洞或等离子风洞中进行氧化烧蚀试验时,材料表面温度达到稳态后并进一步延长烧蚀时间,部分材料的表面温度会从边缘处急剧上升随后蔓延到整个材料表面,类似的现象在国内外研究中均有报道[25, 26],例如,Marschall 等[27]发现 $ZrB_2$ - 30SiC 和( Zr,4W ) $B_2$ - 30SiC 材料在表面温度为 2 100 K 的环境下稳态氧化一段时间后,提高热流条件,将表面加热到 2 200 K

会产生表面温度跳跃升高的情况,试样表面发生了 400~500 K 的明显突变,如图 4.20 所示。

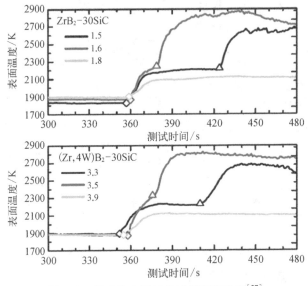

图 4.20　温度突变区域的试样表面温度[27]

当前研究提出的 $ZrB_2$-SiC UHTC 材料产生表面温度突变的原因可以归结为:含 Si 化合物(含 $SiO_2$ 的氧化层和 SiC)的表面化学转变导致表面化学热增加、材料的被动氧化向主动氧化转换及材料表面总辐射率变化,也有学者利用关键气动热物理效应与材料响应多物理场耦合的方法对温度突变的现象进行了模拟,认为 UHTC 材料产生表面温度突变是表面化学热与微结构破坏演化耦合作用的结果。无论是哪种原因,对 UHTC 材料温度突变现象的解释需要涉及气动热环境与材料响应之间的耦合作用。

2) 机理分析与数值模拟

在更高的温度(高于 1 873 K)范围内,$ZrB_2$-SiC 氧化生成 $ZrO_2$ 和 $SiO_2$,并在氧化层内出现了包含孔洞的 SiC 耗尽层。氧化层的热物性和微观结构都与原材料存在较大不同,传热能力降低,阻碍了热量向内部的传导,导致材料表面温度升高,恶化了材料的服役环境。同时,SiC 耗尽层的出现,还严重削弱了表层材料的强度与模量,在高温下成为破坏的根源,最终在热力耦合作用下导致整个氧化层发生破坏。另外,材料组分和试验条件也会影响表面氧化层性能,氧化层表面组分和微结构演化的不同又会对表面温度和抗氧化性产生显著影响。氧化层的微结构演化和表面化学的改变会使材料在高热流尤其是高焓条件下的热响应发生变化,导致温度急剧上升。目前,对 SiC 耗尽层的破坏机制的理解还不是很透彻,而催化、氧化、烧蚀、辐射等效应与材料传热和高温热力学性能之间存在的复杂耦合作用更是没有得到人们充分重视。

对于 UHTC 材料复杂的耦合机制研究,主要涉及以下几个基本问题:建立 UHTC 材料及结构的热-力-氧耦合损伤本构关系;建立 UHTC 材料氧化层的热学和力学性能演化过程;定义材料的损伤演化行为及失效判据;UHTC 材料的多物理场耦合数值仿真。

$ZrB_2$-SiC 在高温区域内氧化后,形成 $ZrO_2$+$SiO_2$ 外氧化层,并且在温度超过 1 773 K 时会形成 SiC 耗尽层,可以将氧化层和 SiC 耗尽层简化为均质各向同性氧化层,计算其等效热学和力学性能。$ZrO_2$+$SiO_2$ 外氧压层的性能可以通过经典平均方法计算得到,而 SiC 耗尽层的性能与该层的微结构演化动态相关。利用质量守恒、固体区域体积守恒并结合反应速率方程给出了孔隙率随温度的变化规律[28],最终得到的孔隙随温度和时间变化的体积含量:

$$
\begin{aligned}
\phi_{\text{void}} = 1 - \Bigg\{ & \phi_{ZrB_2}^0 \exp\left[ -\frac{K_{ZrB_2}^0}{\rho_{ZrB_2}} \int_0^t \exp\left( -\frac{E_a}{RT(t)} \right) \mathrm{d}t \right] \\
& + \phi_{SiC}^0 \exp\left[ -\frac{K_{SiC}^0}{\rho_{SiC}} \int_0^t \exp\left( -\frac{E_a}{RT(t)} \right) \mathrm{d}t \right] \\
& + \frac{\psi_{ZrO_2}/\rho_{ZrO_2}}{\psi_{ZrB_2}/\rho_{ZrB_2}} \phi_{ZrB_2}^0 [1 - \xi(T)] + \frac{\psi_{B_2O_3}/\rho_{B_2O_3}}{\psi_{ZrB_2}/\rho_{ZrB_2}} \phi_{ZrB_2}^0 [1 - \eta(T)] \Bigg\}
\end{aligned}
$$

$$(4.1)$$

式中,$\phi_{SiC}^0$、$\phi_{ZrB_2}^0$ 为初始相体积分数初始值;$\psi$ 为质量分数;$K$ 为反应速率常数;$E_a$ 为活化能;$A$ 为指前因子;$T$ 为反应温度;$R$ 为气体常数;$\phi_{\text{void}}^p$ 为孔隙相体积分数;$\xi$ 和 $\eta$ 分别为 $ZrO_2$ 的迁移系数和 $B_2O_3$ 的气化系数,假设这 2 个系数随温度线性变化。

对于多孔材料的弹性模量、泊松比、热膨胀系数、破坏强度等力学参数,都可以从文献中查阅到大量的与孔隙率相关的经验公式或解析式[29-33],而有效热导率、比热容、与温度相关的密度等参数同样可以从文献中查阅到与孔隙率相关的经验公式[34, 35]。当材料的某些属性不能通过实验直接测量得到时,通常利用这些公式来进行估算,在对材料的认知有限时或在初步计算阶段,这种方法具有很大优势。与孔隙率相关的材料属性公式也常应用于数值建模,在涉及孔隙率演化的过程中反映材料属性的变化。

基于 Lemaitre 应变等效原理假设,通过引入损伤变量来描述材料由于破坏和微裂纹产生的影响,通过推导,可以得到 UHTC 材料的热力氧损伤本构关系,表示为指标形式:

$$\varepsilon_{ij} = \frac{1}{E(T, \phi_{void})(1 - \omega)} \{ [1 + v(T, \phi_{void})]\sigma_{ij} - v(T, \phi_{void})\sigma_{kk}\delta_{ij} \}$$

$$+ \alpha\Delta T\delta_{ij} + \frac{\alpha}{3K}P\delta_{ij} \tag{4.2}$$

另外,需要注意的是,材料发生力学破坏的同时,其热学性能也必然会受到影响。例如,SiC 耗尽层的局部断裂会使热传导的有效面积和有效比热容减小,从而影响材料的热传导和热分布,热响应的变化反之又影响材料的热应力变化。这种力学破坏对材料热学性能的影响在以上本构关系中无法体现,所以引入热属性损伤 $\varpi(0 < \varpi \leqslant 1)$,在自定义材料热学本构关系的 UMATHT 中对材料热性能进行折减。$ZrO_2$+$SiO_2$ 层的热力氧损伤本构关系与 SiC 耗尽层的热力氧损伤本构关系一致。

3) 数值结果与复杂耦合机理研究

通过考虑氧化层的动态氧化并采用热力氧损伤模型,与外部高超声速化学非平衡计算流体力学相耦合,共同实现 UHTC 材料的多物理场耦合分析,模拟典型等离子风洞或电弧风洞的热环境,结合催化、氧化和辐射等效应对耦合传热的影响,对地面试验中 UHTC 材料表面温度突变这一特殊现象中存在的复杂耦合机理进行研究。

高温下 $ZrO_2$ 和 $SiO_2$ 的热导率均很小,且 SiC 耗尽层存在孔隙率,其有效热导率较低,阻碍热量向内部传输,因此在氧化层内存在温度梯度,且表面温度越高,温度梯度越大,尤其是氧化层切向方向的温度梯度更大。$ZrO_2$ 和未反应的 $ZrB_2$ 之间存在热膨胀不匹配的问题,且 SiC 耗尽层内出现大量较大直径的孔隙,导致该层强度减弱,因此必须重点关注结构肩部位置 SiC 耗尽层的强度。

在较低的焓值热流条件下,材料温度低于 2 200 K 时,UHTC 材料不会发生氧化失效。但是达到一定温度极限时,$ZrB_2$ 基 UHTC 复合材料会转变成活性氧化,其氧化烧蚀速率会提高几个数量级,从而导致材料发生氧化失效。已有研究[36]表明,$ZrB_2$ 基 UHTC 复合材料的内氧化层失效的极限温度为 2 339.15 K。

当内氧化层温度超过极限温度时,氧化层内会发生剧烈的物理化学变化,SiC 耗尽层内的孔隙演化会削弱耗尽层本身的强度与模量。在更高的温度下(如 2 473 K),耗尽层内的孔隙直径甚至可以达到 25 μm 量级[37],导致其成为氧化层中强度最弱的一层。另外,SiC 耗尽层会阻碍热量向材料内部传输,从而导致氧化层的服役环境更加恶劣,且各层之间的热膨胀系数不匹配,因而极易在热力耦合作用下成为破坏的初始缺陷,最终导致整个氧化层乃至整个结构的破坏。

当增大来流焓值和热流,使肩部表面温度达到 2 456 K 时,SiC 耗尽层发生了破坏,如图 4.21 所示。从第 615 s 开始,在试样肩部位置出现初始损伤破坏,

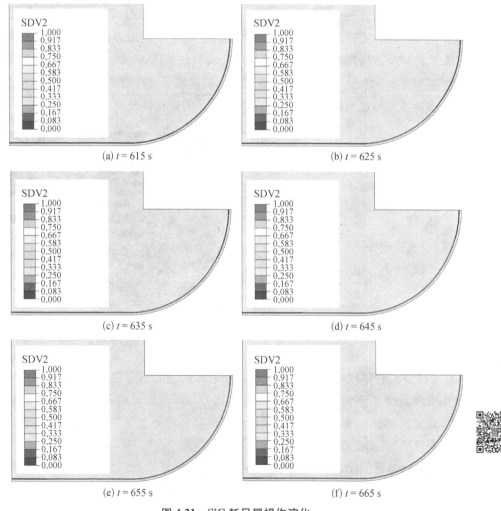

(a) $t = 615$ s  (b) $t = 625$ s

(c) $t = 635$ s  (d) $t = 645$ s

(e) $t = 655$ s  (f) $t = 665$ s

**图 4.21　SiC 耗尽层损伤演化**

初始损伤单元出现在靠近 $ZrB_2$-SiC 基体材料一侧的 SiC 耗尽层中。在随后的 50 s 内,破坏从初始位置逐渐扩展到其他区域,最后整个 SiC 耗尽层只有少量单元未发生破坏。耗尽层发生破坏后,外部氧化层 $ZrO_2$ 的骨架是连续的且没有发生裂纹或者崩裂,因此在动压和少量接触情况下能够保持一定的稳定性,防止被气流吹走。外部氧化层与基体材料之间的附着性变小,并且不能有效阻止氧气向内部基体材料扩散,但是可以在某种程度上提供一个保护性烧蚀屏障。

肩部位置的温度和所受到的剪切力均高于其他区域,且在切向和法向均存在的温度梯度也最大,导致该位置的主应力相对较大。最为关键的是,该位置的温度高于其他位置,首先导致材料强度随温度的增高而进一步降低,其次使此处产生相对较大的孔隙率(图 4.22),进一步削弱了材料强度,因此在热力耦合载荷作用下肩部位置首先发生破坏。计算结果也证实了在超过 $ZrB_2$ 基 UHTC 材料的氧化内层失效极限温度(2 339.15 K)时,其氧化烧蚀速率会成倍提高,最后导致材料发生氧化失效。通常,材料表面和材料内部会存在温度梯度,因此材料可以在表面温度超过内层临界温度时继续作为热防护构件使用。

图 4.22　发生初始破坏时 SiC 耗尽层内的孔隙率分布

图 4.23　$ZrB_2$-30SiC 在 1 900℃环境下氧化 1 h 后的横截面[38]

假设 SiC 耗尽层单元发生破坏后即失去传热能力,这里假设当单元应力满足失效准则时,以传热损伤因子 $\varpi$ 对材料的热导率进行退化,即 $k = k_0(1 - \varpi)$, $C_p = C_{p0}(1 - \varpi)$。 如图 4.23 所示,耗尽层破坏后内部会发生裂缝和破碎,极大地减小热接触,因此传热损伤因子 $\varpi$ 宜取较大值。

耦合计算得到的 $ZrB_2$-SiC 试样在 SiC 耗尽层发生破坏后的温度变化情况见图 4.24,这里取 $\varpi = 0.99$。 破坏前一刻的肩部表面温度为 2 456 K,在破坏发生后,肩部相应位置的温度出现了小幅度上升,由 2 456 K 立刻上升到 2 473 K,

并从肩部逐渐向试样轴对称中心位置和后部扩展。在 9 s 时间内,试样最高温度升高到 2 573 K,温升位置从肩部扩展到大部分表面氧化层。其中,肩部位置温升最高,升高了约 117 K,其他位置温升随距离肩部位置增加而逐渐降低。

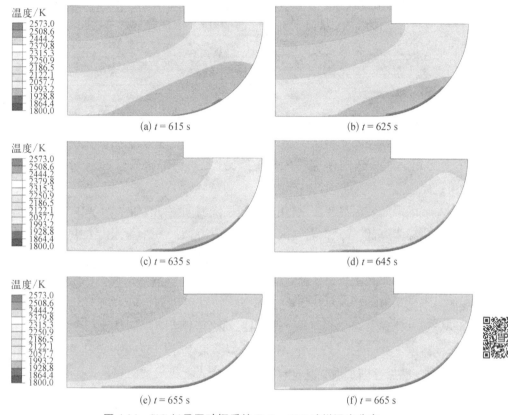

图 4.24　SiC 耗尽层破坏后的 ZrB$_2$- SiC 试样温度分布

UHTC 材料在不同的温度条件下具有不同的氧化速率,氧化过程是放热反应,SiC 氧化过程中,每个氧原子释放的能量要大于催化复合为分子时释放的能量。因此,SiC 氧化对表面温度的影响不可忽略,氧化速率在生成热量造成表面温度差异的方面起着重要作用。但是,当 ZrB$_2$- SiC 试样达到稳态时,从放热的角度来看,氧化不会导致进一步的表面温升,并且在温度发生突变之前,ZrB$_2$- SiC 材料的氧化速率都相对较低,因此氧化速率不是造成大幅度表面温度突变的主要原因。而材料由被动氧化向主动氧化转换导致表面温度突变的解释同样不能令人信服,因为试验结果显示,在某些试验条件下,ZrB$_2$- 10SiC 和 ZrB$_2$- 30SiC 都发生了主动氧化,却只有 ZrB$_2$- 10SiC 发生了温度突变[25]。因此,SiC 材料由被动氧化向主动氧化转变不是材料表面温度突变的充分条件。

从材料表面辐射率来看,较低的表面辐射率会导致较高的表面温度,较高的表面温度可能使材料表面的组分和形貌发生变化,从而大幅降低材料表面辐射率。然而,试验结果表明[27],$ZrB_2$-SiC 材料的表面总辐射率在温度发生突变前后只发生了很小的变化,从温度突变之前的 0.85~0.9 降到了 0.8。温度突变前后辐射率的变化导致的表面温度差异在 60 K 左右,变化不足以成为大幅温度突变的决定性因素。因此,实验过程中,辐射率的改变不是产生大幅度温度突变的主要因素。

根据以上分析,结合前面多物理场耦合数值模拟结果,可以认为最有可能导致大幅度表面温度突变的主要原因是表面化学组分变化引起的化学热增加和 SiC 耗尽层破坏导致的内部热传导骤降,这是材料表面特性和氧化层演化的结果。

在表面温度发生突变前,氧化层的厚度随时间逐渐增加。与基体材料相比,氧化层热导率更低,导致向材料内部的热传导降低。另外,氧化层的热导率和比热容还受到氧化过程中微结构演化的影响,这些都会导致表面温度升高。但是,氧化层的热导率和比热容是随时间逐渐变化的,不会在短时间内造成温度的大幅度突变。由 UHTC 材料热力氧压耦合模拟结果可知,SiC 耗尽层内的破碎和崩裂导致其热导率骤降,表面向材料内部的热传导大幅降低,从而导致试样表面温度的跳跃上升(图 4.25)。在当前的模拟结果中,温度突变现象从试样边缘处开始出现,然后逐渐扩展到其他区域,恰恰与试验观测到的现象(图 4.25)十分

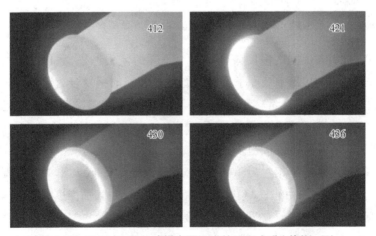

图 4.25　$ZrB_2$-30SiC 试样表面温度的跳跃上升(单位: K)

吻合。对比图 4.24 和图 4.21 可以看出,表面温度突变的出现和蔓延是随着破坏的演化而变化的,因此该现象表明,SiC 耗尽层破坏导致内部热传导骤降很可能是产生温度突变现象的主要诱因。

验证以上结论的另外一个有力证据是,在相同热环境条件下对 $ZrB_2$ – 10SiC 和 $ZrB_2$ – 30SiC 试样进行测试,出现温度突变的 $ZrB_2$ – 10SiC 材料表面氧化层在试样冷却后发生了脱落,没有发生温度突变的 $ZrB_2$ – 30SiC 材料则没有发生氧化层脱落。更为重要的是,扫描电镜图像显示(图 4.26),温度突变的 $ZrB_2$ – 10SiC 基底材料表面具有完整无缺的结构,没有任何断裂的痕迹。这表明试验过程中,SiC 耗尽层发生了整体破坏,外氧化层在耗尽层破坏之后就再没有紧密地附着在基体材料上,因此没有良好的热接触。

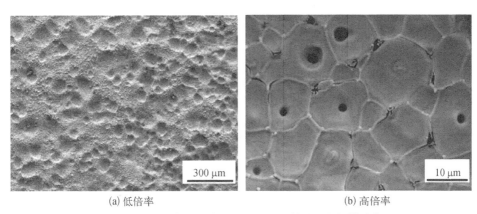

(a) 低倍率　　　　　　　　　　　　　　(b) 高倍率

**图 4.26　氧化烧蚀后的 $ZrB_2$ – 30SiC 基体材料扫描图像**

另外值得注意的是,在已有的研究中,发生温度突变的案例既有 $ZrB_2$ – 10SiC 材料也有 $ZrB_2$ – 30SiC 材料,目前还没有发现研究报道 $ZrB_2$ – 20SiC 材料温度发生突变的现象。已有研究表明[28],在高温条件下,只有 $ZrB_2$ – 20SiC 材料能够保持结构完整性,而 $ZrB_2$ – 10SiC 和 $ZrB_2$ – 30SiC 材料则分别因为材料内部层间应力无法通过孔洞释放和孔洞含量过高导致力学性能衰减严重,所以氧化层整体结构发生了破坏,据此也可以推测 $ZrB_2$ – 10SiC 和 $ZrB_2$ – 30SiC 材料发生温度突变的原因可能与其易产生内氧化层破坏有关。

模拟结果显示,温升最高的肩部位置温度升高了约 113 K,远低于试验观测的结果(500 K)。因此,SiC 耗尽层破坏可能是引起温度突变的诱发因素,但不是温度大幅度升高的唯一因素。表面氧化层的化学热大幅增加可能是温度升高幅度较大的主要原因,是 SiC 耗尽层破坏引起温度突变后,表面化学热与微结构破坏演化耦合作用的结果。简单地说,就是 SiC 耗尽层破坏使表面温度升高,导致表面催化复合系数随温度升高而增大,催化复合系数增大意味着产生更大的热流载荷,使表面温度进一步升高,升高的表面温度又反过来增大催化复合系数,从而增加化学热贡献。如此耦合作用下,温度不断升高,直至达到一个新的稳态温度。温度升高超过 1 900℃,SiO₂ 蒸发变得更剧烈,导致表面氧化层中的 SiO₂ 含量逐渐减少,最后露出 ZrO₂ 表面。因此,计算中采用 ZrO₂ 材料的温度催化复合系数[39],并从 1 000~2 400 K 进行外推,如图 4.27 所示。与 SiO₂ 表面相比,ZrO₂ 表面的氧原子催化复合系数相对更高[40],导致材料表面氧原子催化复合系数增大,表面化学热的增大会使试样表面承受更高的热流载荷。

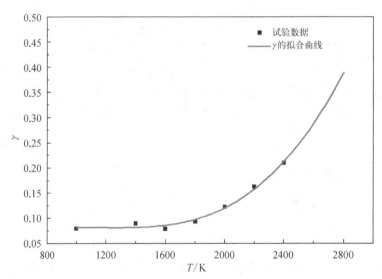

**图 4.27 不同温度下 ZrO₂ 材料的表面催化复合系数**

计及表面催化效应,且设 $\varpi = 0.999$ 时,通过热力氧耦合计算得到的 UHTC 材料温度随时间变化的情况如图 4.28 所示。得到的温度蔓延现象和耗尽层破坏演化规律与之前结果相似,但是在考虑表面催化效应之后,温度突变幅度大幅增加。图 4.29 给出了 $x = 0$ (1,轴对称中心点)、$x = 0.57$ cm (2) 和 $x = 1.08$ cm (3,肩部发生初始破坏处)三个位置的温度历程曲线。其中,肩部位置 3 的温度突变最大,急剧升高了约 370 K,中间位置 2 升高了约 300 K,圆柱中心点位置 1 处的温度突变幅度相对最低,约为 290 K。其中,1 位置温度在发生突变之前上升到最高点,然后有下降的趋势,直到突变发生,温度急剧上升。这是因为试样尾部的边界条件设成了较低的定值 1 800 K,而在该段时间内,肩部位置的耗尽层破

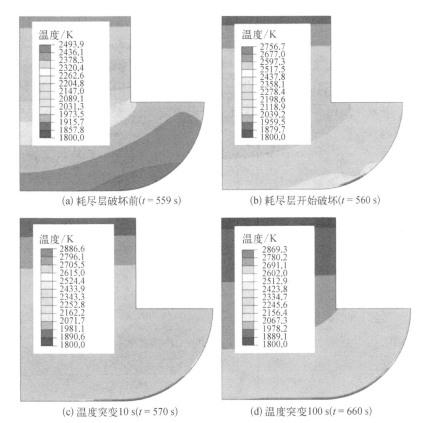

(a) 耗尽层破坏前($t$ = 559 s)　　　　(b) 耗尽层开始破坏($t$ = 560 s)

(c) 温度突变10 s($t$ = 570 s)　　　　(d) 温度突变100 s($t$ = 660 s)

图 4.28　耗尽层破坏前后 $ZrB_2$ - SiC 试样的温度分布

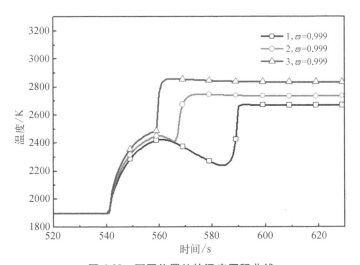

图 4.29　不同位置处的温度历程曲线

坏正在扩展,导致传导到后部的热量减少,其温度不能维持破坏前的高温而产生温降,而此时 1 位置处的耗尽层仍未破坏,具有较好的导热性,因此大量热量向后传导致使中心点处表面温度产生一定温降。在温度发生突变后,3 和 2 位置在温度达到最大值之后也产生了略微下降的趋势,尤其是肩部位置最为明显。这是由于外氧化层内的热量在切线方向发生了传导,热量从该位置向温度最低的圆柱中心点位置进行传递。

总体来说,各点温度仍然是随着 SiC 耗尽层损伤演化而变化的。当前计算无法计及温度突变前后 SiC 耗尽层由被动氧化向主动氧化转变导致的氧化生成热的差值对温升幅度的影响,并且忽略了突变前后辐射率微小变化对温升的影响,因此计算的温度突变幅度在 300 K 量级,略低于试验测量值 400~500 K。

通过以上分析可知,气动热环境与超高温陶瓷材料之间存在强耦合作用,在地面模拟试验中有直接体现,例如,$ZrB_2$ - SiC 材料在长时间加热时会产生温度突变。气动热环境与材料响应之间的多物理场耦合分析方法部分揭示了上述现象发生的原因。想要进一步理解 UHTC 材料的温度突变现象,还需要更多的试验和理论支持,包括更广的温度和压力范围内的试验、材料组分参数,以及精确捕捉离解气体中材料氧化行为的响应模型和计算流体力学模型等。

### 参考文献

[ 1 ] Li K, Liu J, Liu W Q. A new surface catalytic model for silica-based thermal protection material for hypersonic vehicles. Chinese Journal of Aeronautics, 2015, 28(5): 1355 - 1361.

[ 2 ] Kovalev V L, Kolesnikov A F. Experimental and theoretical simulation of heterogeneous catalysis in aerothermochemistry. Fluid Dynamics, 2005, 40(5): 669 - 693.

[ 3 ] 卞荫贵, 徐立功. 气动热力学. 合肥: 中国科学技术大学出版社, 1997.

[ 4 ] Osawa H, Sawada K. Experimental and numerical study for reevaluating catalytic efficiency of actomic nitrogen recombination for SiC material surfaces. AIAA, 2009: 1543.

[ 5 ] Kovalev V L, Kolesnikov A F. Analysis of pheno-menological meodels fescribing the catalytic properties of high temperature reusable coatings. Fluid Dynamics, 1996, 5(26): 589 - 604.

[ 6 ] Filippis F D, Savino R, Martucci A. Numerical-experimental correlation of stagnation point heat flux in high enthalpy hypersonic wind tunnel. Capua: 13th International Space Planes and Hypersonics Systems and Technologies, 2005: 3277.

[ 7 ] 王玲玲, 方国东, 梁军. $ZrB_2$ 基超高温陶瓷复合材料的高温拉伸损伤行为. 复合材料学报, 2015, 32(1): 125 - 130.

[ 8 ] Fahrenholtz W G, Hilmas G E, Chamberlain A L, et al. Processing and characterization of $Zrb_2$ - Based ultra-high temperature monolithic and fibrous monolithic ceramics. Journal of Materials Science, 2004, 39(19): 5951 - 5957.

[ 9 ] Rezaie A, Fahrenholtz W G, Hilmas G E. Evolution of structure during the oxidation of zirconium diboride-silicon carbide in air up to 1 500℃. Journal of the European Ceramic Society, 2007, 27: 2495－2501.

[ 10 ] Savino R, Paterna D, Masoa A D, et al. Arc-jet testing of ultra-high-temperature-ceramics. Aerospace Science and Technology, 2010(14): 178－187.

[ 11 ] Thornton E A. Thermal structures for aerospace applications. Wright-Paterson Air Force Base: Air Force Institute of Technology, 1996.

[ 12 ] Chen Y K, Milos F S. Two-dimensional implicit thermal response and ablation program for charring materials. Journal of Spacecraft and Rockets, 2001, 38(4): 473－481.

[ 13 ] Kuntz D W, Hassan B, Potter D L. Predictions of ablating hypersonic vehicles using an iterative coupled fluid/thermal approach. Journal of Thermophysics and Heat Transfer, 2001, 15(2): 129－139.

[ 14 ] Kays W M. Convective heat and mass transfer. New York: McGraw-Hill Book , 1980.

[ 15 ] 夏新林,艾青,任德鹏.飞机蒙皮红外辐射的瞬态温度场分析.红外与毫米波学报,2007, 26(3): 174－177.

[ 16 ] Savino R, Fumo M, Paterna D, et al. Aerothermodynamic study of UHTC based thermal protection systems. Aerospace Science and Technology, 2005, 9(2): 151－160.

[ 17 ] 王宗伟.高温热防护材料发射率测量技术研究.哈尔滨: 哈尔滨工业大学,2012.

[ 18 ] Scatteia L, Borrelli R, Cosentino G, et al. Catalytic and radiative behaviors of $ZrB_2 - SiC$ ultrahigh temperature ceramic composites. Journal of Spacecraft and Rockets, 2006, 43(5): 1004－1012.

[ 19 ] Wieting A R, Holden M S. Experimental study of shock wave interference heating on a cylindrical leading edge at Mach 6 and 8. AIAA 1987－1511, 1987.

[ 20 ] Laux T, Feigl M, Auweter-Kurtz M, et al. Estimation of the surface catalyticity of PVD coatings by simultaneous heat flux and LIF measurements in high enthalpy air flows. Denver: 34th AIAA Thermophysics Conference, 2000.

[ 21 ] Kurotaki T. Catalytic model on $SiO_2$ － based surface and application to real trajectory. Journal of Spacecraft and Rockets, 2001, 38(5): 798－800.

[ 22 ] Alkandry H, Farbar E D, Boyd I D. Evaluation of finite-rate surface chemistry models for simulation of the stardust reentry capsule. New Orleans: 43rd AIAA Thermophysics Conference, 2012: 2874.

[ 23 ] Marschall J, MacLean M. Finite-rate surface chemistry model, Ⅰ: formulation and reaction system examples. Honolulu: 42nd AIAA Thermophysics Conference, 2011.

[ 24 ] MacLean M, Marschall J, Driver D M. Finite-rate surface chemistry model, Ⅱ: coupling to viscous navier-stokes code. Honolulu: 42nd AIAA Thermophysics Conference, 2011.

[ 25 ] Hu P, Gui K X, Yang Y, et al. Effect of SiC content on the ablation and oxidation behavior of $ZrB_2$ － based ultra high temperature ceramic composites. Materials, 2013, 6: 1730－1744.

[ 26 ] David G. Physical challenges and limitations confronting the use of UHTCs on hypersonic vehicles. San Francisco: 17th AIAA International Space Planes and Hypersonic Systems and Technologies Conference, 2011.

[27] Marschall J, Pejaković D A, Fahrenholtz W G, et al. Temperature jump phenomenon during plasmatron testing of $ZrB_2$ – SiC ultrahigh-temperature ceramics. Journal of Thermophysics and Heat Transfer, 2012, 26(4): 559 – 572.

[28] 王超,梁军,栾旭,等.$ZrB_2$+SiC 陶瓷高温氧化过程中 SiC 耗尽层的形成机制研究.稀有金属材料与工程,2009,38(z2): 886 – 889.

[29] Kreher W, Pompe W. Internal stresses in heterogeneous solids. Berlin: Akademie-Verlag, 1989.

[30] Wong C P, Bollampally R S. Thermal conductivity, elastic modulus, and coefficient of thermal expansion of polymer composites filled with ceramic particles for electronic packaging. Journal of Applied Polymer Science,1999, 74 (14): 3396 – 3403.

[31] Fahmy A A, Ragai A N. Thermal-expansion behavior of two-phase solids. Journal of Applied Physics, 1970, 41: 5108.

[32] Roberts A P, Garboczi E J. Elastic properties of model porous ceramics. Journal of the American Ceramic Society, 2000, 83(12): 3041 – 3048.

[33] Rice R W. Comparison of stress-connection versus minimum solid area based mechanical property porosity relations. Journal of Materials Science,1993, 28: 2187 – 2190.

[34] Nield D A, Bejan A. Convection in porous media. 4th ed. New York: Springer Science Business Media, 2013.

[35] Ghiorso M S. An equation of state for silicate melts. I . Formulation of a general model. American Journal of Science, 2004, 304(8 – 9): 637 – 678.

[36] 张幸红,胡平,韩杰才,等.超高温陶瓷复合材料的研究进展.科学通报,2015,60: 257 – 266.

[37] Han J, Hu P, Zhang X H, et al. Oxidation-resistant $ZrB_2$ – SiC composites at 2200℃. Composites Science and Technology, 2008, 68: 799 – 806.

[38] Han W, Hu P, Zhang X H, et al. High-temperature oxidation at 1900℃ of $ZrB_2$ – $x$SiC ultrahigh-temperature ceramic composites. Journal of the American Ceramic Society, 2008, 91 (10): 3328 – 3334.

[39] Balat-Pichelin M, Passarelli M, Vesel A. Recombination of atomic oxygen on sintered zirconia at high temperature in non-equilibrium air plasma. Materials Chemistry and Physics, 2010, 123(1): 40 – 46.

[40] Bedra L, Balat-Pichelin M. Comparative modeling study and experimental results of atomic oxygen recombination on silica-based surfaces at high-temperature. Aerospace Science and Technology,2005, 9: 318 – 328.

# 第5章

---

# 热结构分析的不确定性量化

热结构的建模分析中面临着大量的不确定性因素。受工艺波动性、微细观结构随机性特征的影响，热结构复合材料的力学性能表现出明显的离散性，而且其数据样本往往较少。另外，由于热结构力学行为的多重非线性、多场耦合性及失效模式的多样性，热结构强度分析中仍存在许多认知不充分的问题，包括高超声速飞行环境特征、材料损伤演化、材料与环境耦合效应及多场相互作用机理等，使得分析中不得不采用简化分析模型和经验模型，进而会引入模型误差。

建模分析中的不确定性对分析结果的影响将是本章展开的核心内容。首先介绍不确定性表征及其传播方法，其中特别关注小样本情况下不确定性的表征问题。在热结构分析中引入不确定性量化，能够帮助分析关键参数和试验设计，这也是灵敏度分析的目的。不确定性量化涉及对不确定性空间的抽样分析，因此必然会极大增加分析成本，对不确定性空间进行降维或对模型进行降阶处理，并发展高效的不确定性传播方法，是本章关注的第三个问题。

## 5.1 不确定性量化的任务

NASA 发布的 NASA‐STD‐I‐7009[1] 中对不确定性给出的定义如下：① 观察到或计算得到的量与真值相比，可能出现的偏差程度或百分比；② 由一系列因素导致的认知的不完全状态或变动性的宽泛表述，这些因素包括但不限于知识的不充分性、信息的适用性、物理变化、随机性或随机行为、未确定性、主观判断、近似等。不确定性的量化原则如下：在所有的模型、试验及结果对比中，辨识所有相关的不确定性因素并加以表征，量化所有与模型试验相关的输入和输出中的不确定性。

### 5.1.1 不确定性来源

辨识、确定影响分析预测的不确定性因素是正确开展不确定性量化的前提。目前,学术界比较认可将不确定性按照其性质分为两大类,即客观不确定性和认知不确定性。其中,客观不确定性是来自物理系统内在的或相应环境的波动性、随机性、离散性等,是物理系统的本征属性,其特点是即使收集更多的信息或数据也不能降低不确定性,只能对其加以更好的表征,因此又称为不可降低的不确定性、变异性、随机性等。在热结构分析的建模与分析过程中,材料热物理性能和力学性能参数的离散性、载荷环境的波动性是重要的随机不确定性来源。与此同时,试验条件的控制与理想条件存在一定的差异,由于传感器精度的限制,获取的试验结果也存在一定的测量误差。认知不确定性是由于建模过程中认知或信息不足带来的不充分性、模糊性等,又称为主观不确定性,可以通过加深认识、收集更多数据来降低甚至消除该类不确定性的程度[2]。典型的认知不确定性有小样本统计结果中的不确定性、模型假设引起的模型偏差等。热结构分析中,常见的模型假设和偏差包括:材料本构模型的不准确性、失效判据的不准确性、界面热/力学行为模型偏差、边界条件中的近似等。飞行器建模中常见的不确定性因素来源见图 5.1。

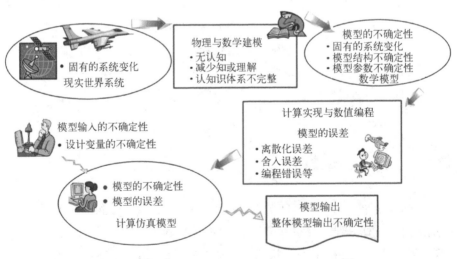

**图 5.1　飞行器建模过程中的不确定性因素来源**[3]

实际分析中,有时不能够完全区分上述两种类型的不确定性,它们往往同时存在。例如,小样本情况下材料性能的不确定性既包含客观不确定性(材料性能波动),也包含认知不确定性(数据不足)。如图 5.2 所示的双轴应力条件下的复合材料唯象强度问题,在相同载荷比例下,材料的破坏应力水平不同,是材料性能的客观不确定性。对于试验数据,采用不同的理论进行拟合得到的强度包络与试验数据存在差异,是认知不确定性,一般将该类不确定性看作混合不确定性[4]。

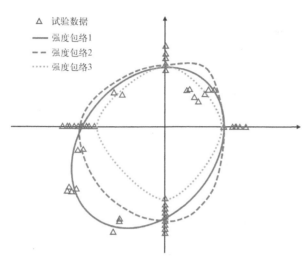

图 5.2　双轴应力条件下复合材料的唯象强度理论

　　特别地,还可以将不确定性分为模型误差和模型参数不确定性。模型参数不确定性既可以是客观不确定性,也可以是认知不确定性。模型误差是构造数学模型过程中关于模型本身的不确定性,这种不确定性主要是为了减少构造模型的复杂度而引入的简化假设,以及由建模不充分(“未知的未知”)引起的,对应认知不确定性。注意到模型误差往往与模型中的外载荷等控制条件相关,例如,预测不同载荷水平下材料损伤程度的模型,其误差就依赖于载荷水平。因此,模型误差不是一个参数,而是依赖于外部控制变量的函数。如图 5.2 所示的试验数据,可以采用不同的强度理论进行拟合,可以得到不同的唯象强度判据,这种不确定性就是模型形式的不确定性。

　　认知不确定性与客观不确定性在一定条件下可以相互转化。例如,在热结构设计阶段进行的建模分析,必须要考虑材料性能、几何尺寸中存在的离散性,此时两者是客观不确定性;当实际结构制作出来之后,材料性能、几何尺寸已经确定,只是具体的数值不准确,此时两者成为认知不确定性。

　　热结构分析中,既可以从载荷边界、几何、材料、界面等不确定性来源角度归纳不确定因素,也可以从模型参数、模型误差类别归纳不确定性,在对不确定性进行量化表征时,需要区分不确定性因素的性质(认知不确定性或客观不确定性),热结构分析中常见的不确定性因素见表5.1。对于热结构分析,需要注意小样本情况下会在参数中引入额外的认知不确定性,其次要关注不同参数之间的相关性,避免过于保守。

表 5.1　热结构分析中常见的不确定性因素

| 分　类 | 模　型　参　数 | 模　型　误　差 |
| --- | --- | --- |
| 载荷与边界 | 热/力载荷幅度<br>边界约束大小/刚度 | 热/力载荷随时间的变化关系<br>子模型继承误差<br>载荷简化模型误差<br>边界简化误差 |
| 几何特征 | 特征尺寸数值<br>材料弹性常数<br>材料强度参数 | 几何外形简化<br>强度判据误差<br>材料本构模型各类误差 |
| 材料 | 材料断裂韧性参数<br>材料疲劳性能参数<br>材料本构模型的其他参数 | (损伤演化模型误差、<br>断裂模型误差、<br>疲劳寿命模型误差等) |
| 界面 | 界面厚度<br>界面刚度性能参数<br>界面强度参数<br>界面韧性参数 | 界面演化模型误差 |

### 5.1.2　不确定性量化

在各领域建模与模拟中(当然也包括热结构),不确定性量化的主要任务归纳如图5.3所示,主要包括三方面[5]。

(1) 不确定性的表征:包括不确定性的分类、数学表达与量化、数值求解及模型预测中的偏差量化,本章主要介绍确定性的分类和数学表达,数值求解及模型预测中的偏差量化的概念将在第6章介绍。

(2) 不确定性的集总:包括不确定性因素的传播分析,即由输入不确定性得到输出不确定性,不确定性的外推,以及结果中各类不确定性的合成,其中不确定性因素的传播分析是本章的重点。

(3) 余量评估:主要在不确定性条件下分析系统性能的离散性及安全裕量,用于可靠性评价等,该部分主要在第7章介绍。

不确定性量化的开展,一方面有助于认知分析结果的置信度,另一方面,能

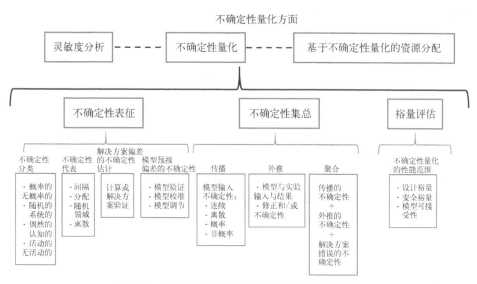

图 5.3　建模与模拟中不确定性量化的主要任务

够借助于灵敏度分析等手段,来辨识对关注量不确定性贡献最大的因素,进而优化试验和模拟等资源配置。

## 5.2　不确定性的表征

### 5.2.1　不确定性的表征理论

不确定性的表征是指针对某个不确定性因素,建立其数学表达结构,并获得该结构中所需的参数值。根据不确定性的性质,其表征方法主要可分为概率方法、非精确概率方法、非概率方法等。采用精确概率理论将客观不确定性表征为随机变量或随机过程,对随机变量的具体表征手段有概率密度函数、累积概率密度函数等,对随机过程的表征参数包括转移概率矩阵、相关长度等。

对于工程实际问题,试验数据缺乏、载荷与边界不能完全确定等是普遍可能出现的情况。应对信息不足而带来的认知不确定性,其处理方法较多,包括证据理论、可能性理论、区间分析、凸集模型、随机模糊理论等。对于认知/客观混合不确定性,可以采用非精确概率方法进行表征。

1）证据理论

证据理论,又称 D - S( dempster-shafer) 理论,是指依据某命题已知的信息利用信任函数、似然函数来表征不确定性。信任函数与似然函数构成概率的上下界,上下界所构成的区间包含相应的证据信息,并用这种方法来替代精确概率表征方法。度量信度与似真度的证据、信息可以包含多种类型,如试验数据、理论证据、专家对一个参数数值可信度的观点、事件发生次数等。因此,该方法适合于同一参数存在多源信息的情况,不同信息可通过证据法则进行结合[6]。

证据理论中不确定性的表征方法可采用集合论的概念给出:假设有全集 $\Omega$ 代表了研究对象/系统的所有可能状态。幂集 $2^{\Omega}$(全集所有可能的子集)中的元素可以认为是代表系统真实状态的提议。证据理论利用基本信度赋值函数 $m$ 基本信念分配(basic belief assignment,BBA),给幂集中的每个元素分配一个信任质量(belief mass):

$$m: 2^{\Omega} \to [0, 1] \tag{5.1}$$

$m$ 具备两个性质:① 对空集有 $m(\phi) = 0$;② 所有幂集中元素的和 $\sum_{A \in 2^{\Omega}} m(A) = 1$。$m(A)$ 反映了所有支持系统实际状态属于 $A$ 的证据占所有证据的比例,$m(A)$ 仅属于 $A$,且不对 $A$ 的子集的信度做出任何限定。

通过信任质量的分配,可以通过信任度(belief)与似真度(plausibility)来确定包含精确概率的区间,即

$$\mathrm{Bel}(A) \leqslant P(A) \leqslant \mathrm{Pl}(A) \tag{5.2}$$

式中,信任度 $\mathrm{Bel}(A)$ 由 $A$ 所有子集的信任质量求和得出,反映了所有支撑系统真实状态为 $A$ 的证据的数量,表示了对 $A$ 的信任程度;似真度 $\mathrm{Pl}(A)$ 由所有与 $A$ 有交集的集合的信任质量求和得出,反映了那些不能完全肯定系统真实状态是 $A$ 的所有证据的数量,反映了对 $A$ 的怀疑程度。

利用子集信任质量,可以得出:

$$\begin{cases} \mathrm{Bel}(A) = \sum_{B \subseteq A} m(B) \\ \mathrm{Pl}(A) = \sum_{B \cap A \neq \phi} m(B) \end{cases} \tag{5.3}$$

注意,$A$ 仍是 $A$ 的子集,$A$ 与 $A$ 的交集也不为空。信任度函数和似真度函数的几何意义如图 5.4 所示。

对于不确定性变量 $x$,定义集合

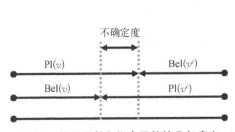

**图 5.4 信任函数和似真函数的几何意义**

$A$ 为

$$A = \{\tilde{x} : \tilde{x} \in \Omega, \; \tilde{x} \leqslant x\} \tag{5.4}$$

类似于概率方法中的累积概率密度函数(cumulative density function, CDF), 则 $x$ 的累积信度函数(cumulative belief function, CBF)与累积似真度函数 (cumulative plausibility function, CPF)分别为

$$\text{CBF} = \{[x, \text{Bel}(A)] : x \in \Omega\} \tag{5.5}$$

$$\text{CPF} = \{[x, \text{Pl}(A)] : x \in \Omega\} \tag{5.6}$$

2)可能性理论

可能性理论由模糊集合与模糊逻辑理论拓展而来,将模糊集的隶属度函数 拓展为可能性分布函数,利用该函数确定不确定性参数的可能性和必要性参数, 进而获得由累积可能性函数(cumulative possibility function, CPoF)、累积必要性 函数(cumulative necessity function, CNF)组合确定的可能性上下界[7],适用于主 观经验数据较多或者失效判据相对模糊的情况。

模糊集合 $\tilde{A}$ 是相比较于明确集合 $A$ 提出的,每一个模糊集合都对应一个 特征函数 $\mu_{\tilde{A}}(x) \subset [0, 1]$,该函数确定集合中的某个元素对该集合的隶属 度。在可能性理论中,隶属度函数被拓展为可能性分布,表征了分析人员认为 某个事件发生的可能性。采用 $(\chi, r)$ 数据对从数学上描述这种主观认知,并 表征不确定性变量 $x$。其中,$\chi$ 是 $x$ 所有可能取值的集合,$r$ 是定义在 $x$ 上的函 数,且有 $0 \leqslant r(x) \leqslant 1$, $\sup\{r(x) : x \in \chi\} = 1$。函数 $r$ 为 $\chi$ 中的每个元素提供 了置信度度量,称为 $x$ 的可能性分布函数。$r(x_i) = 1$ 意味着没有信息拒绝 $x_i$ 为 $x$ 的可能取值的恰当性,$r(x_i) = 0$ 意味着已有信息说明 $x_i$ 不可能为 $x$ 的取值。

可能性理论为 $\chi$ 的子集 $v$ 提供了两种似然度量,即可能性(possibility)与必 要性(necessity)。具体来说,$\chi$ 的子集 $v$ 的可能性与必要性的定义分别为

$$\begin{cases} \text{Pos}(v) = \sup\{r(x) : x \in v\} \\ \text{Nec}(v) = 1 - \text{Pos}(v^c) = 1 - \sup\{r(x) : x \in v^c\} \end{cases} \tag{5.7}$$

式中,$v^c$ 为 $v$ 的余集;与可能性分布函数 $r$ 一致,$\text{Pos}(v)$ 度量了所有不否认/不证 伪 $v$ 包含 $x$ 的恰当值这一命题的信息量;$\text{Nec}(v)$ 度量了所有能够证明 $v$ 包含 $x$ 的恰当值这一命题的且不相互矛盾的信息量。

与证据理论类似,对于不确定性变量 $x$,其累积必要性函数与累积可能性函 数为

$$\mathrm{CNF} = \{[x, \mathrm{Nec}(A)] : x \in \Omega\} \tag{5.8}$$

$$\mathrm{CPoF} = \{[x, \mathrm{Pos}(A)] : x \in \Omega\} \tag{5.9}$$

3）区间分析

区间模型采用区间数表征不确定性,即真实的量可能取区间中的任意一个值,且没有证据或信息表明区间内的任一值比其他值更有可能[8]。

4）P-Box 方法

在概率盒(P-Box)方法中,表征概率分布的参数本身也是非确定的,用概率分布或区间方法加以表征。典型的表征手段为 P-Box,即由上下界 CDF 曲线构成的封闭区域,其中上下界所构成的区间表征认知不确定性[9]。

各表征方法对比如图 5.5 所示。

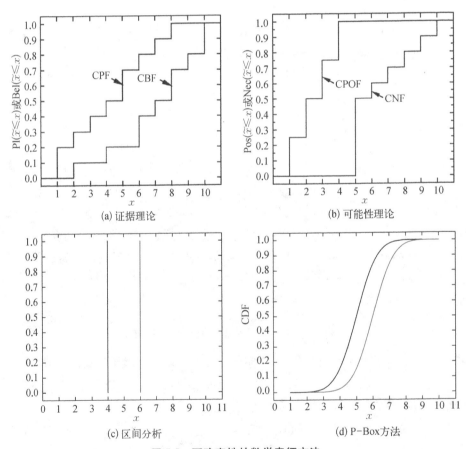

图 5.5　不确定性的数学表征方法

### 5.2.2　小样本下的不确定性表征

受制于材料制备周期、试验成本与能力,在新型陶瓷基复合材料的本构建模过程中,往往只能获取有限载荷条件下的应力-应变曲线(材料力学行为特征),且在某载荷条件下,往往只有数个试验样本,例如,本节的研究中,各应力状态下获取的样本不超过 6 个。试验点对应变空间覆盖的不充分性和试验样本的稀疏性,给材料不确定性的表征及模型误差的量化带来了挑战。从工程实际应用的角度出发,期望建立一种不确定性表征方法:① 随着样本数增加,能够逼近参数的真实分布;② 能够包络小样本所体现的不确定性;③ 同时又不过于保守。

统计学中一般认为样本数少于 30(或 50)时属于小样本,在小样本情况下,材料性能的不确定性不仅包括材料性能自身的随机性,还包括由小样本进行统计估计带来的误差,是一个典型的混杂不确定性因素表征问题。小样本下,能够进行参数不确定性表征的方法包括:统计方法、P‑Box、证据理论、可能性理论、信息理论等。Romero 等[10]对统计估计方法进行了综述,包括:① 参数法,假设数据满足某种分布,如正态分布,然后利用小样本对分布参数进行估计,利用分布参数或置信区间对小样本不确定性因素进行表征;例如 Johnson 分布簇方法,即通过分位点或统计矩匹配、最小二乘估计、最小 $L_p$ 范数估计的方式对 Johnson 参数进行估计,获取样本的分布函数;② 非参数法,如核密度估计法,其关键问题是确定恰当的带宽参数使得估计结果具有良好的平滑性与保守性;如最大似然估计,即通过样本数据构建似然函数,对样本的分布函数的有限个离散点下的概率密度进行最大似然估计,通过插值实现平滑的分布函数估计。

Romero 等利用人工解方法,针对容差区间、核密度估计、Johnson 分布簇方法、最大似然估计四种方法,在估计参数本身的不确定区间中的可靠性与误差进行了横向对比研究。上述的研究工作并没有对采用小样本估计的不确定性参数在经过模型传播分析后是否仍能准确表征响应参数的不确定性这一问题给出解答,本节主要关注该问题。受限于时间,仅选择了四种表征方法来开展对比研究并进行优选,涵盖了区间方法、经验概率、非精确概率三种理论,其他的表征方法可能具有更好的性能,但这不在本节论述范围内。

在参数 $x$ 仅有数个样本 $\boldsymbol{X}=[X_1, X_2, \cdots, X_N]$ 的条件下,本节采用如下几种方法对参数的不确定性分布进行表征。

1) 极值区间

采用样本数据中的最大值与最小值构成的极值区间(extreme values, EV)来表征参数不确定性区间:

$$u_x = [\min(X),\ \max(X)]　(5.10)$$

2) 容差区间

假设数据满足正态分布,采用 90% 置信度下的 95% 容差区间(tolerance interval, TI)来表征参数的不确定性区间:

$$u_x = [\bar{x} - k\bar{s},\ \bar{x} + k\bar{s}]　(5.11)$$

式中,$\bar{x}$ 为样本估计均值;$\bar{s}$ 为样本标准差;$k$ 为考虑小样本引入的保守系数,表 5.2 给出了不同样本数下,90% 置信度下获得待表征参数 95% 容差区间所对应的保守系数 $k$ 值。

表 5.2　90% 置信度 95% 容差区间对应的保守系数

| 样本数 | 3 | 6 | 9 | 12 | 15 | 18 | ∞ |
|---|---|---|---|---|---|---|---|
| $k$ | 6.919 | 3.723 | 3.125 | 2.863 | 2.713 | 2.614 | 1.96 |

3) 核密度估计

核密度估计(kernel density estimation, KDE)是采用核分布函数对样本的分布进行拟合的方法,样本概率密度函数 $f(x)$ 的核密度估计 $\hat{f}(x)$ 为

$$\hat{f}(x) = \frac{1}{Nh} \sum_{i=1}^{N} K[(x - X_i)/h]　(5.12)$$

式中,$K(\cdot)$ 为核函数;$h$ 为带宽参数,控制核密度估计的平滑程度。

核密度估计的关键问题包括核函数和带宽参数的选择,本节选择高斯分布函数作为核函数。对于小样本问题,Pradlwarter 和 Schuëller[11] 给出了一种优化的带宽参数选择方法,具体如下,定义边界 $a$ 与 $b$ 分别为

$$a = \min(\boldsymbol{X}) - [\max(\boldsymbol{X}) - \min(\boldsymbol{X})]/(2N - 2)　(5.13)$$

$$b = \max(\boldsymbol{X}) + [\max(\boldsymbol{X}) - \min(\boldsymbol{X})]/(2N - 2)　(5.14)$$

则某样本 $x$ 落在区间 $[a, b]$ 外的概率为 $p$:

$$p = 1 - \int_a^b f(x)\,\mathrm{d}x　(5.15)$$

要使未来某次抽样落在 $[a, b]$ 外的概率不超过 $p$ 的置信水平达到 $1 - \alpha$,文献[11]建议将显著性水平选择为

$$\alpha = (1 - p)^n \tag{5.16}$$

则应有

$$p(\alpha, n) = 1 - \alpha^{1/n} \tag{5.17}$$

通过求解如式(5.18)所示的优化问题,获得最优的 $h$ 值。利用 $h_{\text{opt}}$ 得出的参数概率密度函数核密度估计结果,并作为参数的不确定性分布:

$$h_{\text{opt}} = \operatorname{argmin} \left| p(\alpha, n) - \left( \int_{-\infty}^{a} \hat{f}(x, h)\,dx + \int_{b}^{+\infty} \hat{f}(x, h)\,dx \right) \right| \quad (h > 0)$$

$$\tag{5.18}$$

4) 证据理论

证据理论是采用由已知证据、信息确定的信任度与似真度,来表征一个提议/命题中不确定性的数学理论。

由前面的叙述可知,采用证据理论对不确定性进行表征的问题包括:① 确定不确定性因素的焦元;② 确定基本信任分配。本节首先对样本 $\boldsymbol{X} = [X_1, X_2, \cdots X_N]$ 排序得到 $\boldsymbol{X} = [X_1^S, X_2^S, \cdots X_N^S]$,然后将不确定性参数 $x$ 的焦元及相应的基本信任分配函数确定,如式(5.19)所示,作为参数的不确定性表征结果。

$$\left\{ \left[ (X_{\max(i-1,1)}^S + X_i^S)/2, (X_{i+1}^S + X_i^S)/2 \right], 1/N \right\} \quad i = 1, 2, \cdots, N$$

$$\tag{5.19}$$

## 5.3　不确定性传播方法

不确定性传播分析主要是指由输入不确定性获得输出量(关注量)的不确定性。本节主要研究概率框架下的不确定性量化问题,因此对概率表达不确定性的传播方法进行简要回顾。本节将首先介绍单层级的不确定性传播问题,即已知 $x$ 的不确定性求解 $y = f(x)$ 的不确定性。然后针对多层级问题,介绍基于贝叶斯网络的不确定性传播方法。

在概率框架下,不确定性传播主要有嵌入式和非嵌入式方法两大类,如图5.6所示,区别在于嵌入式方法需要改写控制方程和模拟程序,将不确定性因素直接集成到分析模型中,获得随机控制方程及相应求解方法。非嵌入式方法将现有模型作为黑匣子,关注的是不确定性参数的输入及输出,并不关心具体问题的控制方程[12]。

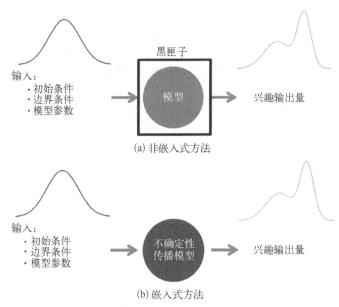

图 5.6　不确定性传播方法

非嵌入式方法主要包括抽样方法、展开方法及近似积分方法等。其中,抽样方法包括经典的 Monte‐Carlo 模拟、拟 Monte‐Carlo 模拟、分离式 Monte‐Carlo 模拟、重要性抽样等,以及近年来发展的多水平 Monte‐Carlo 模拟。研究关注的问题是如何提高抽样的效率,以便用较小的样本获取响应量的精确估计结果。展开方法包括 Taylor 展开方法,如一阶可靠性计算方法和二阶可靠性计算方法等,以及多项式混沌展开法等,即通过展开对原问题的极限状态函数进行逼近计算。近似积分方法指利用数值积分方法,对输出量的统计矩进行直接计算,进而获得输出量的不确定性,包括稀疏网格法、随机配点方法等。可见,为获取输出的不确定性,无论采用何种方法均需要对不确定性空间进行采样分析。

对于模型中存在客观/认知混合不确定性的传播分析问题,可采用嵌套抽样方法(双循环方法)。在该类方法中,对客观不确定性和认知不确定性进行独立抽样,首先对认知不确定性进行抽样,在确定的认知不确定性参数下,对客观不确定性采用上述方法进行抽样,获得相应的 CDF 曲线。在不同的认知不确定性参数下,可以获得 CDF 曲线的集合,将该集合的上下界构成的概率盒作为输出参数不确定性的表征。

### 5.3.1　Monte–Carlo 模拟

蒙特卡罗模拟(Monte–Carlo simulation，MCS)是一种采用随机抽样的方式求解数值计算问题的方法。为解释 MCS 的思想,以求解某复杂曲线 $f(x)$ 在 $[0, a]$ 的积分为例,不失一般性,假设 $f(a) < a$,如图 5.7 所示。

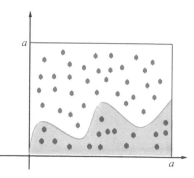

MCS 方法是在点 $(0, 0)$ 与点 $(a, a)$ 构成的正方形中均匀地撒 $M$ 个点,并计算在曲线 $f(x)$ 下的点数 $m$,则有

$$\int_0^a f(x)\,\mathrm{d}x = \lim_{M \to \infty} \frac{m}{M} a^2 \qquad (5.20)$$

图 5.7　MCS 用于求解积分

上述例子中,每个点称为一个样本,可见 MCS 方法成功的关键在于点在正方形中分布的均匀性,这揭示了 MCS 方法的一个关键在于随机抽样。对于概率密度分布函数已知且形式较为简单的随机变量,如正态分布随机变量等,一种常用的抽样策略为 Latin 超立方抽样,具体步骤为: $N$ 次 Latin 超立方抽样将变量 $(x_1, x_2, \cdots, x_n)$ 的抽样区域划分为 $N$ 个子区域 $(a_1, b_1)$，$(a_2, b_2)$，$\cdots$，$(a_n, b_n)$,在每一个子区域内 $(a_i^j, b_i^j)$,随机变量 $x_i$ 的累积概率满足如下条件:

$$P(a_i^j < x_i < b_i^j) = \frac{1}{N} \qquad (5.21)$$

对在每个子区间获得的随机变量 $x_i$ 进行随机组合,使得某一特定的 $x_i$ 值在所有的组合中只出现一次,获得 $(x_1^1, x_2^1, \cdots x_n^1)$，$(x_1^2, x_2^2, \cdots x_n^2)$，$\cdots$，$(x_1^N, x_2^N, \cdots x_n^N)$ 共 $N$ 个组合,即完成了 $N$ 次 Latin 超立方抽样。

采用 MCS 方法进行响应量 $y$ 的累积概率密度函数求解,方法如下:

$$F(y_0) = \hat{P}(y \leqslant y_0) = \frac{n_f}{N} \qquad (5.22)$$

$$n_f = \sum_{i=1}^{N} I[y^i = g^i(x) \leqslant y_0] \qquad (5.23)$$

式中, $I[H]$ 为指示函数,当 $H$ 为真时, $I[H]$ 取 1,否则取 0; $N$ 表示抽样总次数; $n_f$ 表示 $I[H]$ 取 1 的次数。

对式(5.22)两侧分别取均值和方差,并注意到 $I[y \leqslant y_0]$ 对应一次伯努利试

验,可以给出如下结果:

$$\mu_{\hat{P}} = \frac{\mu_{I[y \leqslant y_0]}}{N} \tag{5.24}$$

$$\sigma_{\hat{P}}^2 = \frac{1}{N}\sigma_{I[y \leqslant y_0]}^2 = \frac{1}{N}P(1-P) \tag{5.25}$$

可以看出,MCS 结果是无偏估计。根据中心极限定理,$\hat{P}$ 渐进满足正态分布,利用该性质,可以对累积概率估计结果的置信区间进行分布。在置信水平 $\alpha$ 的条件下,有

$$|\hat{P} - P| \leqslant \frac{u_{\alpha/2}}{\sqrt{N}}\sigma_{I[y \leqslant y_0]} = u_{\alpha/2}\sigma_{\hat{P}} = u_{\alpha/2}\sqrt{\frac{1}{N}P(1-P)} \tag{5.26}$$

式中,$u_{\alpha/2}$ 为标准正态分布的上 $\alpha/2$ 分位点。

由上述分析可以看出,直接 MCS 的收敛速率为 $O(N^{-1/2})$,若要降低失效概率估计的误差,则需要增加抽样数量,采用方差减缩技术降低 $\sigma_{\hat{P}_f}$。

### 5.3.2 多项式混沌展开法

本节主要介绍非嵌入式多项式混沌展开(non-intrusive polynomial chaos expansion,NIPCE)法,优势在于可以直接利用原问题的模型进行求解。设关注量 $u$ 是 $d$ 维归一化不确定性参数向量 $z \in \Theta = [-1, 1]^d$ 的标量函数,$z$ 的各分量相互独立。多项式混沌展开(polynomial chaos expansion,PCE)法是在不确定性参数空间内寻求 $u(z)$ 的多项式逼近,即

$$u(z) \approx \sum_{\alpha \in I} c_\alpha \Psi_\alpha(z) \tag{5.27}$$

式中,$c_\alpha$ 为待求解的展开系数;$\Psi_\alpha(z)$ 是依据不确定性参数概率分布正交的多项式基函数;$\alpha$ 为一个高维指标,即 $\alpha = [\alpha_1, \alpha_2, \cdots \alpha_d]$,$\alpha$ 指示了多项式基函数各分量的阶次,且有如下定义:

$$|\alpha| = \sum_{i=1}^{d} \alpha_i \tag{5.28}$$

$\Psi_\alpha(z)$ 满足如下条件:

$$E[\Psi_\alpha(z)\Psi_\beta(z)] = \int_\Theta \Psi_\alpha(z)\Psi_\beta(z)\pi(z)\mathrm{d}z = \delta_{\alpha\beta} \tag{5.29}$$

注意 $\phi_\alpha(z)$ 是由指标 $\alpha$ 确定的 $d$ 个分量的多项式基函数 $\Psi_\alpha$ 的张量积,即

$$\Psi_\alpha(z) = \sum_{i=1}^{d} \phi_{\alpha_i}^{(i)}(z_i) \tag{5.30}$$

式中, $\phi_{\alpha_i}^{(i)}$ 表达了多项式基函数 $\Psi_\alpha(z)$ 中对应于第 $i$ 个不确定性参数、阶次为 $\alpha_i$ 的分量,由对应分量的分布类型确定,即

$$\int_{\Theta_i} \phi_m^{(i)}(z_i) \phi_n^{(i)}(z_i) \pi^{(i)}(z_i)\, \mathrm{d}z_i = \delta_{mn} \tag{5.31}$$

Wiener - Askey 多项式簇给出了参数满足均匀分布、正态分布、Gamma 分布等对应的正交多项式基函数,本节采用的均匀分布对应 Legendre 多项式,在积分域 $[-1,1]$ 以均匀概率密度归一化的 Legendre 多项式递推公式如下:

$$\phi_0 = 1, \quad \phi_1 = \sqrt{3}\,x, \quad \phi_n = 1/n\sqrt{2n+1}\left[(2n-1)x\phi_{n-1}' - (n-1)\phi_{n-2}'\right] \tag{5.32}$$

在数学手册中均可以查到常用概率分布对应的正交多项式基函数。指标集 $I$ 表达了正交多项式某函数 $\Psi_\alpha(z)$ 所构成的多项式空间,常用的空间包括张量空间 $I_{d,k}^T$、完全空间 $I_{d,k}^P$ 和双曲空间 $I_{d,k}^H$,其指标集分别定义为

$$I_{d,k}^T = \left\{\alpha \mid \max_{j=1}^{d}\alpha_j \leqslant k\right\} \tag{5.33}$$

$$I_{d,k}^P = \left\{\alpha \mid \max \mid \alpha \mid \leqslant k\right\} \tag{5.34}$$

$$I_{d,k}^H = \left\{\alpha \mid \prod_{i=1}^{d}(\alpha_i+1) \leqslant k+1\right\} \tag{5.35}$$

式中, $k$ 为多项式空间对应的阶次,所构成的多项式空间为

$$H_k^d = \mathrm{span}\left\{z^\alpha \mid \alpha \in I_{d,k}\right\}, \quad z^\alpha = \prod_{i=1}^{d}(z_i)^{\alpha_i} \tag{5.36}$$

采用字典排序对指标集进行排序,若 $I_{d,k}$ 内指标个数为 $N$,则可以将式(5.27)写为

$$u(z) \approx \sum_{n=1}^{N} c_n \Psi_n(z) \tag{5.37}$$

下面只需要求解出式(5.37)中的参数 $c_n$,令 $\{z_m, m=1,2,\cdots,M\}$ 为参数 $z$ 在空间 $\Theta$ 内的 $M$ 个样本,利用式(5.37)可得

$$u(z_m) \approx \sum_{n=1}^{N} c_n \Psi_n(z_m) \tag{5.38}$$

令 $\boldsymbol{c} = [c_0, c_1, \cdots, c_N]$，$\boldsymbol{u} = [u(z_1), u(z_2), \cdots, u(z_M)]$，则式(5.38)可以改写为矩阵形式，即

$$\boldsymbol{Ac} = \boldsymbol{u} \tag{5.39}$$

$$\boldsymbol{A} = \begin{bmatrix} \Psi_0(z_1) & \Psi_1(z_1) & \cdots & \Psi_{N-1}(z_1) \\ \Psi_0(z_2) & \Psi_1(z_2) & \cdots & \Psi_{N-1}(z_2) \\ \vdots & \vdots & \ddots & \vdots \\ \Psi_0(z_M) & \Psi_1(z_M) & \cdots & \Psi_{N-1}(z_M) \end{bmatrix} \tag{5.40}$$

可以利用式(5.40)和式(5.49)来尝试对参数向量 $\boldsymbol{c}$ 进行求解，$\boldsymbol{A}$ 又称为测量矩阵。

利用多项式基函数对概率密度的正交性，其统计矩可以直接利用展开系数获得，具体方法如下：

$$\mu = c_0 \tag{5.41}$$

$$\mathrm{Var} = \sigma^2 = \sum_{n=1}^{N} c_n^2 \tag{5.42}$$

$$\delta = \frac{E[(Z-\mu)^3]}{\sigma^3} = \frac{1}{\sigma^3} \sum_{i=1}^{N} \sum_{j=1}^{N} \sum_{k=1}^{N} E[\Psi_i \Psi_j \Psi_k] c_i c_j c_k \tag{5.43}$$

$$\kappa = \frac{E[(Z-\mu)^4]}{\sigma^4} = \frac{1}{\sigma^4} \sum_{i=1}^{N} \sum_{j=1}^{N} \sum_{k=1}^{N} \sum_{m=1}^{N} E[\Psi_i \Psi_j \Psi_k \Psi_m] c_i c_j c_k c_m \tag{5.44}$$

式中，

$$E[\Psi_i \Psi_j \Psi_k] = \prod_{\ell=1}^{d} E[\phi_{i_\ell}^{(\ell)} \phi_{j_\ell}^{(\ell)} \phi_{k_\ell}^{(\ell)}] \tag{5.45}$$

$$E[\Psi_i \Psi_j \Psi_k \Psi_m] = \prod_{\ell=1}^{d} E[\phi_{i_\ell}^{(\ell)} \phi_{j_\ell}^{(\ell)} \phi_{k_\ell}^{(\ell)} \phi_{m_\ell}^{(\ell)}] \tag{5.46}$$

式(5.45)与式(5.46)的右侧连乘项，可以依据多项式类型事先求解并存储到数据库中，从而加速统计矩的求解。

下面给出 PCE 系数，即式(5.38)中 $c_n$ 的求解方法。为提升分析效率，期望发展一种能够利用少量的样本实现对 $c_n$ 的求解，同时保证 PCE 精度的方法，即

$M < N$。在这种条件下,式(5.39)是不适定的。若展开的多项式空间中,仅有一部分系数不为零,即若干多项式的展开空间是稀疏的,则可以利用稀疏优化算法,如压缩感知算法,来实现稀疏多项式的重构与参数求解[13]。

通过求解如式(5.47)所示的 $P_0$ 优化问题来实现稀疏多项式展开的定位与求解:

$$P_0: \min \| c \|_0, \quad Ac = u \tag{5.47}$$

式中,$\| c \|_0$ 表示向量 $c$ 中非零元素的个数。

对于 $P_0$ 问题,直接进行数值求解存在一定困难,可以将 $P_0$ 问题松弛为 $P_1$ 问题,寻求 $l_1$ 范数最小意义下的最优解:

$$P_1: \min \| c \|_1, \quad Ac = u \tag{5.48}$$

式中,$\| c \|_1$ 表为向量 $c$ 的 $l_1$ 范数。

当矩阵 $A$ 满足约束等距性质时,$P_1$ 问题与 $P_0$ 问题等价。相比于 $P_0$ 问题,对于 $P_1$ 问题,可采用线性规划等方法求解,相对简单。对于多项式混沌展开构成的测量矩阵 $A$,需要关注的问题是 $A$ 是否满足约束等距性质。以有界正交多项式为基体构成的随机测量矩阵 $A$ 依概率满足约束等距性质。本节的分析中针对均匀概率分布不确定性参数采用的 Legendre 正交多项式满足有界性质,运用该方法的求解步骤如下。

(1)在不确定性参数空间内,采用 Latin 超立方抽样获取参数 $z$ 的样本集 $\{z_m\}$。

(2)针对每个样本 $z_i$ 进行响应计算,得到 $u$,利用选取的多项式空间计算随机测度矩阵 $A$。

(3)利用优化算法求解式(5.48)所示的优化问题,将原系数向量 $c$ 分解为正负两部分:

$$c^+ = <c>, \quad c^- = <-c> \tag{5.49}$$

$$c = c^+ - c^-, \quad |c| = c^+ + c^- \tag{5.50}$$

进而将式(5.48)改写为如下形式:

$$\min(c^+ + c^-), \quad [A, -A][c^+, c^-]^{\mathrm{T}} = u \tag{5.51}$$

对于式(5.51)所示的优化问题,可采用谱投影梯度算法进行求解。注意到当构建矩阵 $A$ 的样本不同时,式(5.51)所给出的系数矩阵 $c$ 的稀疏解也可能出现差异。

### 5.3.3　多层级问题

实际结构响应模拟的不确定性量化中,可能涉及多个模型层级、多个物理场的分析。例如,热结构分析往往涉及多个层级,如最简单的隔热层、热防护面板、组合面板等,需要进行不确定性的多层传递。在顺序耦合分析中,首先开展温度场分析,然后开展应力分析,最后结合强度开展失效概率分析。对于类似的多层级不确定性传播问题,贝叶斯网络(Bayesian network)提供了一种直观的模型不确定性表征手段。

贝叶斯网络是一种概率图模型,即以图形化的方式来表示变量之间的概率依赖关系。贝叶斯网络的拓扑结构是一个有向无环图,其中节点表示随机变量,变量之间如果存在因果关系用有向弧来连接,有向弧由"因(parents)"指向"果(children)",连接强度用条件概率 $P$(果|因)来表示。贝叶斯网络作为不确定性推理的有力工具,在多级多场问题的不确定性传播中,可以将不确定性参数的相互关系清晰表达出来。将研究系统中涉及的随机变量,根据是否存在因果关系绘制在一个有向图中,就形成了贝叶斯网络,具体步骤包括:① 问题分解及随机变量的选取,使所有变量既能完整反映问题本身,又保证模型的复杂度最小;② 确定网络结构,即确定随机变量之间的相互依赖关系;③ 确定网络参数,包括父(parents)节点的先验概率分布和各节点间的条件概率分布。

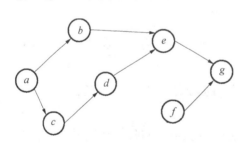

图 5.8　贝叶斯网络示意图

以图 5.8 为例说明贝叶斯网络在多级模型不确定性量化中的应用,其中 $a$、$b$、$c$、$d$、$e$、$f$ 代表组件节点,它们可以表示模型的输入、输出、误差项、试验数据等;$g$ 代表最终模型输出;所有节点用集合 $U$ 表示。

图 5.8 中所有节点的联合概率分布 $P(U)$ 可以用式(5.52)求解:

$$P(U) = P(a)P(b \mid a)P(c \mid a)P(d \mid a, c)P(e \mid a, b, c, d)$$
$$P(f)P(g \mid a, b, c, d, e, f) \tag{5.52}$$

基于贝叶斯网络的条件独立性假设,即两个变量在给定某条件的前提下相互独立,可以将式(5.52)简化为

$$P(U) = P(a)P(b \mid a)P(c \mid a)P(d \mid c)P(e \mid b, d)P(f)P(g \mid e, f)$$
$$\tag{5.53}$$

可以发现,应用贝叶斯网络,能大大简化多级模型中的联合概率计算,各节点只与其直接相连的父节点相关,而在给定其父节点的条件下与其他节点相互独立。最终也可求得模型输出 $g$ 的概率分布:

$$P(g) = \int P(U)\, \mathrm{d}a\mathrm{d}b\cdots\mathrm{d}f$$

$$= \int P(a)P(b\mid a)P(c\mid a)P(d\mid c)P(e\mid b,d)$$

$$P(f)P(g\mid e,f)\, \mathrm{d}a\mathrm{d}b\cdots\mathrm{d}f \tag{5.54}$$

在复杂模型中,贝叶斯网络的另一个重要应用是开展基于试验数据的模型参数修正。当获得新的观测数据 $m$ 后,将其加入贝叶斯网络中,根据贝叶斯定理,即可获得联合概率的后验分布如式(5.55)所示,这部分内容将在第 6 章进行介绍。

$$P(U\mid m) = \frac{P(U)P(m\mid U)}{P(m)} \tag{5.55}$$

## 5.4　参数灵敏度分析

复合材料热结构分析过程中,分析关注量(quantities of interest, QoI)影响因素众多。若要完全分析所有不确定性因素,计算成本十分高昂,如何从包含众多影响因素的复杂模型中以较少的计算成本得出有价值的信息是实际工作中最为关心的问题。灵敏度分析方法就体现出了这种优势,通过该方法可以对影响关注响应的各参数权重进行降序排列,分离出关键不确定性参数,为后续不确定性研究及复杂问题简化奠定基础。

依据抽样空间方法,灵敏度分析方法可以分为局部分析和全局分析方法,根据量化程度又可分为筛选分析和精炼分析。根据表达式不同,又可分为数学分析法、统计分析法和图形化分析法。局部分析和全局分析方法是目前最为普遍的分类方法。

局部分析只检验单因子对模型的影响程度,简单快捷,应用广泛,但其只考虑单因子作用,忽略了模型参数的相互作用,因此难以准确表征参数的敏感度信息。全局分析能够考虑多个因子及其相互作用对模型响应的影响,为全面认识各因子的敏感度提供更有价值的参考。全局分析又分为定性分析和定量分析,定性分析给出各个因子对模型响应的不确定性影响的相对大小,而定量分析通过不同因子的不确定性贡献率确定各自的敏感程度,并给出具体的量化指标,如一阶、二阶、总灵敏度指标。

筛选分析方法用于初步识别敏感度参数,但其稳定性不足,结构受模型主要特征影响较大,如非线性特征、相互作用及不同参数类型。精炼分析方法适用于复杂模型特征分析,准确性较高,但计算量较大。

数学分析法主要通过计算输入变量变化引起的局部和线性敏感度响应值,通常不能反映输入变量方差变化引起的输出变量变异程度,但可辅助验证和识别参数,如 NRSA(nominal range sensitivity analysis)和 DSA(differential sensitivity analysis)方法。统计分析法通过假定参数特定概率分布,再计算模型响应,最后评价参数输入的方差对输出的影响。统计分析法采用多种抽样方法获得参数空间样本,如拉丁超立方抽样(Latin hypercube sampling, LHS)方法。现在较为成熟的统计方法很多,如回归分析方法、响应曲面法、方差分析(analysis of variation, ANOVA)法、基于方差分解的方法、分类与回归树方法等。图形化分析法是通过图表或曲面形式形象显示输入对输出的影响,可用于分析前的筛选或用于表现复杂输入输出之间的关系,如散布图(scatter plots, SP)和条件敏感性(conditional sensitivity, CS)等[14]。

全局分析法比较适合在热结构模型中应用,因其考虑各因素概率分布特性及其相互作用的影响,可以对非线性模型进行准确的灵敏度分析,其分析过程主要包括以下几个步骤:

(1)设置模型参数,定义模型独立和相互依赖的参数;

(2)设置参数的先验分布和取值范围;

(3)选择合适的参数抽样方法,生成参数空间样本;

(4)选用特定的方法评价模型参数与输出的相互影响程度,包括单参数影响和多参数耦合影响等。

下面简要介绍 Sobol 灵敏度分析方法。将热结构模型考虑成黑匣子,为了表征输入参数对 QoI 的影响,将模型分解,分解过程如式(5.56)所示,包括主效应和相互效应。

$$Y = \varsigma(X) = \varsigma_0 + \sum_{i=1}^{n} \varsigma_i + \sum_{i=1}^{n}\sum_{j=i+1}^{n} \varsigma_{ij} + \cdots + \varsigma_{1, 2, \cdots, n} \tag{5.56}$$

式中，$S_0$ 表示均值；$S_i = S_i(x_i)$，$S_i(x_i)$ 表示仅依赖于 $x_i$ 的模型响应；$S_{1,2,\cdots,n}(x_1, \cdots, x_n)$ 表示同时依赖于所有输入参数的模型响应，$S_{1,2,\cdots,n} = S_{1,2,\cdots,n}(x_1, \cdots, x_n)$。

$$\begin{cases} S_0 = E(Y) \\ S_i = E_{X_{\sim i}}(Y \mid X_i) - E(Y) \\ S_{ij} = E_{X_{\sim ij}}(Y \mid X_{ij}) - S_i - S_j - E(Y) \end{cases} \tag{5.57}$$

式中，$S_{ij}(x_i, x_j)$ 表示同时依赖于 $x_i$ 和 $x_j$ 的模型响应，其他高阶项具有类似的形式。

两侧取变分：

$$\begin{cases} V_i = V_{X_i}[E_{X_{\sim i}}(Y \mid X_i)] \\ V_{ij} = V_{X_iX_j}[E_{X_{\sim ij}}(Y \mid X_{ij})] - V_{X_i}[E_{X_{\sim i}}(Y \mid X_i)] - V_{X_j}[E_{X_{\sim j}}(Y \mid X_j)] \end{cases} \tag{5.58}$$

式中，$V_i$ 为变异系数的主效应项；$V_{ij}$ 为参数交互效应引起的高阶变异项。

因此，以上公式可以写成如下形式：

$$V = \sum_{i=1}^{n} V_i + \sum_{i=1}^{n-1} \sum_{j=i+1}^{n} V_{ij} + \cdots + V_{1,2,\cdots,n} \tag{5.59}$$

$$1 = \sum_{i=1}^{n} S_i + \sum_{i=1}^{n-1} \sum_{j=i+1}^{n} S_{ij} + \cdots + S_{1,2,\cdots,n} \tag{5.60}$$

式中，$S_i$ 为主效应灵敏度指标，常被称为 Sobol 指标，计算公式如下：

$$S_i = \frac{V_i}{V[Y]} = \frac{V_{X_i}[E_{X_{\sim i}}(Y \mid X_i)]}{V[Y]} \tag{5.61}$$

式中，$X_i$ 表示第 $i$ 个参数；$X_{\sim i}$ 表示除 $X_i$ 外的所有其他参数；$E_{X_{\sim i}}(Y \mid X_i)$ 表示固定 $X_i$ 时所有可能的 $X_{\sim i}$ 取值对应函数值的期望；$V_{X_i}[E_{X_{\sim i}}(Y \mid X_i)]$ 表示所有可能的 $X_i$ 取值对应期望 $E_{X_{\sim i}}(Y \mid X_i)$ 的方差。

$S_i$ 越大，输入不确定性参数对 QoI 的影响越明显，如果不存在交互效应，则敏感性主效应指标之和等于 1，而实际主效应指标小于或等于 1：

$$\sum_{i=1}^{n} S_i \leqslant 1 \tag{5.62}$$

某些情况下，主效应灵敏度指标较小，难以反映出参数对模型响应总的贡献量。此时总灵敏度指标能有效表征参数的全局敏感度,其包括一阶主敏感度和参数与其他参数交互作用的高阶敏感度。总灵敏度指标定义如下:

$$S_{Ti} = \frac{E_{X_{\sim i}}[V_{X_i}(Y \mid X_{\sim i})]}{V[Y]} = 1 - \frac{V_{X_{\sim i}}[E_{X_i}(Y \mid X_{\sim i})]}{V[Y]} \tag{5.63}$$

式中,$E_{X_i}(Y \mid X_{\sim i})$ 和 $V_{X_i}(Y \mid X_{\sim i})$ 分别表示固定 $X_{\sim i}$ 时所有可能的 $X_i$ 取值对应函数值的期望和方差;$V_{X_{\sim i}}[E_{X_i}(Y \mid X_{\sim i})]$ 表示所有可能的 $X_{\sim i}$ 取值对应 $E_{X_i}(Y \mid X_{\sim i})$ 的方差;而 $E_{X_{\sim i}}[V_{X_i}(Y \mid X_{\sim i})]$ 表示所有可能 $X_{\sim i}$ 对应 $V_{X_i}(Y \mid X_{\sim i})$ 的均值。

## 5.5 高效数值计算策略

对于热结构,不确定传播分析的难点在于不确定性参数维度高且分析成本高。复合材料热结构分析模型涉及复杂的力学行为、多个物理场的影响,分析模型中不确定性参数的维度往往较高,若直接进行不确定性传播分析,则效率较低下。假定一个 17 维问题,每个维度仿真 5 次,则需要 $5^{17}$ 次计算,单次仿真 1 s,即使具备 300 核的工作站,也需 80 年才能完成,而这种维度问题在复合材料热结构模型(正交各向异性材料的力学和热学性能就有 17 个)不确定性分析中普遍存在,会引起"维数灾难"。

针对维数灾难问题,若原问题的直接求解耗时较长,可以利用多项式、支持向量机、人工神经网络、径向基函数、高斯过程模型等方法建立原问题的代理模型(响应面),进而简化计算。另外,可对不确定性空间进行降维分析,目前多采用的降维方法包括灵敏度阈值法与空间降维处理。灵敏度阈值法是通过响应不确定性对输出参数的敏感程度分析结果进行排序,剔除那些对结果影响不显著的因素。在不确定性框架下,进行参数全局灵敏度分析的方法主要有梯度法、方差分解法、矩独立方法等。空间降维方法,如子空间法,是在原空间内定位响应最为敏感的方向作为基,构成子空间,进而实现降维的目的。

### 5.5.1 不确定性降维

前一节中介绍了不确定性参数的灵敏度分析方法,以及全局灵敏度的含义,从中可以发现,在不确定性传播分析中,可以直接忽略灵敏度低的不确定性参数,将其设置为常数。对于复杂受载结构,其不同的位置所受载荷存在差异,进而可能出现不同参数均为敏感度参数的情况。随着关注响应的变化,可能需要多次利用敏感度参数信息进行不确定性空间降维,每次降维后可能需要重新抽样计算。通过传统的灵敏度分析方法仍难以大幅度降低模型维度,而代理模型的初始训练中也需要大量训练样本,且随着不确定性参数增加,训练样本数量也急剧增加,直接应用原始不确定性空间进行灵敏度分析计算的成本较高。针对该问题,可以采用空间变换方法,利用不确定空间的稀疏性,对原始不确定性空间建立减缩的空间表达形式,进而加速灵敏度分析及不确定性量化。Constantine[15] 提出了一种特殊降维结构-活跃子空间(active subspace, AS),通过计算和利用活跃子空间实现模型降维,加速不确定性分析效率,下面针对活跃子空间方法进行简要介绍。

$X$ 表示列向量,则函数 $f$ 的梯度 $\nabla_X f$ 同样也是列向量:

$$f = f(X), \quad \nabla_X f = \nabla_X f(X), \quad X \in [-1, 1]^D \tag{5.64}$$

式中, $D$ 表示设计向量 $X$ 的维度。

这里假定设计空间边界为±1 的有界超立方空间,因此在进行子空间分析时,所有参数均需要转化到单位超立方空间范围内。$\rho = \rho(X)$ 为输入样本在输入空间满足的概率密度分布,关注如下的 $D \times D$ 协方差矩阵 $C$:

$$C = \int (\nabla_X f)(\nabla_X f)^T \rho \, dX = E[\nabla_X f \, \nabla_X f^T] \tag{5.65}$$

$C$ 的每一项为梯度函数乘积的均值,写成如下形式:

$$C_{ij} = \int \frac{\partial f}{\partial x_i} \frac{\partial f}{\partial x_j} \rho \, dX \quad (i, j = 1, \cdots, D) \tag{5.66}$$

式中, $C_{ij}$ 为 $C$ 矩阵元素, $C$ 为 $D \times D$ 对称矩阵, $C$ 的对角元素是 $f$ 的梯度均方,表征参数对输出响应的敏感度,在实际计算过程中,通常难以通过解析方法求解,此时可使用 Monte-Carlo 方法近似估计设计空间中的梯度向量,近似协方差矩阵如下:

$$\hat{C} = \frac{1}{D} \sum_{i=1}^{D} \nabla_X f_i \, \nabla_X f_i^T \tag{5.67}$$

式中, $\nabla_X f_i = \nabla_X f(x_i)$, $x_i$ 基于 $\rho(X)$ 在超立方空间 $[-1, 1]^D$ 内进行随机抽样。

基于抽样样本,子空间需要进行 $M$ 次函数响应及其梯度计算。为了识别输入空间中的重要灵敏度方向,需要获得协方差矩阵的特征值和特征向量。在输

入空间 $R^D$ 上，$C$ 为半正定对称矩阵，可进行实特征值分解：

$$C = W\Lambda W^{\mathrm{T}}, \quad \Lambda = \mathrm{diag}(\lambda_1, \cdots, \lambda_D) \quad (\lambda_1 \geqslant \cdots \geqslant \lambda_D \geqslant 0) \quad (5.68)$$

式中，$W$ 是 $D \times D$ 矩阵列向量的特征向量阵；$\Lambda$ 是对角矩阵的特征值向量，满足如下公式：

$$\lambda_i = w_i^{\mathrm{T}} C w_i = w_i^{\mathrm{T}} \left[ \int (\nabla_x f)(\nabla_x f)^{\mathrm{T}} \rho \mathrm{d}X \right] w_i = \int [(\nabla_x f)^{\mathrm{T}} w_i]^2 \rho \mathrm{d}X$$

$$(5.69)$$

以上公式反映出特征值对响应的影响特性，小的特征值 $\lambda_i$ 反映出系统响应 $f$ 在该特征值对应的特征向量 $w_i$ 方向上的均方梯度变化近似等于 0，即 $f$ 在 $w_i$ 定义的方向上近似为常数，这为模型降维提供了有效信息和思路：小特征值对应特征向量方向上的响应不明显，可以忽略，进而降低模型维度。在很多的工程问题中，设计空间维度 $D$ 小于 $10^3$，因此特征值分解可以通过标准的线性代数工具箱和个人计算机实现。$W$ 定义了输入空间中对系统响应的敏感性方向，将其按从大到小顺序排列，如下：

$$\Lambda = \begin{bmatrix} \Lambda_N & \\ & \Lambda_{D-n} \end{bmatrix}, \quad W = \begin{bmatrix} W_N & W_{D-N} \end{bmatrix} \quad (5.70)$$

式中，$\Lambda_N = \mathrm{diag}(\lambda_1, \cdots, \lambda_N)$，表示前 $N$ 个较大的特征值，且 $N < D$；$W_N$ 表示前 $N$ 个特征值对应的特征向量。

定义 $Y = W_N^{\mathrm{T}} X \in R^N$，$Z = W_{D-N}^{\mathrm{T}} X \in R^{D-N}$，对于任意 $X \in R^D$，可表示成如下形式：

$$X = WW^{\mathrm{T}} X = W_N W_N^{\mathrm{T}} X + W_{D-N} W_{D-N}^{\mathrm{T}} X = W_N Y + W_{D-N} Z \quad (5.71)$$

因此，定义变量 $Y$ 和 $Z$ 的梯度计算公式如下：

$$\nabla_Y f(X) = W_N \nabla_x f(X), \quad \nabla_Z f(X) = W_{D-N} \nabla_x f(X) \quad (5.72)$$

同时，关于 $Y$ 和 $Z$ 的梯度均方可以通过以下公式获得：

$$\begin{cases} \int (\nabla_Y f)(\nabla_Y f)^{\mathrm{T}} \rho \mathrm{d}X = \lambda_1 + \cdots + \lambda_N \\ \int (\nabla_Z f)(\nabla_Z f)^{\mathrm{T}} \rho \mathrm{d}X = \lambda_{N+1} + \cdots + \lambda_D \end{cases} \quad (5.73)$$

假定 $\lambda_{N+1} = \cdots = \lambda_D = 0$，输入空间 $R^D$ 上关于 $Z$ 的梯度均方为 0，此时 $Z$ 的改

变并不影响系统响应 $f$。因此,定义 $W_N$ 为活跃子空间,而 $W_{D-N}$ 为非活跃子空间; $Y$ 为活跃变量,而 $Z$ 为非活跃变量。基于活跃子空间,通过式(5.74)进行模型降维:

$$Y = W_N^{\mathrm{T}} X \tag{5.74}$$

$W_N^{\mathrm{T}}$ 识别不同参数在活跃子空间的重要度,可等效为权重系数,其将输入参数向量映射到低维活跃子空间。映射过程中,特征值表征了模型沿着特征向量方向在 $X$ 发生微小改变下的变化,对于 $N < D$,如果 $N$ 和 $N+1$ 特征值差异较大,则以上近似精度较高。在活跃坐标系 $Y$ 上建立系统响应的代理模型,如式(5.75)所示,以提高不确定性传播分析效率:

$$\tilde{G}(Y) \equiv R(Y; g_1, \cdots, g_m) \tag{5.75}$$

式中, $\tilde{G}(Y)$ 表示活跃子空间上的代理模型; $R$ 表示选择的代理模型方法; $g_1, \cdots, g_m$ 表示代理模型训练点。

引入如下参数: $Q$ 为 $D$ 维超立方空间 $[0, a]^D$, $a$ 为超立方空间的长度。 $f(X) \in C^1(Q)$, $g(X) \in C^1(Q)$, $f(X)$ 和 $g(X)$ 均为实值,且在边界 $\partial Q$ 上, $f(X) = g(X) = 0$,则有

$$\int_{\Omega} | f(X) | | g(X) | \mathrm{d}X \leqslant \frac{a^2}{8D} \int_{\Omega} [| \nabla f(X) |^2 + | \nabla g(X) |^2] \mathrm{d}X \tag{5.76}$$

式中,

$$| \nabla f(X) |^2 = \left( \sum_{i=1}^{D} \left| \frac{\partial f}{\partial x_i} \right|^2 \right)^{\frac{1}{2}}, \quad | \nabla g(X) |^2 = \left( \sum_{i=1}^{D} \left| \frac{\partial g}{\partial x_i} \right|^2 \right)^{\frac{1}{2}} \tag{5.77}$$

当 $f(X) = g(X)$, $X \in Q$ 时,式(5.77)可简化如下:

$$\int_{\Omega} | f(X) |^2 \mathrm{d}X \leqslant \frac{a^2}{4D} \int_{\Omega} | \nabla f(X) |^2 \mathrm{d}X \tag{5.78}$$

由式(5.78)可知,左边式子代表子空间法的计算误差上界,其在维度一定的情况下强烈依赖于 Latin 超立方空间的大小 $a$,且与 $a$ 的 2 次方成正比。实际计算中, $a$ 的值不能趋于无限小,避免陷入局部解,实际计算中应选取合适的 $a$ 值。如果模型存在明显的特征方向,且局部区间和整体区间上响应变化趋势一致时,则基于局部计算的特征向量(特征方向)可近似代表真实特征向量。计算过程中,由于缩放了整体空间,子空间的估计误差大大降低。因此,该方法在相同样

本条件下能极大提高活跃子空间中特征向量的计算精度,下面通过非线性函数验证该方法的有效性。

算例: 测试函数为 5 维非线性函数,其数学表达式如下:

$$f(X) = \cos(\pi A^\mathrm{T} X) + A^\mathrm{T} X \quad (X \in [-1, 1]^D) \tag{5.79}$$

式中,$D$ 表示输入参数的个数。

通过重抽样技术评估活跃子空间特征向量计算结果的不确定性,重抽样次数设定为 10 000。设定模型[式(5.79)]的计算维度为 30,初始计算样本数为 100,$A$ 向量中各元素均为 1,通过 Latin 超立方抽样方法参数空间样本。未缩放空间计算得到的特征向量如图 5.9 所示,特征向量表现出较大的不确定性,同时一维子空间变量和响应之间呈现出典型的线性变化趋势,未能捕捉到真实非线性响应关系。

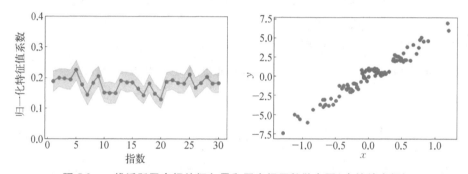

**图 5.9 一维活跃子空间特征向量和子空间函数散点图(未缩放空间)**

设定缩放因子为 0.001,在缩放空间随机抽样获得 $N = 100$ 个样本,基于随机样本计算一维活跃子空间特征向量,计算结果如图 5.10 所示,特征向量的不确定性显著降低。计算特征向量与真实特征向量($[a_1, \cdots, a_n]$,$a_1, \cdots,$ $a_n = 1$,$n = 30$)完全一致,特征向量计算结果表现出较高的计算精度,通过高精度的特征向量将模型从 5 维降至 1 维,降维空间中的散点图也准确捕捉到了真实的非线性响应。未缩减区间时,需要将样本数提高到 1 000 时方能获得高精度的特征向量计算结果,基于高精度特征向量构建的降维模型方能准确捕获函数的非线性变化。使用特征向量系数的统计值变异系数定量表征两种方法在计算精度方面的差异性,变异系数为 0 则为真实特征向量计算结果($[a_1, \cdots, a_n]$,$a_1, \cdots, a_n = 1$,$n = 30$);变异系数越大,计算得到的特征向量误差越大。

基于缩减空间,仅通过 100 个样本即可获得高精度的一维活跃子空间特征向量计算结果,变异系数为 1%~4.7%(10 000 次重抽样),而在未缩减空间中,需通过至少 2 000 个样本才可获得高精度的一维活跃子空间特征向量计算结果,系数的变异系数为 2.7%~5.4%(10 000 次重抽样)。因此,通过基于缩减空间的活跃子空间法可以在小样本条件下获得高精度计算结果。在本例中,通过缩减空间,在保证计算精度的同时,提高了活跃子空间特征向量的计算效率,提升幅度大于 95% 以上。

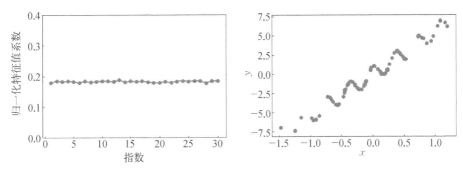

**图 5.10** 一维活跃子空间特征向量和子空间函数散点图(缩减空间)

当热结构模型存在显著活跃子空间,且局部区间和整体区间响应变化趋势完全一致时,通过缩放输入空间能够以较少的样本获得高精度的活跃子空间特征向量计算结果,进而减小降维模型误差。因此,在模型近似过程中,建议首先通过缩减空间来计算活跃子空间特征值和特征向量,以较小的计算成本对原问题进行降维,再通过高维空间中的少量数据点验证降维计算精度。

将本节建立的方法用于发动机喷管热结构模型降维分析,计算热应力响应的活跃子空间及子空间中变量和响应之间的关系。假定缩放因子为 0.001,一维活跃子空间分析结果如图 5.11 和图 5.12 所示,图中 $N$ 代表计算活跃子空间使用的样本数,$Ac$ 表示子空间变量。首先通过缩减空间计算得到降维特征向量($N=$ 20),然后将 10 000 个有限元计算样本点通过特征向量映射到一维空间,映射后的散点图如图 5.11(a)和图 5.12(a)所示。基于 10 000 个有限元样本计算得到活跃子空间特征向量,并将 10 000 个样本点映射到一维空间,映射结果如图 5.11(b)和图 5.12(b)所示。由热结构模型降维计算结果(图 5.11 和图 5.12)可知,使用本节方法($N=20$)与使用子空间方法($N=10\,000$)计算得到的子空间结果基本相同,子空间变量和应力响应之间均呈现近似的二次函数关系,通过简单的二次多项式函数即可拟合原有限元模型。因此,在真实的热结构模型分析中,本节建立的方法同样有效。通过缩减空间,仅需 20 个样本就获得了喷管热结构模型的一维活跃子空间特征向量,但通过局部区间数据拟合整体区间模型时的误差较大,此时还需通过活跃子空间中的两极值坐标点实现降维空间中有限元模型的近似拟合,最终降维模型中仅需 22 个样本即可实现代理模型(近似二次多项式函数模型)构建。

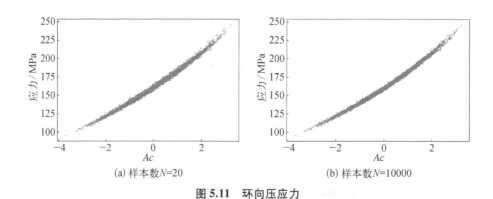

(a) 样本数$N$=20          (b) 样本数$N$=10000

**图 5.11 环向压应力**

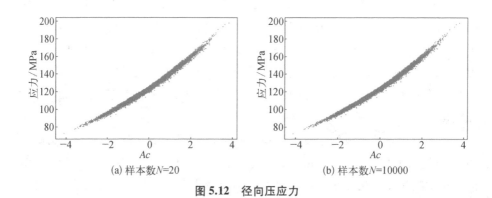

(a) 样本数$N$=20          (b) 样本数$N$=10000

**图 5.12 径向压应力**

### 5.5.2 代理模型建模

高斯过程模型(Gaussian process model, GPM)基于贝叶斯理论、样本数据和先验分布可获得预测值的后验分布过程,通过样本数据信息不断更新不确定性输入参数的分布特性,降低预测值的不确定度,提高其可信度[16]。贝叶斯理论基本公式如下:

$$P(\psi \mid Y, \boldsymbol{X}, \varsigma) = \frac{P(Y \mid \psi, \boldsymbol{X}, \varsigma)P(\psi \mid \varsigma)}{P(Y \mid \boldsymbol{X}, \varsigma)} \tag{5.80}$$

式中，$Y$ 表示实验获得的信息；$\varsigma$ 表示模型；$\boldsymbol{X}$ 表示输入向量；$\psi$ 表示不确定性输入参数。

$P(Y \mid \psi, \boldsymbol{X}, \varsigma)$ 描述了给定模型和输入参数下观测值的分布，从另外一个角度也表征了给定参数下获得给定输出 $Y$ 的可能性，因此也称为似然函数。

相比于确定性模型的参数修正，从概率的角度分析相应问题可以获得更为深刻的认识。首先考虑简单的基于贝叶斯理论的线性回归模型，假设 $\varsigma(\,\cdot\,)$ 为回归模型，且输入与输出参数响应具备如下关系：

$$Y = \varsigma(\boldsymbol{X}) + \varepsilon = \boldsymbol{X}^{\mathrm{T}}\boldsymbol{w} + \varepsilon \tag{5.81}$$

式中，$\boldsymbol{w}$ 为输入向量 $\boldsymbol{X}$ 的权重向量；$\varepsilon$ 为服从高斯分布的误差函数（均值为 0，方差为 $\sigma_{\varepsilon}$）。

对于特定输入向量 $\boldsymbol{X}^*$，$\varsigma(\boldsymbol{X}^*)$ 的响应预测可以通过如下公式计算得到：

$$P[\varsigma(\boldsymbol{X}^*) \mid \boldsymbol{X}^*, \boldsymbol{X}, Y] = \int P[\varsigma(\boldsymbol{X}^*) \mid \boldsymbol{X}^*, \boldsymbol{w}]P(\boldsymbol{w} \mid \boldsymbol{X}, Y)\mathrm{d}\boldsymbol{w} \tag{5.82}$$

式中，$P[\varsigma(\boldsymbol{X}^*) \mid \boldsymbol{X}^*, \boldsymbol{w}]$ 为回归模型；$P(\boldsymbol{w} \mid \boldsymbol{X}, Y)$ 为权重系数的后验分布，可通过如下公式获得：

$$P(\boldsymbol{w} \mid \boldsymbol{X}, Y) = \frac{P(Y \mid \boldsymbol{X}, \boldsymbol{w})P(\boldsymbol{w})}{P(Y \mid \boldsymbol{X})} \tag{5.83}$$

式中，$P(Y \mid \boldsymbol{X}, \boldsymbol{w})$ 表示给定权重后得到目标函数的概率；$P(\boldsymbol{w})$ 表示权重的先验概率分布。

此处，假定 $P(\boldsymbol{w})$ 服从高斯分布 $N(0, \Sigma_p)$，则 $P(Y \mid \boldsymbol{X}, \boldsymbol{w})$ 假定服从以下高斯分布：

$$P(Y \mid \boldsymbol{X}, \boldsymbol{w}) = \prod_{i=1}^{N} P(y_i \mid x_i, w_i) = \prod_{i=1}^{N} \frac{1}{\sigma_{\varepsilon}\sqrt{2\pi}} \exp\!\left(\frac{-1}{2\sigma_{\varepsilon}^2}(y_i - x_i w_i)^2\right)$$

$$= \frac{1}{(2\pi\sigma_{\varepsilon}^2)^{N/2}} \exp\!\left(\frac{-1}{2\sigma_{\varepsilon}^2} \mid y - \boldsymbol{X}^{\mathrm{T}}\boldsymbol{w} \mid^2\right) = N(\boldsymbol{X}^{\mathrm{T}}\boldsymbol{w}, \sigma_{\varepsilon}^2\boldsymbol{I})$$

$$\tag{5.84}$$

通过 $P(w)$ 先验分布和式(5.84)，可得到最终的权重向量的后验分布概率为

$$P(w \mid X, Y) \propto P(Y \mid X, w) P(w) \propto N\left(\frac{1}{\sigma_\varepsilon^2} A^{-1} Xy, A^{-1}\right) \qquad (5.85)$$

式中，$A = \sigma_\varepsilon^{-2} XX^{\mathrm{T}} + \Sigma_p^{-1}$

通过以上各式可以获得预测函数的概率分布：

$$P[\varsigma(X^*) \mid X^*, X, Y] = \int P[\varsigma(X^*) \mid X^*, w] P(w \mid X, Y) \mathrm{d}w$$

$$= N\left(\frac{1}{\sigma_\varepsilon^2} X^{*\mathrm{T}} A^{-1} Xy, X^{*\mathrm{T}} A^{-1} X^*\right) \qquad (5.86)$$

至此，获得了基于贝叶斯理论的线性回归模型。由于模型中采用线性函数，其非线性拟合能力欠佳。因此，引入投影函数 $\phi(\cdot)$，构建高斯过程模型，提高模型的拟合能力。$\phi(\cdot)$ 将 $D$ 维输入向量 $X$ 投影到 $N$ 维特征空间，$\phi(X)$ 代表所有训练集 $\phi(x)$ 的集合，将式(5.80)和式(5.86)中的 $X$ 换成 $\phi(X)$，得到如下公式：

$$\varsigma(X) = \phi(X)^{\mathrm{T}} w \qquad (5.87)$$

$$\varsigma^* \mid X^*, X, y \sim N\left[\frac{1}{\sigma_\varepsilon^2} \phi(X^*)^{\mathrm{T}} A^{-1} \phi(X)y, \phi(X^*)^{\mathrm{T}} A^{-1} \phi(X^*)\right]$$

$$(5.88)$$

式中，$A = \sigma_\varepsilon^{-2} \phi(X) \phi(X)^{\mathrm{T}} + \Sigma_p^{-1}$。

记核函数 $K = \phi(X)^{\mathrm{T}} \Sigma_p \phi(X)$，则 $A = \sigma_\varepsilon^{-2} \Sigma_p^{-1}(K + \sigma_\varepsilon^2 I)$，对矩阵 $A$ 求逆，代入式(5.88)可以获得预测响应的均值和方差：

$$\frac{1}{\sigma_\varepsilon^2} \phi(X^*)^{\mathrm{T}} A^{-1} \phi(X)y = \phi(X^*)^{\mathrm{T}} \Sigma_p^{-1} \phi(X)(K + \sigma_\varepsilon^2 I)^{-1} y \qquad (5.89)$$

$$\phi(X^*)^{\mathrm{T}} A^{-1} \phi(X^*) = \phi(X^*)^{\mathrm{T}} \Sigma_p \phi(X^*) - \phi(X^*)^{\mathrm{T}} \Sigma_p \phi(X)(K$$

$$+ \sigma_\varepsilon^2 I)^{-1} \phi(X)^{\mathrm{T}} \Sigma_p \phi(X^*) \qquad (5.90)$$

将 $\phi(X^*)^{\mathrm{T}} \Sigma_p \phi(X)$、$\phi(X^*)^{\mathrm{T}} \Sigma_p \phi(X^*)$ 和 $\phi(X)^{\mathrm{T}} \Sigma_p \phi(X^*)$ 简写为核函数 $K$ 的形式，$K$ 表征样本之间的相似度，对于相似度高的输入，可获得较大实数，反义亦

然。通过边际似然函数的极大似然估计方法可以获得最优的高斯过程模型参数,进而获得带有扰动的 GPM,其均值和方差的最终表达式如下:

$$\begin{cases} \boldsymbol{f}^* \mid \boldsymbol{X}, y, \boldsymbol{X}^* \sim N[\,\overline{\boldsymbol{f}}^*, \operatorname{cov}(\boldsymbol{f}^*)\,] \\ \overline{\boldsymbol{f}}^* = E(\boldsymbol{f}^* \mid \boldsymbol{X}, y, \boldsymbol{X}^*) = \boldsymbol{K}(\boldsymbol{X}^*, \boldsymbol{X})\,[\,\boldsymbol{K}(\boldsymbol{X}, \boldsymbol{X}) + \sigma_\varepsilon^2 \boldsymbol{I}\,]^{-1} y \\ \operatorname{cov}(\boldsymbol{f}^*) = \boldsymbol{K}(\boldsymbol{X}^*, \boldsymbol{X}^*) - \boldsymbol{K}(\boldsymbol{X}^*, \boldsymbol{X})\,[\,\boldsymbol{K}(\boldsymbol{X}, \boldsymbol{X}) + \sigma_\varepsilon^2 \boldsymbol{I}\,]^{-1} \boldsymbol{K}(\boldsymbol{X}, \boldsymbol{X}^*) \end{cases}$$

$$(5.91)$$

GPM 均值和协方差函数由核函数计算得到,因此核函数决定了最终 GPM 的精度。核函数表示不同数据点之间的相互关系,也称为协方差函数,为对称正定矩阵,其形式多样,且不同的核函数具有不同的适用性,采用单一核函数通常难以满足高度非线性模型的拟合要求,但现有文献报道中也未对核函数的选择给出明确的结论。本节研究不同组合核函数对 GPM 精度的影响,筛选建模性能较好的核函数组合形式,常用的可用于多输入参数近似模型核函数形式如下。

线性核函数(完全空间的内积):

$$k(x, x') = \sum_{i=1}^{d} \sigma_i^2 x_i x_i'$$

$$(5.92)$$

噪声核函数:

$$k(x_i, x_j) = \delta_{i,j} \sigma^2(x_i)$$

$$(5.93)$$

RBF 平方指数核函数:

$$k(r) = \sigma^2 \exp\left(-\frac{1}{2} r^2\right), \quad r = \sqrt{\sum_{i=1}^{d} \frac{(x_i - x_i')^2}{l_i^2}}$$

$$(5.94)$$

Matern32 核函数:

$$k(r) = \sigma^2 (1 + \sqrt{3}\, r) \exp(-\sqrt{3}\, r), \quad r = \sqrt{\sum_{i=1}^{d} \frac{(x_i - x_i')^2}{l_i^2}}$$

$$(5.95)$$

Matern52 核函数:

$$k(r) = \sigma^2 (1 + \sqrt{5}\, r + r^2 \times 5/3) \exp(-\sqrt{5}\, r), \quad r = \sqrt{\sum_{i=1}^{d} \frac{(x_i - x_i')^2}{l_i^2}}$$

$$(5.96)$$

神经网络核函数：

$$k(x, x') = \sigma^2 \frac{2}{\pi} \arcsin\left(\frac{\sigma_w^2 x^T x' + \sigma_b^2}{\sqrt{\sigma_w^2 x^T x + \sigma_b^2 + 1}\sqrt{\sigma_w^2 x'^T x' + \sigma_b^2 + 1}}\right) \quad (5.97)$$

式中，核参数 $\sigma_b$ 表示偏差项；$\sigma_w^2$ 表示神经网络输入先验权重向量。

线性核函数：

$$k(x, x') = \sigma^2(\sigma_w^2 xx' + \sigma_b^2)^d \quad (5.98)$$

式中，核参数 $\sigma^2$ 表示方差；$d$ 表示输入参数个数

核函数具备如下重要性质：核函数相加和相乘仍然是核函数。无论哪种基本核函数都无法描述所有物理模型，为提高模型拟合能力，一种直观的解决方法是基于现有的核函数构造更多的复杂核函数，来提高 GPM 拟合精度，组合核函数构建示例如下。

组合核函数 1（平方指数核函数+线性核函数）：

$$K_1(x, x') = \sigma_1^2 \exp\left(-\frac{1}{2}\sum_{i=1}^{d}\frac{(x_i - x_i')^2}{l_i^2}\right) + \sigma_2^2(\sigma_w^2 xx' + \sigma_b^2)^d \quad (5.99)$$

式中，$[\sigma_1, l_i, \sigma_2, \sigma_w, \sigma_b]$ 为组合核函数 1 的可调超参数。

组合核函数 2（平方指数核函数+Matern32 核函数）：

$$K_2(x, x') = \sigma_1^2 \exp\left(-\frac{1}{2}\sum_{i=1}^{d}\frac{(x_i - x_i')^2}{l_i^2}\right) + \sigma_2^2(1 + \sqrt{3}r)\exp(-\sqrt{3}r)$$

$$r = \sqrt{\sum_{i=1}^{d}\frac{(x_i - x_i')^2}{L_i^2}} \quad (5.100)$$

式中，$[\sigma_1, l_i, \sigma_2, L_i]$ 为组合核函数 2 的可调超参数。

组合核函数 3（平方指数核函数+神经网络核函数）：

$$K_3(x, x') = \sigma_1^2 \exp\left[-\frac{1}{2}\sum_{i=1}^{d}\frac{(x_i - x_i')^2}{l_i^2}\right]$$

$$+ \sigma_2^2 \frac{2}{\pi}\arcsin\left(\frac{\sigma_w^2 x^T x' + \sigma_b^2}{\sqrt{\sigma_w^2 x^T x + \sigma_b^2 + 1}\sqrt{\sigma_w^2 x'^T x' + \sigma_b^2 + 1}}\right)$$

$$(5.101)$$

式中，$[\sigma_1, l_i, \sigma_2, \sigma_w, \sigma_b]$ 为组合核函数 3 的可调超参数。

定义均方误差（root mean square error, RMSE）指标和预测成功率指标，用来评价 GPM 拟合精度，均方误差指标：

$$RMSE = \sqrt{\dfrac{\sum\limits_{i=1}^{N}(y_i - \hat{y}_i)^2}{N}} \tag{5.102}$$

式中，$N$ 为样本的个数；$y_i$ 为实际值；$\hat{y}_i$ 为预测值。

均方误差指标表示模型预测值与真实值均值之间的差异性，差异性越小，模型预测值越接近真实值，模型越能反映真实模型。

预测成功率指标：

$$\begin{cases} P = \dfrac{\sum\limits_{i=1}^{N} S_i}{N} \times 100\% \\ S_i = 1 \quad (|y_i - \hat{y}_i| \leq BL) \\ S_i = 0 \quad (|y_i - \hat{y}_i| > BL) \end{cases} \tag{5.103}$$

式中，$S_i$ 表示第 $i$ 个预测值是否成功，成功则记为 1，不成功则记为 0；BL 表示真实值的置信区间半宽，在大多数工程模型中，BL 通常表示真实值存在的噪声误差。以上两个指标中，第一个指标表征了模型的相对优劣，而第二个指标则定量表征了模型的优劣程度，能够为核函数的优选提供具体指导。

使用高维 Griewank 测试函数分析不同核函数下 GPM 的拟合能力，为高维热结构自适应高斯过程建模（adaptive Gaussian process modeling, AGPM）核函数优选提供参考。高维 Griewank 函数模型数学表达式如式（5.104）所示，二维情况下，该函数模型如图 5.13 所示，模型表现出强非线性。

$$f_{\text{Griewank}}(x) = \sum_{i=1}^{d} \frac{x_i^2}{4\,000} - \prod_{i=1}^{d} \cos\left(\frac{x_i}{\sqrt{i}}\right) + 1 \quad (x_i \in [-10, 10], \ i = 1, \cdots, d) \tag{5.104}$$

式中，$d$ 表示参数个数。

利用高维测试函数[式（5.104）]研究不同维度下 GPM 模型的拟合精度和效率，样本数设定为 200，维度设定为 30，分析结果如表 5.3 所示。针对高维非线性函数，不同核函数的 GPM 拟合精度差异较大，其中基于单一 RBF 平方指数

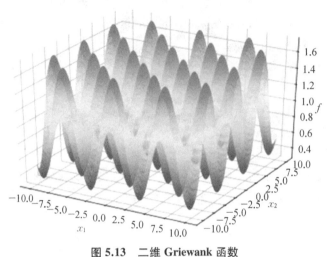

图 5.13　二维 Griewank 函数

核函数和 Matern32 核函数的 GPM 均不能较好地拟合高维非线性模型,但基于单独线性核函数和神经网络核函数的 GPM 具备较好的拟合精度,预测成功率指标分别为 85.5% 和 99.9%。RBF 平方指数核函数和 Matern32 核函数的拟合精度较差。拟合精度较好的核函数(线性核函数和神经网络核函数)的组合核函数(组合核函数 1 和组合核函数 3)也表现出了较好的拟合精度。因此,虽然不同核函数具有不同的适用范围,但由于组合核函数具备了多个核函数的特性,其泛化能力更强。

表 5.3　GPM 拟合精度

| 核 函 数 | RMSE | 预测成功率 |
| --- | --- | --- |
| RBF 平方指数 | 1.25 | 0 |
| 线性核函数 | 0.04 | 85.5% |
| Matern32 核函数 | 1.25 | 0 |
| 神经网络核函数 | 0.02 | 99.9% |
| 组合核函数 1 | 0.04 | 86.6% |
| 组合核函数 2 | 1.25 | 0 |
| 组合核函数 3 | 0.02 | 99.4% |

　　GPM 的预测均值和方差描述预测值可能服从的高斯分布,其预测方差可以作为预测均值的不确定性度量。如果训练输入与预测输入相近,则两者获得的输出也相近,预测输出的方差较小,即由相似数据获得的输出可信度相比其他数

据更高;反之,如果预测方差较大,则获得的输出可信度也较小,此时,采用可信度较小的输出进行预测,降低了 GPM 的精度。因此,合理筛选训练数据集对于提高 GPM 精度至关重要。

现有的高斯过程模型仍是被动使用数据进行训练及模型更新,在热结构模型的拟合过程中,样本量仍然较大。针对热结构模型,合理的样本点筛选不仅有助于提高 GPM 的拟合精度,同时也有助于降低训练样本数量。基于以上思想,本节提出了 AGPM 方法,该方法能够自主选取影响代理模型精度的重要训练点,提高样本利用率,同时基于模型拟合精度收敛准则实现高精度的代理模型自主构建,AGPM 过程如图 5.14 所示。

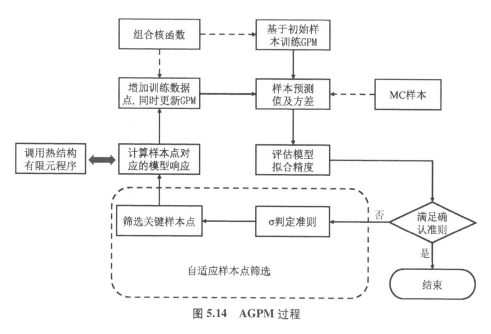

图 5.14　AGPM 过程

使用喷管热结构模型验证 AGPM 方法的适用性,其几何模型如图 5.15 所示。高温燃气从喷管小端到喷管大端方向喷射,喷管中部为安装位置,喷管大端为自由端。模型可以简化为二维轴对称模型,从大端到小端,内径分别为 300 mm、100 mm 和 180 mm,长度分别为 400 mm、100 mm 和 100 mm,喷管壁厚均为 20 mm。喷管前、中、后部分为圆角过渡,圆角半径均为 100 mm。热结构有限元模型中使用高阶二次单元,热边界假设如下:喷管外壁与空气接触,自由对流边界。对流换热系数为 10 W/(m² · K);喷管内壁与高温燃气接触,简化为强制对流边界,对流换热系数为 1 000 W/(m² · K),燃气温度为 2 293.15 K。相比于燃气压力,热梯度为热应力主要诱因,因此不施加压力载荷,仅施加约束边界条件(小端一点固定约束),防止结构发生刚体位移。

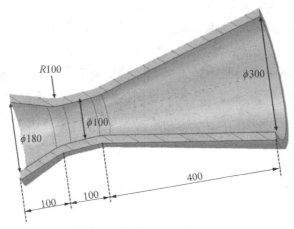

图 5.15　喷管热结构几何模型(单位: mm)

喷管热结构采用正交各向异性 C/C 材料,考虑制备工艺和测试误差等不确定性因素,材料和几何尺寸均考虑不确定性,总共有 24 个不确定性参数,为验证代理模型的有效性,进行了 10 000 次有限元仿真分析,获得了热应力的不确定性分布。

分析喷管热结构前 10 s 内最大应力,有限元模型经过网格收敛性验证,模型数值误差在 0.1% 以内。分析结果表明,环向压应力相比于其他方向应力更大,因此本节仅给出前 10 s 内最大环向压应力的不确定性分布结果。考虑三种不同的初始样本数(50 个、100 个和 150 个),在样本空间随机抽样一定数量的样本进行初始代理模型训练,然后开始自适应抽样,直至满足收敛准则(预测值的变异系数小于 1%)。

由前面分析可知,组合核函数具有内部单一核函数的性质,其适用范围更广,热结构模型计算中,事先并不知道何种核函数较优,因此选用在高低维空间均具有较好拟合精度的组合核函数 3(平方指数核函数+神经网络核函数)。尽管初始样本数不同,但自适应抽样的样本数是近似的。通过 SPC 预测成功率准则(BL=1%)和 RMSE 准则判定代理的拟合精度。通过表 5.4 中的计算结果可知,AGPM 具备较高的拟合精度,预测成功率指标均大于 92%,满足工程应用要求。通过不同样本下训练完成的 AGPM 开展热应力不确定性分析,与 10 000 次有限元模型计算得到的环向热应力不确定性分布结果对比发现,基于代理模型的不确定性分析精度较高,如图 5.16 所示,计算得到的概率密度分布和累积概率密度分布均表现出较好的一致性。

表 5.4　不同初始样本下的样本尺寸和代理模型精度

| 样本 | 初始样本数/个 | 自适应抽样样本数/个 | 样本总数/个 | 预测成功率 | RMSE |
|------|------|------|------|------|------|
| 样本 A | 50 | 35 | 85 | 92.88% | 2.85 MPa |
| 样本 B | 100 | 32 | 132 | 92.05% | 2.86 MPa |
| 样本 C | 150 | 22 | 172 | 95.51% | 2.43 MPa |

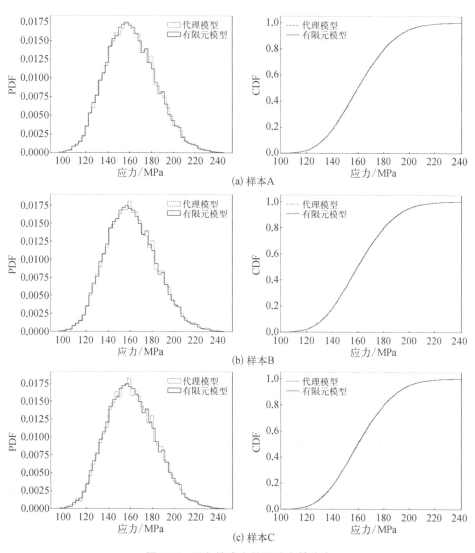

(a) 样本A

(b) 样本B

(c) 样本C

图 5.16　环向热应力的不确定性分布

### 5.5.3 多置信度方法

采用代理模型方法虽然能够显著加速原问题的求解,但同时也在模型中引入了逼近或截断误差。如图 5.17 所示,除了代理模型建模方法,其他加速模型求解策略,包括模型降维、采用粗糙的网格、线性化、忽略耦合效应等,均是以降低模型求解置信度来达到提升求解效率的目的。在不确定性量化中,低置信度(low fidelity)模型最终会在预测结果的不确定性分布中引入偏态误差。为了利用低置信度模型求解效率高的优势,同时保证结果的精度,提出了高、低置信度模型相结合的多置信度(multi-fidelity)方法,目前在结构优化、不确定性量化、实时模拟等领域获得了广泛的应用[17]。

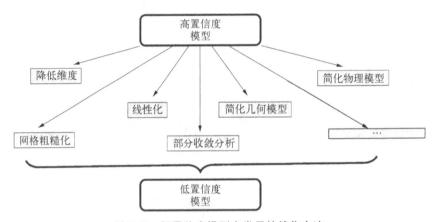

**图 5.17 低置信度模型中常用的简化方法**

在多置信度方法中,低置信度模型一般用来进行大规模或者实时性要求较高的计算任务。一般而言,低置信度模型所采用策略主要包括如下两类。

(1)简化物理问题背后的控制方程,即简化模型本身。在热结构分析中的案例包括忽略材料非线性效应、采用线弹性模型,忽略热力氧化耦合效应、采用部分耦合模型,采用简化的理想边界条件等。

(2)改变模型求解中的精细度,如使用更为粗糙的网格、采用 2D 模型代替3D 问题,降低模型收敛性的指标,使用稳态解代替瞬态解,降低不确定性传播中不确定性空间的维度等。

高置信度模型计算结果用于修正低置信度模型,一般应尽量减少高置信度模型的求解次数。高低置信度模型常用的结合方法主要包括三种,见图 5.18。

(1)叠加法:在低置信度模型求解的结果上,叠加一个求解误差,该误差项由高置信度模型与低置信度模型的对比确定,即

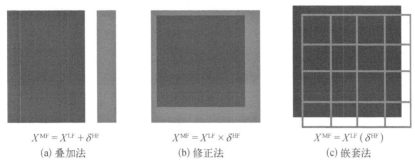

$$X^{\mathrm{MF}} = X^{\mathrm{LF}} + \delta^{\mathrm{HF}}$$
(a) 叠加法　　　　　$X^{\mathrm{MF}} = X^{\mathrm{LF}} \times \delta^{\mathrm{HF}}$
(b) 修正法　　　　　$X^{\mathrm{MF}} = X^{\mathrm{LF}}(\delta^{\mathrm{HF}})$
(c) 嵌套法

图 5.18　高低置信度模型常用的结合方法

$$X^{\mathrm{MF}} = X^{\mathrm{LF}} + \delta^{\mathrm{HF}} \tag{5.105}$$

式中，MF 表示多置信度；LF 表示低置信度；HF 表示高置信度。

（2）修正法：与叠加法类似，在低置信度模型求解的结果上，乘以模型修正系数，即

$$X^{\mathrm{MF}} = X^{\mathrm{LF}} \times \delta^{\mathrm{HF}} \tag{5.106}$$

（3）嵌套法：首先采用低置信度模型构建从输入到输出的关系，如代理模型。然后保持代理模型的结构不变，利用高置信度模型的数据替代相同参数下低置信度模型的数据，即

$$X^{\mathrm{MF}} = X^{\mathrm{LF}}(\delta^{\mathrm{HF}}) \tag{5.107}$$

在实际的应用中，还可以采用多种多置信度方法的叠加。本章的内容主要是介绍不确定性量化方法，因此下面主要介绍一种不确定性量化中的多置信度方法。

分别用 $u^{(\mathrm{H})}$、$u^{(\mathrm{L})}$ 表征高、低置信度模型给出的 QoI 求解结果，两者之间的关系表示为

$$u^{(\mathrm{H})} = u^{(\mathrm{L})}(1 + e_{\mathrm{L}}) \tag{5.108}$$

式中，$e_{\mathrm{L}}$ 是相比于高置信度模型的求解误差。

采用高置信度模型，QoI 的 $k$ 阶次统计矩表示为

$$E\left[(u^{(\mathrm{H})})^{k}\right] = E\left\{\left[u^{(\mathrm{L})}(1 + e_{\mathrm{L}})\right]^{k}\right\} \tag{5.109}$$

注意到，$u^{(\mathrm{L})}$ 与 $e_{\mathrm{L}}$ 存在相关性，式（5.109）可以进一步展开为

$$E[(u^{(H)})^k] = E[(u^{(L)})^k]E[(1 + e_L)^k] - C[(u^{(L)})^k, (1 + e_L)^k]$$

$$(5.110)$$

式中，$E[x]$ 为期望；$C[x, y]$ 为相关性系数。

式(5.109)的右侧两项均可以采用抽样方法进行估计，其中 $E[(u^{(L)})^k]$ 是采用低置信度模型求解 QoI 的 $k$ 阶矩，可以采用 Monte - Carlo 模拟方法、多项式混沌展开法进行求解，设使用的样本数量为 $M$。$E[(1 + e_L)^k]$ 和 $C[(u^{(L)})^k, (1 + e_L)^k]$ 的求解方法如下：在 $M$ 个样本中随机抽取 $J$ 个样本，并利用 $J$ 个输入样本和高置信度模型求解高置信度解，这样可以得到 $J$ 个高低置信度解的集合。用该集合可以求解相应的误差集合 $\{e_{L,j}\}$，$j = 1, 2, \cdots, J$，进而有

$$E[(1 + e_L)^k] \approx \frac{1}{J}\sum_{j=1}^{J}(1 + e_{L,j})^k \qquad (5.111)$$

$$C[(u^{(L)})^k, (1 + e_L)^k]$$

$$\approx \frac{\sum_{j=1}^{J}\{(u_j^{(L)})^k - E[(u^{(L)})^k]\}\{(1 + e_{L,j})^k - E[(1 + e_L)^k]\}}{J - 1} \qquad (5.112)$$

将式(5.111)和式(5.112)代入式(5.110)，可以给出 QoI 的 $k$ 阶统计矩的多置信度解。注意到，一般采用 $J \ll M$ 就可以对 $E[(1 + e_L)^k]$ 和 $C[(u^{(L)})^k, (1 + e_L)^k]$ 获得较好的估计结果，因而多置信度方法能够加速统计矩的求解。

## 5.6  案例：开孔板应变响应不确定性量化

所采用的案例为一开孔板受拉伸作用下的响应分析问题，如图 5.19 所示。在尺寸为 240 mm×120 mm 的 C/SiC 平板中心有一个直径为 10 mm 的开孔，平板的一侧受均匀分布的面内拉伸载荷，载荷形成的表面压力为 60 MPa。开孔板的有限元分析模型采用商业软件 ABAQUS 建立，考虑到结构对称性，采用了 1/4 模型，有限元模型采用 8 节点平面应力单元(CPS8)划分，单元特征尺寸为 1.5 mm，共 9 949 个节点。采用 N - R 方法进行非线性计算，载荷增量步为 0.5 MPa/s。通过 UMAT 子程序将本书定义的损伤本构引入模型分析中，提取子区间 1 内的体平均 $\varepsilon_{11}$、$\varepsilon_{22}$ 与等效损伤 $d_1$、$d_2$，与子区间 2 内的体平均 $\varepsilon_{12}$ 与 $d_6$ 响应，以保证结果的网格无关性。

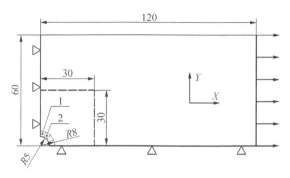

**图 5.19　开孔板模型(单位: mm)**

在开孔板响应的不确定性量化中,考虑的输入参数如下:本构模型的不确定性参数如表 8.1 所示;载荷的不确定性(用参数 $k_l \sim [-0.1,\ 0.1]$ 表示),共 17 个不确定性参数,来获取响应的不确定性分布。

1) 低置信度模型

在全局模型中不考虑 C/SiC 材料的损伤与非线性力学行为,但在子模型中引入损伤本构,利用子模型来获取非线性响应。选择的子模型为如图 5.19 所示虚线的包络区域,子模型内会发生刚度退化,因此在全局模型中需要提取内部作用力,作为载荷施加在子模型上进行分析,方法如下:

$$f_{int} = K_{sub} u_{sub} \tag{5.113}$$

式中,$f_{int}$ 为子模型界面的作用力;$K_{sub}$ 为从全局刚度矩阵中分离出的局部模型刚度;$u_{sub}$ 为子模型的位移解。

在子模型与全局模型界面上,当有限元网格不一致时,可以通过曲面上的数据插值来获取子模型界面的作用力。在局部损伤响应的分析中,全局线弹性模型起到了分配载荷的作用,而在一定外部载荷下,内部载荷的分配主要由全局结构的形式和刚度决定,对局部结构内的刚度退化不敏感,这为采用子模型进行非线性分析奠定了基础。为确定子模型的划分,可以先对全局模型进行线弹性初步分析,获得结构应力分析结果,并使子模型边界远离应力集中区域。子模型选取的区域越小,计算效率越高,同时误差也可能越大,该因素也是实际分析中子模型区域划分时参考的重要因素。

利用降阶方法对全局线弹性模型进行快速求解,提取子模型界面的内部作用力,并施加到子模型界面,利用子模型来控制非线性分析的计算成本,两者共同构成了降阶线弹性全局模型+非线性子模型(reduced linear global model +nonlinear sub model，RLG+NLS）的结构非线性响应快速求解方法。

对 RLG+NLS 方法的求解误差特性进行分析，本节在参数 $[E_{11}, G_{12}, v_{12}, k_1]$ 空间内抽取了 200 个参数样本。分别采用考虑 C/SiC 材料非线性的全局模型及线弹性全局模型降阶，结合考虑材料非线性的子模型，获取了子区间 1 内的体平均 $\varepsilon_{11}$、$\varepsilon_{22}$ 与等效损伤 $d_1$、$d_2$，与子区间 2 内的体平均 $\varepsilon_{12}$ 与 $d_6$ 响应。以考虑全局模型的计算结果为准，对子模型方法计算结果的相对误差进行估计。各响应计算结果的最大误差结果如表 5.5 所示，从表中可以看出，最大误差不超过 3%。采用子模型方法的求解时间平均为 4.5 s，采用全局非线性模型的求解时间约为 20.2 s，求解成本低 77.7%。可以将 RLG+NLS 方法视作一种多层级式的、置信度低但高效的结构非线性响应求解方法。

表 5.5　RLG+NLS 方法误差

| 误差/% | $\varepsilon_{11}$ | $\gamma_{12}$ | $\varepsilon_{22}$ | $d_1$ | $d_2$ | $d_6$ |
|---|---|---|---|---|---|---|
| 下边界 | −1.81 | −2.87 | −2.37 | −1.55 | −0.40 | −1.25 |
| 上边界 | −0.25 | −0.5 | 0.0 | 0.0 | −0.1 | −0.4 |

但值得注意的是，子模型的误差是偏态误差。当将子模型用于不确定性传播分析时，子模型方法的求解误差会影响响应不确定性的分布形态，是响应不确定性分析结果出现偏差的来源之一。

2）响应的多项式混沌展开

维度为 17 的条件下，不同阶次和类型的多项式空间自由度如表 5.6 所示，通过对比，本节选择 $k=9$ 的双曲多项式空间进行 PCE 展开分析。

表 5.6　不同阶次和类型的多项式空间自由度（$d=17$）

| 多项式空间阶次 | 3 | 6 | 9 | 12 |
|---|---|---|---|---|
| 张量多项式空间 | $\approx 1.72\times10^{10}$ | $\approx 2.33\times10^{14}$ | $1\times10^{17}$ | $\approx 8.65\times10^{18}$ |
| 完全多项式空间 | 1 140 | $\approx 1.01\times10^{5}$ | $\approx 3.12\times10^{6}$ | $\approx 5.19\times10^{7}$ |
| 双曲多项式空间 | 188 | 511 | 1 922 | 4 557 |

本节首先在不确定性参数空间 $\Theta$ 内抽取了 700 个样本，对子区间 1 内的体平均 $\varepsilon_{11}$、$\varepsilon_{22}$ 与等效损伤 $d_1$、$d_2$，以及子区间 2 内的体平均 $\varepsilon_{12}$ 与 $d_6$ 响应进行了稀疏多项式逼近。图 5.20 为 $\varepsilon_{11}$、$d_1$ 的 PCE 展开系数柱状图，从图中可以看出，$\varepsilon_{11}$、

$d_1$ 的展开系数中绝大部分近似为 0,仅有少数多项式项起到作用。其他响应系数具有类似性质,不再单独列出。

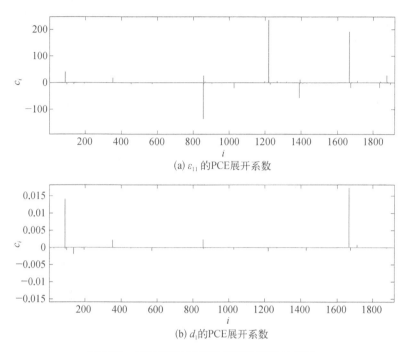

(a) $\varepsilon_{11}$ 的 PCE 展开系数

(b) $d_1$ 的 PCE 展开系数

**图 5.20　开孔板响应 PCE 展开的系数柱状图**

图 5.21 给出了 PCE 计算结果(逼近值)与 FE 模拟结果(模拟值)的对比,从图中可以看出,PCE 逼近误差较小,如 $\varepsilon_{11}$ 的 PCE 误差小于 2%,$d_1$ 的 PCE 相对误差小于 0.5%。与子模型误差分布不同,PCE 响应逼近误差不是偏态误差。

3)多置信度不确定性量化

在对 PCE 不确定性传播方法的准确性进行评价时应注意到,PCE 逼近结果与构成设计矩阵 $A$ 的样本分布及数量相关,与此同时,低置信度结果的误差估计样本也存在随机性,进而会影响统计矩的计算结果。由样本的随机性引起结果的波动性是方法的固有特性,为考虑该特性,本节在不同样本数量下,利用重复抽样方法,分析 PCE 方法计算各阶统计矩估计的误差,具体方法如下:步骤①,抽取 $N$($N$ 取 200~1 400)个样本进行 PCE 逼近及响应统计矩求解;步骤②,重新抽取 $M$($M$ 取为 20)个样本进行低置信度模型误差的估计,并修正统计矩计算结果;步骤③,重复步骤①与步骤②共 $R$ 次,构成 $R$($R$ 取为 10 000)个统计矩求解

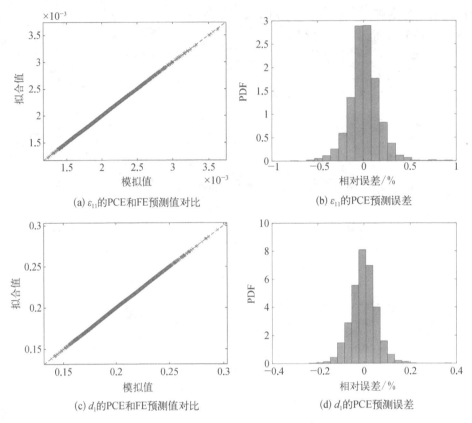

(a) $\varepsilon_{11}$的PCE和FE预测值对比　　　　　(b) $\varepsilon_{11}$的PCE预测误差

(c) $d_i$的PCE和FE预测值对比　　　　　(d) $d_i$的PCE预测误差

**图 5.21　开孔板响应 PCE 逼近误差分析**

样本,并对统计矩求解结果表现出的随机性进行分析。

　　针对开孔板模型,应变与损伤参数统计矩样本的 $\pm 1\sigma$ 区间如图 5.22 ~ 图 5.25 所示,其中修正前的结果分别如图 5.22 和图 5.23 所示,修正后的结果分别如图 5.24 和图 5.25 所示,图中的水平虚线为采用拟 Monte‐Carlo 模拟获取的数值精确解。其中,$\mu_\varepsilon$ 表示均值,$\mathrm{Var}_\varepsilon$ 表示方差,$\sigma_\varepsilon$ 表示偏度,$k_\varepsilon$ 表示峰变。

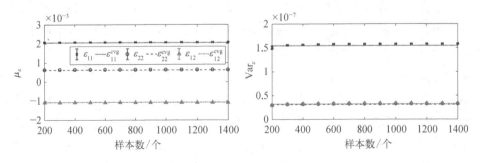

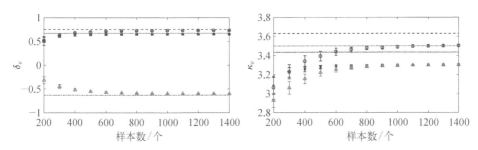

**图 5.22 RLG+NLS 和 PCE 应变响应统计矩计算结果（误差修正前）**

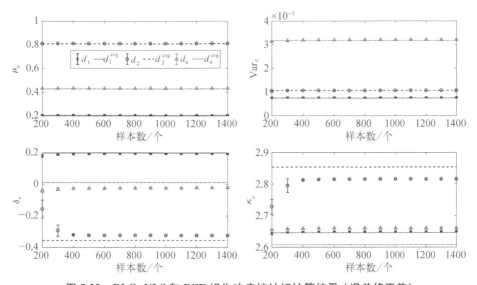

**图 5.23 RLG+NLS 和 PCE 损伤响应统计矩计算结果（误差修正前）**

从图 5.23 中可以看出,若不对子模型求解的误差进行修正,则会在统计矩的求解,尤其是高阶统计矩求解中引入明显的偏差。由于子模型求解的误差是偏态误差,随着样本数的增加,该误差对统计矩求解结果的影响不会消除。

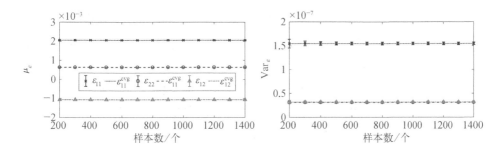

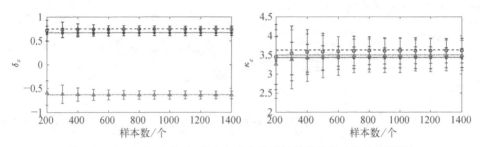

**图 5.24    RLG+NLS 和 PCE 应变响应统计矩计算结果（误差修正后）**

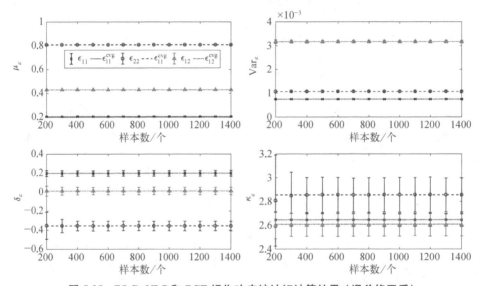

**图 5.25    RLG+NLS 和 PCE 损伤响应统计矩计算结果（误差修正后）**

从图 5.24 和图 5.25 中可以看出，仅采用 20 个参数样本下的全局非线性分析模型结果进行后验误差估计，进行修正后的统计矩多次计算结果的均值能较好地逼近真值，能够提高方法的准确度。

此外，PCE 方法计算统计矩结果的精度随着样本数的增加而增加，并且高阶矩的精度低于低阶统计矩。当用于构建 $A$ 的样本数达到 800 个；对于损伤响应，当样本数达到 400 个以上时，统计矩计算结果的不确定性不再变化，可以认为此时样本数已经足够，可将该不确定视为 PCE 展开截断带来的固有不确定性。相比 QMCS 方法，采用 PCE 方法确实能够利用较少的样本，来实现响应不确定性的分析。此外，对比如图 5.22 和图 5.23 中的 $\pm 1\sigma$ 区间可以看出，多置信度方法会使计算结果的变异性增强。

为研究后验误差估计所需的样本数与最终不确定性响应求解结果的关系，在 $M=20$，$40$，$\cdots$，$400$ 的条件下，计算了结果变异性最大的第 4 阶统计矩，应变与损伤的计算结果分别如图 5.26 和图 5.27 所示。

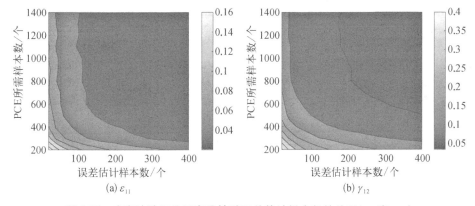

**图 5.26　应变统计矩结果变异性随误差估计样本数的关系（$\varepsilon_{11}$ 和 $\gamma_{12}$）**

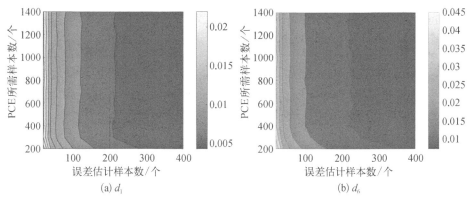

**图 5.27　应变统计矩结果变异性随误差估计样本数的关系（$d_1$ 和 $d_6$）**

从图 5.27 中可以看出，$\gamma_{12}$ 与 $d_6$ 结果的变异性大于 $\varepsilon_{11}$ 与 $d_1$，损伤响应统计矩计算结果的离散性小于应变响应，统计矩计算结果的变异性随着后验误差样本数的增加而迅速降低。$\gamma_{12}$ 统计矩计算结果离散性最大，当用于 PCE 的样本数达到 800，后验误差估计所需的全局非线性分析样本数达到 200 时，计算结果的变异性不再变化，可以认为此时方法已经收敛。

采用高置信度模型和多置信度模型的不确定性传播计算成本对比如表 5.7 所示。以高置信度模型单个计算样本的时间为 1，则多置信度方法计算一个样本的时间为 0.223（使用 ABAQUS 6.13 版本、Intel i7 – 8700K/16GB 内存平台测试）。当两种方法计算结果的变异性达到相同水平时,采用多置信度方法时的计算成本降低了 50% 以上。

表 5.7  不确定性传播方法成本对比

| 成　　本 | 高置信度模型 | 多置信度模型 |
| --- | --- | --- |
| PCE 所需每个样本计算成本 | 1.00 | 0.223 |
| $\varepsilon_{11}$ 峰度计算结果离散性 | 0.106 | 0.106 |
| $\varepsilon_{22}$ 峰度计算结果离散性 | 0.149 | 0.142 |
| $\varepsilon_{12}$ 峰度计算结果离散性 | 0.199 | 0.178 |
| PCE 所需样本数 | 800 | 800 |
| 误差修正所需样本数 | N/A | 200 |
| 总成本 | 800 | 378.4 |
| 相对成本 | 100% | 47.3% |

**参考文献**

[ 1 ] Blattnig S R, Luckring J M, Morrison J H, et al. NASA standard for models and simulations: philosophy and requirements overview. Journal of Aircraft, 2012, 50(1): 20 - 28.

[ 2 ] Oberkampf W L, DeLand S M, Rutherford B M, et al. Error and uncertainty in modeling and simulation. Reliability Engineering & System Safety, 2002, 75(3): 333 - 357.

[ 3 ] Yao W, Chen X, Luo W, et al. Review of uncertainty-based multidisciplinary design optimization methods for aerospace vehicles. Progress in Aerospace Sciences, 2011, 47(6): 450 - 479.

[ 4 ] Helton J C, Johnson J D, Oberkampf W L, et al. Representation of analysis results involving aleatory and epistemic uncertainty. International Journal of General Systems, 2010, 39(6): 605 - 646.

[ 5 ] Mehta U B, Eklund D R, Romero V J, et al. The JANNAF simulation credibility guide on verification, uncertainty propagation and quantification, and validation. Kissimmee: 53rd AIAA Aerospace Sciences Meeting, 2015.

[ 6 ] Shafer G. Dempster-shafer theory. Encyclopedia of artificial intelligence, 1992, 1: 330 - 331.

[ 7 ] Mourelatos Z P, Zhou J. Reliability estimation and design with insufficient data based on possibility theory. AIAA Journal, 2005, 43(8): 1696.

[ 8 ] Rao S S, Berke L. Analysis of uncertain structural systems using interval analysis. AIAA Journal, 1997, 35(4): 727 - 735.

[ 9 ] Ferson S, Nelsen R B, Hajagos J, et al. Dependence in probabilistic modeling Dempster-Shafer theory and probability bounds analysis . Albuquerque: Sandia National Laboratories, 2015.

[10] Romero V, Swiler L, Urbina A, et al. A comparison of methods for representing sparsely

sampled random quantities. Albuquerque：Sandia National Laboratories，2013.

［11］ Pradlwarter H J, Schuëller G I. The use of kernel densities and confidence intervals to cope with insufficient data in validation experiments. Computer Methods in Applied Mechanics and Engineering，2008，197(29－32)：2550－2560.

［12］ Najm H N. Uncertainty quantification and polynomial chaos techniques in computational fluid dynamics. Annual Review of Fluid Mechanics，2009，41：35－52.

［13］ 汤涛,周涛.不确定性量化的高精度数值方法和理论献给林群教授 80 华诞.中国科学：数学,2015,45(7)：891－928.

［14］ 魏鹏飞.结构系统可靠性及灵敏度分析研究.西安：西北工业大学,2015.

［15］ Constantine P G. Active subspaces：emerging ideas for dimension reduction in parameter studies. Golden：Society for Industrial and Applied Mathematics，2015.

［16］ Rasmussen C E. Gaussian processes in machine learning. Berlin：Summer School on Machine Learning，2003.

［17］ Fernández-Godino M G，Park C，Kim N H，et al. Review of multi-fidelity models. arXiv preprint，arXiv：1609.07196，2016.

# 第6章

## 热结构分析的验证与确认

不确定性对分析模型有效性有着重要的影响,如图 6.1(d)所示,在客观不确定性因素影响下,实际结构响应和性能可能是图中一个散点(图中的圆盘代表了不确定性的范围,散点则表示实际观察到的数据)。在理想情况下,模型的预测结果应当与试验结果相吻合,并且能够预测实际的不确定性范围,如图 6.1(c)所示。当模型中存在认知不确定性,尤其是存在模型偏差时,模型预测结果与试验结果存在系统性偏差,如图 6.1(a)所示;进一步考虑客观不确定性时,模型预测结果如图 6.1(b)所示,与试验存在明显差异。前一章所述的不确定性量化就是要将影响预测结果的各类主观、客观不确定性引入分析模型中。

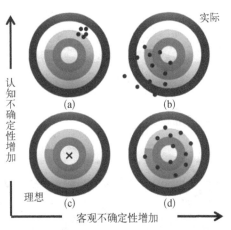

**图 6.1 不确定性对模型分析有效性的影响**

从图 6.1 可以看出,在众多不确定性因素影响下,实际情况下热结构可能出现的热/力响应是一个不确定性变量。在理想情况下,热结构分析模型应当能够准确预测、量化响应中的不确定性,这也是模型预测有效性这一概念的直观定义。但在实际热结构分析中,事先无法获取热结构响应的准确不确定性范围。与此同时,受制于热结构试验成本、周期等因素,热结构试验所能获取的数据往往有限。考虑建模过程中面临的不确定性因素多源性、模型存在不足和误差等因素,如何分析模型预测结果的置信区间及置信度,如何判定模型的有效性成为模型应用的先决条件,也是当前热结构分析乃至各个科学计算领域内的难点问题之一。

模型验证与确认的最终目标是确定模型能否用于预定的应用要求,其基本思想是以试验观察获取的数据为依据,通过对模型分析和试验结果的不确定性进行量化及对比,从而建立模型和分析结果有效性的判据。本章围绕该主题,首先介绍模型验证与确认(verification & validation,V&V)的基本概念,然后介绍开展 V&V 的基本方法。在模型有效性不足的情况下,阐述基于贝叶斯理论的模型修正基本方法与数值求解方法。

## 6.1  模型有效性及验证与确认

热结构响应与分析预测过程实际上可以分为建模与模拟两个部分,其中建模(modeling)是结合实际问题的物理现象,根据物理的定律或假设(概念模型或物理模型),选择重要特征和相关数学近似方法,导出反映此现象的数学描述或公式,建立能准确描述真实世界数学模型的过程[1]。模拟(simulation)是通过数学理论或分析,确定能数值求解数学模型的计算模型,借助计算机语言,研制能正确求解计算模型的应用软件,经计算机计算和分析,再现实际物理现象的整个过程,以再现、预测和认识真实客观系统演化规律。

建模与模拟有效意味着模型能够准确预测实际结构中可能出现的不确定性,从实施的角度,又分为验证与确认两步,其中验证(verification)是确定计算模型是否正确反映了对应的数学模型,其本质是收集信息,以确定数学模型的计算格式及相应的解是否正确。简单来说,模型验证可以理解为"是否正确地求解了方程"。模拟的验证主要涉及两个方面,即软件验证(code verification)与求解验证(solution verification)。

确认(validation)是依据模型的使用目的,分析模型能够在多大程度上准确反映真实物理世界,以确定模型能否用于预测,其本质是通过实验和模拟结果的对比来确定对所需解决的问题是否选用了恰当的数学模型。简单来说,模型确认可以理解为"所建立的方程(组)是否是正确的"。

围绕"模型是有效性的"这一论述,目前学术界也出现了一定的分歧,争论的焦点在于"确认"中所提出的"控制方程正确性"对建模提出了苛刻的要求,在工程实际应用中难以达到。目前,有学者从实用的角度对模型有效提出了两点要求[2,3]:一是模型确认必须服务于模型预测的目的;二是模型确认建立在模型预测结果是充分准确的基础上,而不要求模型内在的正确性。在这两点原则的基础上,模型有效性的判定转变为分析模拟与试验结果差异有多大(准确性问题),以及这种差异能否满足模型使用需求（充分性问题），其本质是要回答三个基本问题：① 模型能在多大程度上反映真实的物理世界？② 我们如何量化分析不确定性因素对分析预测的影响？③ 如何利用试验数据等来提高模型预测的能力？

在模型的有效性的判定中，必须要对试验和模拟中的不确定性进行量化，才能够建立正确的有效性判定准则。试验和模拟中常见的不确定性因素归纳如表 6.1 和表 6.2 所示[4]。

表 6.1　实验和实验数据中不确定性因素的来源

| 不确定性来源 | 描　述 |
| --- | --- |
| 测量/估计的不确定性 | 传感器或者数据采集系统的不精确等，如实验条件和实验输入，初始条件和边界条件，系统的响应、行为和输出等 |
| 数据外推偏差 | 当从初始的定量位置外推实验结果的偏差校准与不确定性特征时 |
| 重复测试中的随机可变性 | 在重复测试中不同试件的几何和物理性能的可变性，以及在不同测试中的测量精度的可变性 |
| 试验数据处理和推断的不确定性 | 时间或空间域点数据的插值、积分，趋势外推等带来的不确定偏差<br>从有限的数据样本中推断一个随机变量的总体特征（如频率分布或者概率密度）时带来的不确定性偏差<br>在将数据测量、处理和不确定性推断结合起来的过程中涉及的不确定性传播和聚合过程带来的不确定性偏移误差 |

表 6.2　建模和模拟过程中不确定性因素的来源

| 不确定性来源 | 描　述 |
| --- | --- |
| 不同唯象/经验模型中的不确定性 | 多个不同却合理的湍流模型<br>多个状态方程模型，如多种材料本构模型<br>几何模型（例如，模型 A 建模明确地考虑了螺栓，而模型 B 没有考虑） |
| 模型输入参数值的不确定性 | 随机参数，或者参数具有多个可能值 |
| 模型预测偏差的不确定性 | 无论模型形式和参数的取值如何，即便精确地求解了数学方程，且模型的初始和边界条件精确的，整个过程中所采用的近似手段通常也会导致一定程度的预测偏差。（模型验证试图量化模型预测偏差；模型校准或结果修正函数试图减少模型预测偏差） |

（续表）

| 不确定性来源 | 描　　述 |
|---|---|
| 数值求解误差的不确定性 | 这与连续体物理数学模型的时间和空间离散和离散方程求解过程中的不完全迭代收敛有关<br>时间或空间域点值的插值、积分、趋势外推等带来的不确定性偏差 |
| 模拟结果处理和推断的不确定性 | 上述建模和模拟中不确定性传播和聚合过程中带来的不确定性偏差 |

## 6.2　验证与确认的基本框架

### 6.2.1　V&V 方法框架

美国机械工程师协会针对计算固体力学领域内建模模拟的验证与确认,给出了如图 6.2 所示的一般流程,该流程对其他科学计算领域的验证与确认同样具有参考意义[5]。Oberkampf 和 Roy[6]在其专著中对模型的验证与确认工作进行了归纳,包括如下几个方面:确定所关心的应用、制定验证与确认计划、程序验证和软件质量保证、确认试验的设计与执行、系统响应量的计算和求解验证、计算确认度量结果、对所关心的应用进行预测和不确定性估计、模型适合性评估、归档工作。

模型验证与确认研究中需要特别注意以下几点思想:V&V 需要始终明确模型的使用目的和范围;复杂系统的 V&V 应分层逐级进行;建模模拟需与试验设计协同工作;不确定性量化是核心方法;应建立完整的验证与确认计划。

Rider 等[7]对模拟验证问题进行了综述,给出了四类典型误差:圆整误差、抽样误差、迭代求解误差、离散误差。在计算固体力学领域内,主要涉及的是求解验证,常关注的问题包括网格收敛性检查,采用的方法包括 Richardson 外推、误差传播方程、网格自适应细化及伴随误差分析等。其中,Richardson 外推采用多个网格水平结果的收敛级数进行估算,进而外推准确解,对具备渐进收敛特征的积分结果具有较好的适应性[8]。

在确认结果不能满足模型使用要求的情况下,所需要解决的问题是如何提升模型的有效性,目前主要采用模型参数修正与模型形式修正两种方法。前者主要是利用试验数据,结合贝叶斯理论,利用最大似然法获得参数估计结果,或

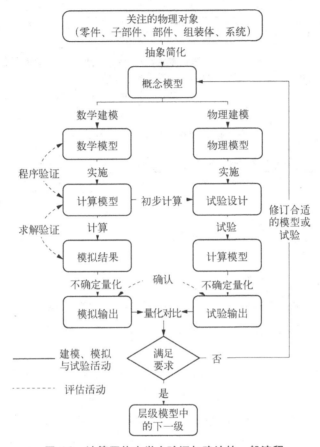

**图 6.2　计算固体力学中验证与确认的一般流程**

者采用马尔可夫链蒙特卡罗(Markov chain Monte Carlo, MCMC)抽样方法获取参数后验分布。后者关注的模型形式误差指的是模型本身与真实物理情况存在偏差,对于该问题,当有多个模型时,可以模型充分性度量作为权重进行模型平均[9];Kennedy 和 Hagan[10]最早在模型修正中提出了偏差函数的概念(KOH 方法),认为模型 $m(x)$、偏差函数 $\eta(x)$ 和试验误差 $\delta$ 之和等于试验结果 $y$,即

$$y = m(x) + \eta(x) + \delta \qquad (6.1)$$

研究的重点是如何获取 $\eta(x)$,通常采用高斯过程模型将泛函问题转换为超参数问题;Strong 和 Oakley[11]认为,KOH 方法属于外部偏差方法,无论是在物理上还是求解上,从模型内部寻找误差原因并进行修正更为恰当、有效,该方法首先对模型进行层级式分解,然后辨识可能存在的偏差来源,并对偏差大小及影响

进行估计,评估改进模型所能带来的收益,进而确定模型偏差修正方法。

　　在进行模型确认时,由于试验能力成本有限,如何进行确认试验设计也是当前研究的热点问题之一。如图 6.3 所示,确认试验中使用的控制条件范围会构成一个确认域,确认试验的设计应当能够包络模型预测对应的条件。可采用贝叶斯方法对试验进行优化,即给出不同试验参数下的试验数据的效能函数,利用该函数对试验参数进行优化,进而实现试验资源的分配[12]。在确认域外,严格意义上来说,模型的有效性无法得到保证。受试验条件的限制,如

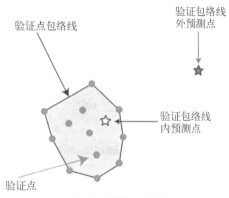

图 6.3　模型确认域

何进行模型的有效外推也是当前研究的热点问题[13]。Roy 和 Oberkampf[14] 提出了线性外推方法,但该方法仍面临适用性不足等问题。

　　当必须进行模型外推时,需要区分模型中的不确定性是否属于可传递的不确定性,例如,材料性能不确定性是一种内在的不确定性,在不同的工况下有相同的性质,因此属于可传递的不确定性。对应试验条件所使用的载荷不确定性,在另外的工况下可能不成立,不属于可传递的不确定性,其对模型预测不确定性范围的贡献需要在进行模型外推时剔除。

### 6.2.2　不确定性下的确认度量

　　在不确定性条件下,确认度量(validation metric)量化模拟结果与试验结果的差异是判定模型有效的依据,也是进行模型外推时的重要参量。确认度量的制定必须具备广泛的适用性,即能够区分实验和预测不确定性的各种情况。常用的确认度量包括:① 采用试验和模拟响应量的概率分布的差值进行度量[图 6.4(a)],这也是 ASME V&V 20 推荐的度量;② 采用累积概率密度差异积分给出的面积度量[图 6.4(b)],这也是 ASME V&V 10 手册推荐的方法。两者均需要对模型预测和试验结果进行不确定性量化,因此在模型的验证确认中,不确定性量化是基本的数学工具与桥梁。

　　Romero[15] 分析指出,上述两种确认度量中,在由不确定性分布向量化指标的映射中不存在唯一性的不足,因此提出采用“真实(real space)空间法”直接对试验与模拟的结果进行对比(不再用一个指标)。如图 6.5 所示,工况 1 和工况 2

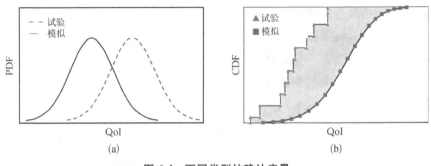

图 6.4 不同类型的确认度量

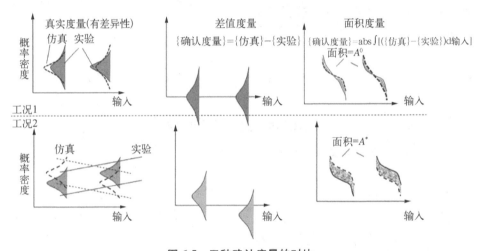

图 6.5 三种确认度量的对比

中仿真和试验对应的两种情况存在差异性,差值度量准则在工况 1 中失效,面积度量准则在工况 1 和工况 2 中失效。真实空间确认度量解决了面积度量和差值度量的局限性,其保留了仿真和试验完整的不确定性分布信息,可准确反映仿真和试验的差异性。

如何建立科学合理的确认度量仍是目前研究的热点,尤其是在高维输出下(如 DIC 给出的应变场数据)或者试验重复样本不充分的条件下,这也是热结构分析和验证中常见的两种情况。

### 6.2.3 热结构模型确认

总体来说,热结构模型确认需要遵循如图 6.2 所示的一般原则。但是与其他前沿领域的建模和模拟问题相同,热结构分析的确认也面临一些难点问题。

(1) 热结构具有典型的层级特点:从材料、零件、部件到系统,热结构分析存在多个层级。系统层级的响应预测误差往往是由子层级多个因素决定的,系统级的数据也难以直接用于模型修正。因此,对于具有多层级特点的模型,V&V指南中建议采用自上而下分解、自下而上逐级修正与确认的方法。在这种积木式策略中,需要特别注意子层级之间的相互作用特性,也就是那些在各个子模型中不体现但在高一层级模型中会表现出的相互作用的特征。此外,采用积木式策略时也面临着高成本、高周期的问题。

（2）热/力响应分析是多物理场问题:热结构响应分析是典型的多物理场问题,涉及热、力、声、氧化等多场耦合作用。仅考虑热、力场耦合时,采用顺序耦合策略,可以分别对传热分析和结构分析模型进行确认。对于强耦合问题,则需要考虑多场交互作用效应,对整个模型进行确认。

（3）能够用于模型修正与确认样本少:受制于试验成本及热结构响应测试手段,热结构分析始终面临小样本问题。而且,试验中采用各类传感器,包括应变、变形、温度、电阻传感器等,使得数据存在异质特性;采用点测量、全场测量方式,导致数据的粒度不一致,需要发展有效的数据融合方法。

（4）模型预测范围往往需要外推:地面试验能力有限,不能够完全复现飞行环境。因此,热结构模型一般需要针对地面试验工况开展分析与模型确认,然后拓展到飞行条件。地面试验工况与飞行工况的相关性,以及模型外推中的有效性判定仍是难点问题,尚未得到有效解决。

针对热结构特点,本书给出如图 6.6 所示的热结构模型修正与确认流程,主要包括以下几个关键步骤: ① 建立不确定性热结构模型;② 基于已建成的热结构分析模型,辨识影响分析结果的不确定性参数,并基于灵敏度分析开展关键不确定性辨识;③ 针对关键不确定性,如本构参数、界面性能、强度等,确立试验目标并开展针对性的模型修正试验;④ 利用试验中获取的数据,对关键参数进行修正,获取修正后的分析模型,判定模型预测结构与试验结果的吻合程度;⑤ 若结果吻合,则完成该层级的模型修正,进入下一层级;若模型精度仍未达到要求,则需要重复步骤①~③,直至满足要求,模型通过确认。上述各步骤中,均需要依赖于不确定性参数的传播与量化方法。

在上述层级式模型修正与确认流程中,需要注意不确定性的性质:一是模型形式与参数不确定性,热结构分析通常存在许多假设简化,模型也往往存在不同的精细度,如是否考虑材料的非线性、界面的建模方式等,这些属于模型形式不确定性。在模型修正中,可以对不同形式模型的结果进行比较,确定较优的模型形式,不同形式的模型之间可以采用模型平均方法提高模型预测置信度。对

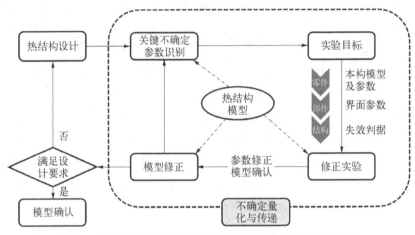

图 6.6　基于不确定性分析的热结构模型修正与确认流程图

于参数不确定性,关键在于辨识关键的不确定性量,并针对性设计实验,获取数据并进行修正。另一个性质是局部不确定和全局不确定性,局部不确定性只出现在当前层级的模型中,如边界条件的不确定性等;全局不确定性存在于各个层级的结构中,如材料性能的不确定性。在多层级模型确认中,全局不确定性具有可传递特性,使得能够利用低层级结构的试验结果来修正高层级模型中的不确定性。

## 6.3　基于贝叶斯理论的模型修正

在初步的模型确认结果不能满足模型使用要求时,可以对模型展开模型修正。模型修正的概念包括参数校正(parameter calibration)和模型形式更新(model form updating)两部分。一个相近的概念是模型细化(model refinement),一般指采用更加复杂精细的模型来更好地描述问题,如用非线性有限元方法来代替线性分析方法等。模型细化一般基于物理机制或者分析经验出发。本节主要讨论利用试验观测数据驱动的模型修正方法,基本的数学原理是贝叶斯条件概率理论,因此与确定性条件下的参数估计(parameter estimation)有所不同。

### 6.3.1　贝叶斯理论

目前,不确定性条件下模型的修正方法普遍建立在贝叶斯理论框架下,贝叶斯修正的基本思想是通过样本观测值和模型参数的先验分布信息,基于贝叶斯理论,经过计算和处理得到更新参数的后验分布信息。贝叶斯方法认为概率是主观的,从一种主观信念开始,得到模型参数的先验信息。然后通过实验获得一些样本信息,并且用它来更新我们的主观信念,这个结果称为后验概率。在不断地迭代更新后,后验分布趋于真实分布,更新过程采用贝叶斯理论,其计算公式如下:

$$P(\boldsymbol{\theta} \mid Y) = \frac{P(Y \mid \boldsymbol{\theta})P(\boldsymbol{\theta})}{\int P(Y \mid \boldsymbol{\theta})P(\boldsymbol{\theta})\mathrm{d}\boldsymbol{\theta}} \tag{6.2}$$

式中, $\int P(Y \mid \boldsymbol{\theta})P(\boldsymbol{\theta})\mathrm{d}\boldsymbol{\theta}$ 是一个标准化的常数; $P(\boldsymbol{\theta})$ 是先验概率,是我们的主观信念; $P(Y \mid \boldsymbol{\theta})$ 是在给定参数条件下,获得 $Y$ 的可能性。

式(6.2)描述了先验分布和后验分布之间的关系,基于贝叶斯的理论修正方法利用理论公式由数据 $Y$ 来推断模型参数,实现参数的不确定性修正。

### 6.3.2 模型修正方法框架

与其他确定性修正方法相比,如基于优化的参数估计方法,贝叶斯方法存在明显不同。贝叶斯模型修正方法的主要目标不是尽可能地将预测数据与测量数据相匹配,而是不断减少和降低模型中的不确定性,避免模型的过拟合。当模型输入具有高灵敏度和高不确定性且测量数据有限时,尤其适用于采用贝叶斯方法。

贝叶斯模型修正的思路如下,对于任意关注响应的试验观测值,可以表述为

$$试验观测值 = 物理真值 + 观测误差 \tag{6.3}$$

若采用建模方式对物理机制进行模拟,则物理真值可以表达为

$$物理真值 = 模拟数值 + 模型误差 \tag{6.4}$$

结合式(6.3)和式(6.4),可以给出如下等式:

$$试验观测值 = 模拟数值 + 模型误差 + 观测误差 \tag{6.5}$$

采用数学语言,可以进一步表达为

$$y = m[x_c, \theta, \delta(x_c)] + \eta(x_c) + \varepsilon \tag{6.6}$$

式中, $y$ 表示 QoI 的观测值; $m$ 代表模拟模型; $x_c$ 表示控制参数(载荷量级、时间等); $\theta$ 表示模型中的不确定性参数; $\delta(x_c)$ 表示已知的模型内在误差; $\eta(x_c)$ 表

示模型外部误差(通常形式未知);$\varepsilon$ 表示观测误差。

针对不同的应用场景,式(6.6)存在不同的简化形式,例如,只考虑模型参数校正时,式(6.6)退化为

$$y = m(\boldsymbol{x}_c, \theta) + \varepsilon \tag{6.7}$$

只考虑模型形式修正时,式(6.6)退化为

$$y = m(\boldsymbol{x}_c) + \eta(\boldsymbol{x}_c) + \varepsilon \tag{6.8}$$

或

$$y = m[\boldsymbol{x}_c, \delta(\boldsymbol{x}_c)] + \varepsilon \tag{6.9}$$

假设 $\boldsymbol{\theta}$ 满足初始分布 $\pi(\boldsymbol{\theta})$;观测误差通常采用零均值的正态分布表示,通常设 $\varepsilon \sim N[0, 1/\lambda_y^2]$,其中 $\lambda_y$ 满足 Gamma 分布,即 $\lambda_y \sim G[a_y, b_y]$。在贝叶斯框架下,几种模型修正方法如下。

1) 参数校正

基于式(6.7),在给定参数和测试误差的条件下,在控制参数 $x_*$ 处获得观察值 $y_e$,其条件概率如下:

$$y_e \mid \boldsymbol{\theta} \sim N[m(\boldsymbol{x}_*, \boldsymbol{\theta}), 1/\lambda_y^2] \tag{6.10}$$

式(6.10)也是贝叶斯模型修正中的似然函数,利用贝叶斯定理,可以给出参数 $\boldsymbol{\theta}$ 的后验分布形式:

$$\pi(\boldsymbol{\theta} \mid y_e) \propto \pi(\boldsymbol{\theta})\pi(y_e \mid \boldsymbol{\theta}) \tag{6.11}$$

$$\pi(y_e \mid \boldsymbol{\theta}) = \frac{\lambda_y}{\sqrt{2\pi}}\exp\left\{-\frac{\lambda_y^2[y_e - m(x_*, \boldsymbol{\theta})]^2}{2}\right\} \tag{6.12}$$

对于具有多个观测值的问题,可以采用似然函数连乘的形式构造总似然函数,或者依据问题性质采用更好的数据融合方法,但大体思路是相似的。

2) 误差修正

相比参数校正,模型误差是外部控制参数的函数,因此模型误差修正相对复杂一些。一般可以将偏差函数的形式假定为高斯过程模型,进而将函数的修正问题转换为高斯过程模型的超参数修正问题,进而采用与式(6.12)类似的修正方法,具体如下。

不失一般性,设控制参数 $\boldsymbol{x} = [x_1, x_2, \cdots, x_m]$,对应的偏差函数为 $\boldsymbol{\eta} = [\eta(x_1), \eta(x_2), \cdots, \eta(x_m)]$,对于一个新的 $x_*$ 及相应的偏差 $\eta(x_*)$,设 $[\boldsymbol{\eta},$

$\eta(x_*)$] 由一个零均值的高斯过程决定(先验信息),进而有

$$\begin{bmatrix} \boldsymbol{\eta} \\ \eta(x_*) \end{bmatrix} \sim N_{m+1}\left[ \mathbf{0}, \begin{bmatrix} \boldsymbol{K} & \boldsymbol{K}_*^{\mathrm{T}} \\ \boldsymbol{K}_* & \boldsymbol{K}_{**} \end{bmatrix} \right] \tag{6.13}$$

$$K_{ij} = \kappa(x_i, x_j), \quad K_{i*} = \kappa(x_i, v_*), \quad K_{**} = \kappa(x_*, x_*) \tag{6.14}$$

式中,$\kappa(x_i, x_j)$ 称为样本间的相关函数,也称为高斯过程的核函数,以样本点间的距离度量样本间的相关性,满足对称性质,例如可选择式(6.16)所示的平方指数核函数:

$$\kappa(x_i, x_j) = \lambda_\eta^{-1}\exp[-4\gamma_\eta(x_i - x_j)^2] = \lambda_\eta^{-1}\rho_\eta\exp[4(x_i - x_j)^2] \tag{6.15}$$

式中,$\lambda_\eta$ 为控制精度的超参数;$\gamma_\eta$ 为控制平滑性的超参数且 $\rho_\eta = \mathrm{e}^{-\gamma_\eta}$。

利用多元高斯分布的性质,可以给出:

$$\eta(x_*) \mid \boldsymbol{\eta}, \lambda_\eta, \rho_\eta \sim N[\boldsymbol{K}_*\boldsymbol{K}^{-1}\boldsymbol{\eta}, \boldsymbol{K}_{**} - \boldsymbol{K}_*\boldsymbol{K}^{-1}\boldsymbol{K}_*^{\mathrm{T}}] \tag{6.16}$$

由于 $x_*$ 的任意性,式(6.15)即给出了偏差函数在任意控制参数位置的函数值及对应的分布。注意到式(6.16)给出的预测结果只有先验信息,模型偏差修正的目的在于利用试验数据信息和贝叶斯定理获取 $\eta(x)$ 的后验分布特征。利用式(6.8)和式(6.16),可以给出贝叶斯估计所需的似然函数:

$$y_e \mid x_*, \boldsymbol{\eta}, \lambda_\eta, \rho_\eta, \lambda_y \sim N[m(x_*) + \boldsymbol{K}_*\boldsymbol{K}^{-1}\boldsymbol{\eta}, K_{**} - \boldsymbol{K}_*\boldsymbol{K}^{-1}\boldsymbol{K}_*^{\mathrm{T}} + 1/\lambda_y^2] \tag{6.17}$$

参数 $\lambda_\eta$、$\gamma_\eta$、$\lambda_y$ 及向量 $\boldsymbol{\eta}$ 的先验分布分别为

$$\lambda_\eta \sim G[a_{\lambda_\eta}, b_{\lambda_\eta}], \quad \rho_\eta \sim \mathrm{Be}[1, b_{\rho_\eta}], \quad \lambda_y \sim G[a_{\lambda_y}, b_{\lambda_y}], \quad \boldsymbol{\eta} \sim \mathrm{GP}(\mathbf{0}, \boldsymbol{K}) \tag{6.18}$$

进而可以得到参数的联合后验分布为

$$\begin{aligned} \boldsymbol{\eta}, \lambda_\eta, \rho_\eta, \lambda_y \mid y_e \sim &\ \pi(y_e \mid x_*, \boldsymbol{\eta}, \lambda_\eta, \rho_\eta, \lambda_y) \\ &\times \pi(\boldsymbol{\eta}) \times \pi(\lambda_\eta) \times \pi(\rho_\eta) \times \pi(\lambda_y) \end{aligned} \tag{6.19}$$

利用式(6.19)获取高斯过程模型中超参数的后验分布之后,再利用式

(6.16)就可以生成误差函数的样本。

对于式(6.9)所表达的形式,似然函数可以写为

$$y_e \,|\, x_*, \delta(x_*), \boldsymbol{\delta}, \lambda_\delta, \rho_\delta, \lambda_y \sim N\{m[x_*, \delta(x_*)], 1/\lambda_y^2\} \quad (6.20)$$

参照式(6.16)可以给出 $\delta(x_*)$ 满足的分布,GP 模型超参数的后验分布为

$$\boldsymbol{\delta}, \lambda_\delta, \rho_\delta, \lambda_y \,|\, y_e \sim \pi(y_e \,|\, x_*, \boldsymbol{\delta}, \lambda_\delta, \rho_\delta, \lambda_y) \times \pi[\delta(x_*)]$$
$$\times \pi(\boldsymbol{\delta}) \times \pi(\lambda_\delta) \times \pi(\rho_\delta) \times \pi(\lambda_y) \quad (6.21)$$

3)参数校正+误差修正

当同时考虑模型误差和参数校正时,模型修正框架如式(6.6)所示,此时似然函数可以写为

$$y_e \,|\, x_*, \delta(x_*), \delta, \lambda_\delta, \rho_\delta, \eta, \lambda_\eta, \rho_\eta, \theta, \lambda_y$$
$$\sim N\{m[x_*, \theta, \delta(x_*)] + \boldsymbol{K}_* \boldsymbol{K}^{-1} \boldsymbol{\eta}, \boldsymbol{K}_{**} - \boldsymbol{K}_* \boldsymbol{K}^{-1} \boldsymbol{K}_*^{\mathrm{T}} + 1/\lambda_y^2\} \quad (6.22)$$

GP 模型超参数的后验分布为

$$\boldsymbol{\delta}, \lambda_\delta, \rho_\delta, \boldsymbol{\eta}, \lambda_\eta, \rho_\eta, \theta, \lambda_y \,|\, y_e$$
$$\sim \pi[y_e \,|\, x_*, \delta(x_*), \boldsymbol{\delta}, \lambda_\delta, \rho_\delta, \boldsymbol{\eta}, \lambda_\eta, \rho_\eta, \theta, \lambda_y] \times \pi(\theta) \times \pi[\delta(x_*)]$$
$$\times \pi(\boldsymbol{\delta}) \times \pi(\lambda_\delta) \times \pi(\rho_\delta) \times \pi(\boldsymbol{\eta}) \times \pi(\lambda_\eta) \times \pi(\rho_\eta) \times \pi(\lambda_y) \quad (6.23)$$

注意到,在不确定性反向传播问题中,所涉及的不确定性参数越多,贝叶斯修正的效果越差,往往只有几个相对敏感的参数的后验分布与先验分布存在差别。因此,在模型修正中,一般不建议将多个模型误差和模型参数同时修正,而应当结合参数灵敏度分析及模型误差分析,逐级开展模型的修正,以获得更好的修正效果。

## 6.4  后验参数求解

### 6.4.1  后验参数估计

1)极大似然估计法

极大似然估计(maximum likelihood estimate,MLE)法是频率学派中估计未

知参数的方法,其本质是将当前试验结果所对应的最可能的参数作为参数的真实值进行估计。似然函数表达如下:

$$l(\boldsymbol{\theta} \mid \boldsymbol{Y}) = P(\boldsymbol{Y} \mid \boldsymbol{\theta}) = P(y_1, y_2, \cdots, y_N \mid \boldsymbol{\theta}) = \prod_{i=1}^{N} P(y_i \mid \boldsymbol{\theta}) \quad (6.24)$$

极大似然估计量 $\hat{\boldsymbol{\theta}}$ 是参数空间中能使似然函数 $l(\boldsymbol{\theta})$ 取最大的 $\boldsymbol{\theta}$ 值,极大似然估计使得观测到的数据出现的可能性最高。从计算简便性的角度来看,通常对似然函数先取对数再进行极大化,由于对数函数是单调增函数,不会影响原函数的极值特征,并且将乘法运算变换为加法降低了计算量。基于对数似然函数的参数 $\hat{\boldsymbol{\theta}}$ 的表达式如下:

$$\hat{\boldsymbol{\theta}} = \underset{\theta}{\operatorname{argmax}}\ln l(\boldsymbol{\theta}) = \underset{\theta}{\operatorname{argmax}} \sum_{i=1}^{N} \ln P(x_i \mid \boldsymbol{\theta}) \quad (6.25)$$

参数 $\boldsymbol{\theta}$ 的极大似然估计 $\hat{\boldsymbol{\theta}}$ 的具体求解方法如下,假定参数向量 $\boldsymbol{\theta}$ 具有 $M$ 个分量 $\boldsymbol{\theta} = \{\theta_1, \theta_2, \cdots, \theta_M\}$,记梯度算子表示为如下形式:

$$\nabla_{\theta} = \left[ \frac{\partial}{\partial \theta_1}, \frac{\partial}{\partial \theta_2}, \cdots, \frac{\partial}{\partial \theta_M} \right] \quad (6.26)$$

在似然函数满足连续、可导的正则条件下,基于对数似然函数的最大似然估计量可由式(6.26)求解:

$$\nabla_{\theta}\ln l(\boldsymbol{\theta}) = \sum_{i=1}^{N} \nabla_{\theta}\ln P(x_i \mid \boldsymbol{\theta}) = 0 \quad (6.27)$$

2)最大后验概率估计法

在频率学派的视角中,参数的值是确定但未知的,而最大后验概率估计是贝叶斯学派采用的估计参数方法,其与频率学派的最大区别在于将参数视为随机变量,引入了参数的先验概率,将其作为推断的依据。最大后验概率估计可以写成如下形式:

$$\hat{\boldsymbol{\theta}} = \underset{\theta}{\operatorname{argmax}}P(\boldsymbol{\theta} \mid \boldsymbol{Y}) = \frac{P(\boldsymbol{Y} \mid \boldsymbol{\theta})P(\boldsymbol{\theta})}{\int P(\boldsymbol{Y} \mid \boldsymbol{\theta})P(\boldsymbol{\theta})\mathrm{d}\boldsymbol{\theta}} = \underset{\theta}{\operatorname{argmax}}P(\boldsymbol{Y} \mid \boldsymbol{\theta})P(\boldsymbol{\theta})$$

$$(6.28)$$

式中, $\int P(\boldsymbol{Y} \mid \boldsymbol{\theta})P(\boldsymbol{\theta})\mathrm{d}\boldsymbol{\theta}$ 是一个标准化常数,在求最大后验概率时,不影响对 $\boldsymbol{\theta}$

的估计,其与极大似然估计相比,在形式上仅增加了先验概率的乘法项,当先验概率为均匀分布时,其与最大似然估计所得结果相同,最大后验估计的具体求解过程同极大似然估计。

### 6.4.2  MCMC 算法

前面介绍的求解参数的方法的本质是对参数似然函数极值的求解,在含有多余参数的多个未知参数的模型中,需要首先对多余参数积分来获得待估参数的边缘概率密度函数,在复杂的模型中这一过程是非常困难的。这些困难源自求解高维积分的需要,MCMC 算法的出现,使得这一问题得到了极大的改善。

MCMC 算法的本质是一种随机采样方法,通过模拟的方法,直接从后验分布中生成参数向量的仿真样本。当采样数量足够大时,参数向量 $\boldsymbol{\theta}$ 的仿真序列将收敛于后验分布。严格来讲,仿真序列中各个元素不是独立的,但是它们之间的相关性将随着元素间隔的增大而逐渐消失。因此,MCMC 算法进行了 $m$ 次计算后,产生的仿真序列 $\boldsymbol{\theta}^m$, $\boldsymbol{\theta}^{m+1}$, $\boldsymbol{\theta}^{m+2}$, $\cdots$, $\boldsymbol{\theta}^{m+K}$ 可以认为是一个来自后验分布的样本。而 $\boldsymbol{\theta}^1$, $\boldsymbol{\theta}^2$, $\cdots$, $\boldsymbol{\theta}^{m-1}$ 则是算法的老炼阶段,并不能认为是来自后验分布的样本。

更为一般地看,MCMC 算法的本质是构造了一个马氏链,使该马氏链保持不变的分布为所需要求取的概率分布(后验分布)。当模拟的步数足够长时,可以认为生成的样本来自此马氏链的不变分布,因此生成样本可以作为所需求解的概率分布的近似。常见的 MCMC 算法有两类: Metropolis - Hastings 算法和 Gibbs 抽样算法,本节针对这两类算法进行介绍。

1) Metropolis - Hastings 算法

假设待估参数 $\boldsymbol{\theta}$ 是 $M$ 维参数向量,Metropolis - Hastings 算法的步骤如下。

(1) 生成候选点,将候选点记为 $\boldsymbol{\theta}^*$。一般候选点只与当前点在一个或两个元素上更新。例如,对于一个正态分布,可能会交替更新参数 $\mu$ 和 $\sigma^2$。生成候选点 $\boldsymbol{\theta}^*$ 的一种常用方法是在当前点 $\boldsymbol{\theta}^{j-1}$ 的某一个元素 $\theta_i^{j-1}$ 上叠加一个服从零均值正态分布的随机元素,此时候选点 $\boldsymbol{\theta}^*$ 的各个元素可以表示为

$$\begin{cases} \theta_i^* = \theta_i^{j-1} + sZ \\ \theta_k^* = \theta_k^{j-1} \quad (k \neq i) \end{cases} \tag{6.29}$$

式中,$Z$ 为服从标准正态分布的随机变量;$s$ 为常数。

当参数向量的元素连续取值时,将 $f(\boldsymbol{\theta}^* \mid \boldsymbol{\theta}^{j-1})$ 称为建议密度函数,可用来从 $\boldsymbol{\theta}^{j-1}$ 中生成 $\boldsymbol{\theta}^*$。式(6.29)中的建议密度函数即均值为 $\theta_i^{j-1}$、标准差为 $s$ 的正态分布。类似地,由 $\boldsymbol{\theta}^*$ 生成 $\boldsymbol{\theta}^{j-1}$ 的概率密度函数记为 $f(\boldsymbol{\theta}^{j-1} \mid \boldsymbol{\theta}^*)$。

（2）计算候选点的接收概率。接收概率是指候选点被接收成为下一个仿真点的概率,$r$ 记为

$$r = \min\left[1, \frac{P(\boldsymbol{\theta}^* \mid \mathrm{data})}{P(\boldsymbol{\theta}^{j-1} \mid \mathrm{data})} \frac{f(\boldsymbol{\theta}^{j-1} \mid \boldsymbol{\theta}^*)}{f(\boldsymbol{\theta}^* \mid \boldsymbol{\theta}^{j-1})}\right] \tag{6.30}$$

式中,接收概率表示为两项的乘积,括号内第二项左侧项表示在候选点和当前点的后验分布比值,这使得参数移动到具有较高后验概率的取值上;括号内第二项右侧项表示为当前点和候选点的建议分布函数的比值,这使得参数移动到建议密度函数中更大的取值上,如果建议密度函数具有对称的特征,即 $f(\boldsymbol{\theta}^{j-1} \mid \boldsymbol{\theta}^*) = f(\boldsymbol{\theta}^* \mid \boldsymbol{\theta}^{j-1})$,那么第二项可以忽略掉。

（3）按照概率 $r$ 接收候选点,使之成为下一个仿真数据,具体步骤如下:首先生成一个服从均匀分布(0,1)的随机数,记为 $u$,并比较 $u$ 和 $r$ 的值。如果 $u \leqslant r$,那么接收候选点 $\boldsymbol{\theta}^j = \boldsymbol{\theta}^*$;如果 $u > r$,则拒绝候选点,即 $\boldsymbol{\theta}^j = \boldsymbol{\theta}^{j-1}$。

（4）对 $\boldsymbol{\theta}$ 中的每一个元素重复进行上述过程。

2）Gibbs 抽样算法

Metropolis – Hastings 算法是一种简单有效的数值模拟方法,能够解决从未知的后验分布中生成随机样本的问题。但是,该方法的应用效果依赖于一个前提:选择的建议密度函数必须接近真实的后验分布密度函数,这个前提是很难满足的。实际工作中,选择的建议密度函数可能出现"过宽"和"过窄"两种情况,其中"过窄"会导致 Metropolis – Hastings 算法的大部分时间都将在参数空间的一个有限区域(建议密度函数覆盖的区域)内"游走",而无法访问到后验密度函数覆盖的其他区域。除此之外,建议密度函数"过窄"还将导致该算法产生的结果具有较强的相关性,使有效的独立样本很少。另外,如果建议密度函数"过宽",该算法会在成百上千次迭代后始终停留在一个状态,产生的有效样本非常少。

为了解决 Metropolis – Hastings 算法对建议密度函数要求过高的问题,可以采用如下方法:对参数向量中的每一个元素,指定一个抽样时采用的条件分布,而不是仅给出一个建议密度函数,这种算法称为 Gibbs 抽样算法。

假设参数向量 $\boldsymbol{\theta}$ 是 $M$ 维参数向量,每个元素的条件后验分布可以表示成如

下形式：

$$\begin{cases} P_1(\theta_1 \mid \theta_2, \cdots, \theta_M, \text{data}) \\ P_2(\theta_2 \mid \theta_1, \theta_3, \cdots, \theta_M, \text{data}) \\ \qquad\qquad \vdots \\ P_M(\theta_M \mid \theta_1, \cdots, \theta_{M-1}, \text{data}) \end{cases} \qquad (6.31)$$

Gibbs 抽样算法流程如下：

（1）初值 $j = 0$，$\boldsymbol{\theta}^0 = \{\theta_1^0, \cdots, \theta_M^0\}$；

（2）生成 $\theta_1^{j+1} \sim \pi_1(\theta_1 \mid \theta_2^j, \cdots, \theta_M^j)$；

（3）生成 $\theta_2^{j+1} \sim \pi_2(\theta_2 \mid \theta_1^{j+1}, \theta_3^j, \cdots, \theta_M^j)$；

（4）按照步骤（2）和（3）的模式继续生成参数，直至 $\theta_M^{j+1} \sim p_M(\theta_M \mid \theta_1^{j+1}, \cdots, \theta_{M-1}^{j+1})$；

（5）增加 $j$ 并回到步骤（2）。

3）MCMC 算法收敛判据

在一般条件下，Gibbs 抽样算法和 Metropolis－Hastings 算法经过多次迭代后可以近似获得从后验分布中生成的样本。本节讨论需要经过多少次迭代可以认为这种“近似”是足够精确的，即讨论算法的收敛性问题。首先是老炼次数的确定问题，需要运行一定次数之后才能认为是结果后验分布的合理近似，而收敛于后验分布之前的迭代称为老炼。一种估计老炼次数的方法是检查 $\boldsymbol{\theta}$ 元素对应迭代次数所获得的仿真值的轨迹图，老炼期的数据表现出显著的变化，而稳定期的数据则较为稳定。

另一个关心的问题是仿真样本的自相关性，无论采用上述哪种抽样方法，其第 $(j+1)$ 次和第 $j$ 次仿真得到的参数 $\boldsymbol{\theta}$ 是相关的。如果相关性较强，则仿真样本中包含的信息就较少，这种情况需要避免。

一种衡量 MCMC 算法中仿真样本间相关性的统计量是自相关函数，即衡量 $\boldsymbol{\theta}^j$ 和 $\boldsymbol{\theta}^{j+L}$ 的相关性，这里的 $L$ 是两个仿真数据集间隔的迭代次数。对于随机变量 $\boldsymbol{\theta}$ 的一个元素 $i$ 与其 $L$ 阶自相关函数，可以用式（6.32）估计：

$$P_{iL} = \frac{Q}{Q-L} \frac{\sum\limits_{j=1}^{Q-L} (\theta_i^{(j)} - \bar{\theta}_i)(\theta_i^{(j+L)} - \bar{\theta}_i)}{\sum\limits_{i=1}^{Q} (\theta_i^{(j)} - \bar{\theta}_i)^2} \qquad (6.32)$$

式中，$Q$ 为老炼后的样本的数目；$\bar{\theta}_i$ 为后验均值的估计，可以由式(6.33)确定：

$$\bar{\theta}_i = \frac{1}{Q} \sum_{j=1}^{Q} \theta_i^{(j)} \tag{6.33}$$

当 $L=1$ 时，两种抽样方法的自相关函数通常为正值，且随着 $L$ 的增加而逐渐减小到 0。

为保证 MCMC 算法的收敛性，建议进行多次仿真，每次仿真选择的初始值都不相同，而所有仿真的初始值广泛分散在包围后验分布的参数空间区域内。这样，基于所有仿真的输出，可以估计参数向量中任一元素 $i$ 的后验方差的无偏估计，计算公式如下：

$$V_i = \frac{Q-1}{Q} W_i + \frac{1}{Q} B_i \tag{6.34}$$

式中，$W_i$ 和 $B_i$ 分别代表每一次仿真和不同仿真之间的方差估计。

假设一共进行了 $K$ 次 MCMC 算法仿真，每次仿真的样本量为 $Q$，则有

$$W_i = \frac{1}{K} \sum_{k=1}^{K} s_k^2 \tag{6.35}$$

式中，

$$s_k^2 = \frac{1}{Q-1} \sum_{j=1}^{Q} \left[ \theta_{i,k}^{(j)} - \bar{\theta}_{i,k} \right]^2 \tag{6.36}$$

且有

$$B_i = \frac{Q}{K-1} \sum_{k=1}^{K} \left( \bar{\theta}_{i,k} - \bar{\bar{\theta}}_i \right)^2 \tag{6.37}$$

式中，

$$\bar{\theta}_{i,k} = \frac{1}{Q} \sum_{j=1}^{Q} \theta_{i,k}^{(j)}, \quad \bar{\bar{\theta}}_i = \frac{1}{K} \sum_{k=1}^{K} \bar{\theta}_{i,k} \tag{6.38}$$

如果每一次仿真都已经充分收敛于后验分布，则 $W_i$ 就应该近似等于利用链内和链间方差的联合方差估计 $V_i$。因此，可以利用 $G_i = V_i/W_i$ 进行收敛性判断。当 $\boldsymbol{\theta}$ 中每一个元素的 $\sqrt{G_i}$ 都近似等于 1，如小于 1.05 时，就有理由相信 MCMC 算法的结果已经收敛。收敛性判断是 MCMC 算法应用过程的重要环节，基于尚未收敛的 MCMC 算法的结果做出的分析是不准确的，甚至可能导致错误结果。

## 6.5    应用案例分析

Sandia 国家实验室曾开展了一个压力容器在高温高压下的建模失效分析实验,目的在于通过不确定性表征方法和模型确认方法评价预压管在宽温度和压力范围内的弹塑性本构模型[16]。预压管表面涂黑,所受试验工况为两端密封,施加内部压力,其中一侧通过窗口受到辐射加热。不断增加管内的压力,直至预压管发生破坏,实验的基本情况如图 6.7 所示,其中合金压力管高 14 in,直径为 3.5 in,中心部位厚度为 0.02 in,上下部位厚度为 0.05 in。

(a) 试验布局

(b) 破坏形貌

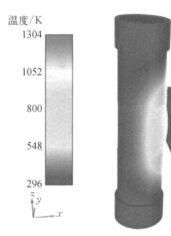

(c) 表面温度分布

**图 6.7    模型确认实验**

在以上模型确认过程中,最大的不确定性来自管结构尺度实验数据的稀疏性,其次是实验测试结果的不确定性。在小样本问题处理中,该实验使用容许区间法。容许区间法考虑了小样本导致的不确定性分布估计误差,通过 $k$ 因子表示。表 5.2 展示了置信度/覆盖区间与小样本数之间的关系,其中 0.95/0.90 表示 95%置信区间/90%样本。随着样本数 $n$ 的增加,$k$ 因子逐渐降低,由样本数带来的不确定度减小。

在该实验中,需考虑不同温度下离散的应力-应变曲线。给定应力-应变曲线时,不同温度下的材料性能可通过插值的方式计算。但是考虑不确定性时,存在多条这样的非线性材料曲线,需采取特殊的方法处理。对于均匀加热的结构,在升温过程中,存在大量不同的非线性材料组合形式,考虑所有的不确定组合时,需要进行大量的计算,例如,对于三个温度点组成的温度相关性材料数据,每个温度点对应 6 个材料性能参数离散值,对应的组合有 216 种,如果再考虑其他参数不确定性,则计算成本太高,难以实现工程应用(图 6.8),应使用极限方法处理该问题。如果局部材料在温度为 $T_1$ 的情况下具有较高的强度,则其在 $T_2$ 温度下也理应具有较高的强度,同理,在 $T_3$ 温度下,其强度也较高。因此,若局部材料在 $T_1$ 温度下具有较高强度,则其在其他温度下也具有较高强度。该项目通过极限非线性强度数据进行结构响应的确认,因此材料变异性仅进行两次计算即可,大大减少了计算次数。

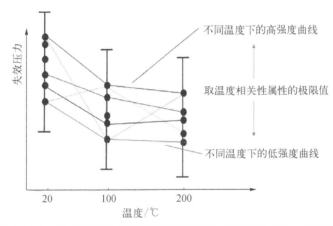

图 6.8 考虑不确定性时不同温度下材料属性的组合路径及极大极小强度路径示意图

    热结构失效主要发生在高温区,因此高温区的测试和仿真准确性直接影响最终的失效分析,依据这一原则,实验时在高温区布置更多的热电偶装置,直接测试薄壁管的表面温度,避免进行传热分析,降低高温区实验结果的不确定性。使用准 Hermite 2D 三次多项式插值方法构建高温区的温度场并评估插值误差,用于后续确认仿真模型的压力响应预测。在热分析中,涂黑的铬镍铁合金加热平板的发射率 $\varepsilon$ 假定为 0.7,管外壁与环境发生热辐射交换,发射率为 1。通过仿真分析获得合理的发射率范围为 0.7~0.84,仿真和插值温度场结果如图 6.9 所示,两者在某些局部区域存在显著差异。插值温度场通过空间测点温度数据插值获得,因此在这些点处的插值误差默认为 0,这和实际温度场存在偏差,尤其是热电偶装置较少覆盖且温度时空变化大的区域。

    在模型的确认中,采用了真实空间度量准则,并和面积度量及差值度量进行比较,验证了真实空间度量准则在这三种方法中的唯一有效性,真空空间度量准

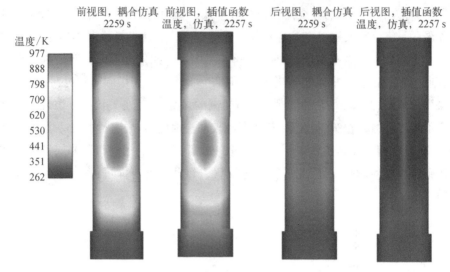

图 6.9　仿真和插值温度场（$\varepsilon = 0.7$）

则简介如图 6.5 所示。该实验最终的确认比较结果（仿真失效压力和实验测试失效压力）如图 6.10 所示,图中清晰地呈现出了仿真和实验不确定性结果的差

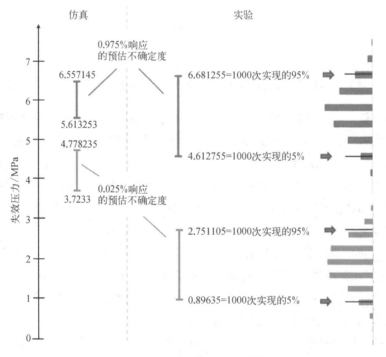

图 6.10　仿真和实验不确定性结果确认比较

异性,即仿真结果的变异性显著小于实验结果,实验测试的失效压力均值明显小于仿真预测值。

## 参考文献

[ 1 ] Thacker B H, Doebling S W, Hemez F M, et al. Concepts of model verification and validation. Los Alamos: Los Alamos National Laboratories, 2004.

[ 2 ] Moser R D, Oliver T A. Validation of physical models in the presence of uncertainty. Handbook of Uncertainty Quantification, 2016: 1 − 28.

[ 3 ] Romero V J. Elements of a pragmatic approach for dealing with bias and uncertainty in experiments through predictions: experiment design and data conditioning. Albuquerque: Sandia National Laboratories, 2011.

[ 4 ] Mehta U B, Eklund D R, Romero V J, et al. Simulation credibility: advances in verification, validation, and uncertainty quantification. Moffett Field: AMES Research Center, NASA/TP − 2016 − 219422, 2016.

[ 5 ] V&V A. V&V 10 − 2006: guide for verification and validation in computational solid mechanics. New York: American Society of Mechanical Engineers ,2006.

[ 6 ] Oberkampf W L, Roy C J. Verification and validation in scientific computing. Cambridge: Cambridge University Press, 2010.

[ 7 ] Rider W J, Kamm J R, Weirs V G. Procedures for calculation verification. Simulation Credibility, 2016: 31 − 63.

[ 8 ] Burg C, Erwin T. Application of Richardson extrapolation to the numerical solution of partial differential equations. Numerical Methods for Partial Differential Equations, 2009, 25(4): 810 − 832.

[ 9 ] Draper D. Assessment and propagation of model uncertainty. Journal of the Royal Statistical Society: Series B (Methodological), 1995, 57(1): 45 − 97.

[10] Kennedy M C, Hagan A O. Bayesian calibration of computer models. Journal of the Royal Statistical Society: Series B (Statistical Methodology), 2001, 63(3): 425 − 464.

[11] Strong M, Oakley J E. When is a model good enough? Deriving the expected value of model improvement via specifying internal model discrepancies. SIAM/ASA Journal on Uncertainty Quantification, 2014, 2(1): 106 − 125.

[12] Huan X, Marzouk Y M. Simulation-based optimal Bayesian experimental design for nonlinear systems. Journal of Computational Physics, 2013, 232(1): 288 − 317.

[13] Romero V J. Uncertainty quantification and sensitivity analysis — some fundamental concepts terminology definitions and relationships. Albuquerque: Sandia National Laboratories, 2017.

[14] Roy C J, Oberkampf W L. A comprehensive framework for verification, validation, and uncertainty quantification in scientific computing. Computer Methods in Applied Mechanics and Engineering, 2011, 200(25): 2131 − 2144.

[15] Romero V. Comparison of several model validation conceptions against a "real space" end-to-end approach. SAE International Journal of Materials and Manufacturing, 2011, 4 ( 1 ):

396 - 420.

[16] Romero V J, Dempsey J F, Antoun B R. Application of UQ and V&V to experiments and simulations of heated pipes pressurized to failure ( No. SAND2017 - 0908C). Albuquerque: Sandia National Laboratories ( SNL-NM), 2017.

# 第 7 章

--------

# 热结构失效与可靠性评价

可靠性是指系统在一定时间内和一定服役条件下,完成服役功能的能力。热结构设计与服役中的环境载荷、材料性能及系统自身不确定性等因素,都会影响热结构的隔热、刚度、强度等性能。结构可靠性评价,就是在上述不确定性因素影响下量化结构冗余,给出结构的可靠度。相比安全系数,可靠度能够从失效概率/可能性的维度,分析热结构设计、服役中的风险,为结构维护、设计改进等提供依据,从而降低结构冗余。

可见,从输入参数中获取系统性能的不确定性,是可靠性评价的主要任务。不确定性传播方法是可靠性计算的基础,但两者分析的对象不同,即前者主要分析参数的不确定性分布,后者获取满足极限状态方程的概率(或者理解为累积概率),而且可靠性计算又有一些改进、简化的计算方法。本章主要基于概率框架,介绍热结构可靠性分析方法及基于可靠性的优化方法在热结构设计中的应用。考虑到小样本情况,不确定性参数采用区间数表征,本章对非概率可靠性的概念和量化方法进行阐述。

## 7.1 热结构的可靠性分析

在不确定性条件下,系统的可靠性分析是指分析系统的失效模式及对应的极限状态,借助于不确定性量化手段,通过计算获取系统可靠性的度量。依据不确定性的数学表征方法和极限状态的定义,基本可以将可靠度理论进行如图 7.1 所示的分类。

在系统的可靠性分析中,系统的失效状态可以以某种条件为判据,达到该条件时系统立即失效(二值条件);对于一些复杂系统,达到条件时系统可能介于

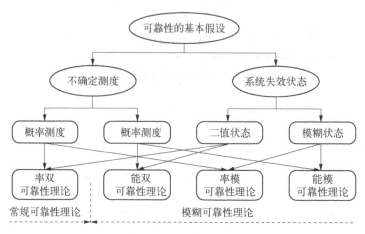

图 7.1　可靠性理论分类

失效和健康的模糊状态。在不确定性的表征上,既有基于精确概率的表征方法,也有基于可能性的模糊表征方法。系统失效状态和不确定性表征方法两两组合,就产生了 4 种可靠性分析理论。

　　本章主要讨论热载荷和准静态载荷下的热结构响应及失效行为,因此涉及的热结构服役功能要求包括耐温性、刚度与强度,相应的失效形式主要包括结构温度超过耐温极限、产生过大变形及材料破坏等。这些失效状态的判据相对清晰,因此主要采用二值状态下的可靠性分析方法。用 $L$ 表示系统实际的受载,用 $S$ 表示系统的承载能力,可以写出极限状态方程:

$$g(x) = L(x) - S(x) \tag{7.1}$$

式中,$x$ 为 $d$ 维不确定性因素,可见当 $g(x) \leqslant 0$ 时系统处于安全状态。

　　近年来,可靠度被越来越多地应用到热结构的评价与优化设计中。Rasky 等[1] 提出了类似于结构可靠性理论的“热可靠性”概率分析方法,以及用安全因子和安全裕量来描述热防护可靠性的方法,并将该方法应用于航天飞机,以及 Mars/Pathfinder 探测器和 Jupiter‐Galileo 再入探测器等飞行器热防护的热可靠性评估,并在此基础上发展了一种无量纲载荷干涉(non‐dimensional load interference, NDLI)法,采用该方法对航天飞机热防护进行了热可靠性评估,并主张在以往基于冗余设计思想的热防护设计中逐渐引入可靠性评估。Chen 等[2] 考虑气动热环境、热防护材料性能、机身材料性能的不确定性,采用 Monte‐Carlo 数值模拟方法,分别分析了 Stardust 返回舱、火星探测器、X‐37 翼前缘热防护结构的热可靠性,结果表明采用 Monte‒Carlo 数值模拟法能够更清晰地揭示热防护安全裕量与热防护可靠性之间的关系。并且,基于 Monte‒Carlo 数值模拟进行了输入不确定性参数与输出响应之间的灵敏度分析,分析了对热防护热可靠性影响较大的不确定性参数。目前,不确定性条件下的热结构可靠性评价与多学科优化设计,已经发展成了一个重要的研究方向。

## 7.2　失效概率与可靠度分析方法

失效概率的定义:

$$P_f = P(E) = P(g \geq 0) = \int_{\Omega_f} f(x)\,\mathrm{d}x \tag{7.2}$$

式中,$\Omega_f$ 表示结构在参数空间 $U^d$ 内的失效域,由 $g(x)=0$ 定义其边界。

在概率理论中,借助正态分布的累积概率密度函数 $\Phi(x)$,进一步可以把可靠度指标定义为

$$\beta = -\Phi^{-1}(P_f) \tag{7.3}$$

热结构往往存在多个失效模式,若认为任一种失效模式发生,则热结构系统整体发生失效,那么可将热结构系统看作串联系统。以 $E$ 表示热结构失效,则对应的失效概率可由 $m$ 个事件的和事件表示:

$$
\begin{aligned}
P_f(E) &= P_f(E_1) + P_f(E_2) - P_f(E_1E_2) \\
&\quad + P_f(E_3) - P_f(E_1E_3) - P_f(E_2E_3) + P_f(E_1E_2E_3) + \cdots \\
&= \sum_{i=1}^{m} P_f(E_i) - \sum_{1\leq i\leq j\leq m} P_f(E_iE_j) \\
&\quad + \sum_{1\leq i\leq j\leq k\leq m} P_f(E_iE_jE_k) + \cdots + (-1)^m P_f(\bigcap_{i=1}^{m} E_i)
\end{aligned}
\tag{7.4}
$$

式(7.4)为系统失效概率的准确表达形式,为应用方便,可对上述公式进行简化,可给出系统失效概率的窄界限表达式[3]:

$$
P_f(E_1) + \sum_{i=2}^{m} \max\left[ P_f(E_i) - \sum_{j=1}^{i-1} P_f(E_iE_j),\, 0 \right] \leq P_f
$$
$$
\leq \sum_{i=1}^{m} P_f(E_i) - \sum_{i=2}^{m} \max_{j<i} P_f(E_iE_j)
\tag{7.5}
$$

下面介绍可靠度的几种常用分析方法。

### 7.2.1  基于抽样的可靠度分析方法

令 $I[x]$ 为指示函数，当 $x \geq 0$ 时，$I[x] = 1$，否则 $I[x] = 0$，可将式（7.5）改写为

$$P_f = \int_{\Omega_f} f(x) \, \mathrm{d}x = \int_{-\infty}^{+\infty} f(x) I[g(x)] \, \mathrm{d}x \tag{7.6}$$

采用抽样方法或 Monte - Carlo 模拟，在输入参数空间内，以输入参数的联合概率分布产生大量样本 $(x^1, x^2, \cdots, x^N)$，并进行热防护的响应与极限状态方程的分析，获取 $I[g^i(x)]$ 来确定相应失效模式下的失效概率。通过统计分析方法，可以确定某一失效模式的失效概率估计值为

$$\hat{P}_f = \frac{n_f}{N} \tag{7.7}$$

$$n_f = \sum_{i=1}^{N} I[g^i(x)] \tag{7.8}$$

式中，$N$ 表示抽样总次数；$n_f$ 表示 $N$ 次抽样中失效的次数。

注意到抽样方法统计了系统所有单模式失效及多模式联合失效的情况，因此可以直接给出系统的失效概率和可靠度，能够避免复杂的失效模式相关性分析，这一点在分析具有复杂失效模式的系统可靠度时优势较为明显。

对式（7.7）两侧分别取均值和方差，并注意到 $I[g^i(x)]$ 对应一次伯努利试验，可以给出如下结果：

$$\mu_{\hat{P}_f} = \mu_{I[g(x)]}, \ \sigma_{\hat{P}_f}^2 = \frac{1}{N}\sigma_{I[g(x)]}^2 = \frac{1}{N}P_f(1 - P_f) \tag{7.9}$$

可以看出，Monte - Carlo 模拟结果 $\hat{P}_f$ 是对失效概率 $P_f$ 的无偏估计。根据中心极限定理，$\hat{P}_f$ 渐进满足正态分布，利用该性质，可以对失效概率估计结果的置信区间进行分析。在置信水平 $\alpha$ 的条件下，有

$$\mid \hat{P}_f - P_f \mid \leq \frac{u_{\alpha/2}}{\sqrt{N}}\sigma_{I[g(x)]} = u_{\alpha/2}\sigma_{\hat{P}_f} = u_{\alpha/2}\sqrt{\frac{1}{N}P_f(1 - P_f)} \tag{7.10}$$

式中，$u_{\alpha/2}$ 为标准正态分布的上 $\alpha/2$ 分位点。从上述分析可以看出，直接 Monte - Carlo 模拟的收敛速率为 $O(N^{-1/2})$。若要降低失效概率估计的误差，则需要增

加抽样数量,采用方差减缩技术降低 $\hat{\sigma}_{P_f}$。

实际热防护结构的失效概率往往较低,若实际结构的失效概率为 $10^{-3}$,若要达到置信度 95% 条件下失效概率估计的相对误差低于 20%,则由式(7.10)可以计算得出至少需要 95 940 个样本。直接通过增加样本数量来提升失效概率估计精度的方法是不经济的。目前的研究中,多结合一些采样策略来提升分析效率。

(1) Latin 超立方抽样:与 Monte – Carlo 数值模拟结合,针对复杂的系统,通过较少抽样次数便可以获得较好的结果,具有较高的抽样效率。$N$ 次 Latin 超立方抽样将变量 $(x_1, x_2, \cdots, x_n)$ 抽样区域 $(a_1, b_1)$,$(a_2, b_2)$,$\cdots$,$(a_n, b_n)$ 划分 $N$ 个子区域,在每一个子区域内 $(a_i^j, b_i^j)$,随机变量 $x_i$ 的累积概率满足如下条件:

$$P(a_i^j < x_i < b_i^j) = \frac{1}{N} \tag{7.11}$$

对在每个子区间获得的随机变量 $x_i$ 进行随机组合,使得到某一特定的 $x_i$ 值在所有的组合中只出现一次,获得 $(x_1^1, x_2^1, \cdots, x_n^1)$,$(x_1^2, x_2^2, \cdots, x_n^2)$,$\cdots$,$(x_1^N, x_2^N, \cdots, x_n^N)$ 共 $N$ 个组合,即完成了 $N$ 次 Latin 超立方抽样。

(2) 分离式 Monte – Carlo 模拟:在极限状态方程(7.1)中,若结构的载荷量 $L$ 和强度量 $S$ 分别依赖于两组不同的随机变量,也就是说式(7.1)可以写为

$$g(x) = L(x_1) - S(x_2),\ x = [x_1, x_2] \tag{7.12}$$

在这种情况下,计算载荷量 $L$ 和强度量 $S$ 便可以对 $x_1$ 与 $x_2$ 独立抽样。若获取了 $L$ 的 $N$ 个样本,$S$ 的 $M$ 个样本,则失效概率的估计如下:

$$\hat{P}_f = \frac{1}{MN} \sum_{i=1}^{N} \sum_{j=1}^{M} I[L_i > S_j] \tag{7.13}$$

式(7.13)为分离式 MCS 失效概率估计的方法,从中可以看出,分离式 MCS 表示的是随机样本中所有可能组合的比较。如图 7.2 所示,与直接 MCS 方法相比,分离式 MCS 方法的优点是很明显的。首先,在分离式 MCS 方法中,不需要相同样本大小的载荷量和强度量样本,强度量样本抽样成本低,因此可以获得更多的样本。其次,分离式 MCS 方法最大限度地使用每一个响应值,将其与所有的能力值进行比较,可以很直观地发现,其精度要好于使用直接 MCS 在 $N$ 个样

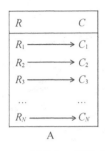 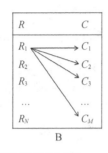

图7.2　分离式 MCS 与直接 MCS
方法的比较

本条件下的精度（相同的计算成本）。

（3）准 Monte‑Carlo 模拟：采用伪随机低差序列代替随机样本，提高样本对不确定性参数空间的填充性，能够将收敛速率提高到 $O(N^{-2})$。常用的低差序列有 Halton 低差序列、Sobol 低差序列等。对于高维不确定性空间，可利用 RR2 等方法对样本进行快速置换，消除高维参数随机序列中样本相关性过大的问题。上述低差序列在 MATLAB 等商业软件中均有内嵌函数，对低差序列的生成算法不再进一步介绍。

（4）重要性抽样：利用 MCS 方法进行失效概率分析时，依据 $x$ 联合概率密度分布 $\pi(x)$ 所获取的样本点多集中在 $x^* = \mathrm{argmax}\,\pi(x)$ 附近，而落入失效域的样本点较少。当失效概率为 $10^{-3}$ 时，约每 1 000 个样本仅有 1 个样本落入失效域，这也是低失效概率下用 MCS 方法进行失效概率估计时效率比较低的直观解释。通过改变抽样的概率分布，可以使得抽样的中心偏移到失效域边界附近，进而提升每次抽样落入失效域的概率（图7.3）。

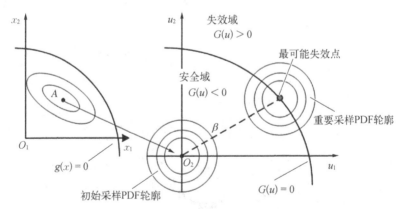

图7.3　重要性抽样方法的原理

依据上述思想，可以对式（7.6）进行如下修改：

$$P_f = \int_{-\infty}^{+\infty} \pi(x) I[g(x)] \mathrm{d}x = \int_{-\infty}^{+\infty} \frac{\pi(x) I[g(x)]}{\rho(x)} \rho(x) \mathrm{d}x \qquad (7.14)$$

通过重要性抽样概率密度函数 $\rho(x)$，可实现抽样中心的偏移。依据上述方法获取样本，同样采用 MCS 方法进行估计，可以给出：

$$\hat{P}_f = \frac{1}{N}\sum_{i=1}^{N}\frac{I[g(x)]\pi(x)}{\rho(x)} \tag{7.15}$$

同样,可以给出失效概率估计值的均值与方差:

$$\mu_{\hat{P}_f} = \mu_{\frac{I[g(x)]\pi(x)}{\rho(x)}} = P_f \tag{7.16}$$

$$\sigma_{\hat{P}_f}^2 = \frac{1}{N}E\left\{\frac{I[g(x)]\pi^2(x)}{\rho^2(x)}\right\} - \frac{1}{N}P_f^2 \tag{7.17}$$

可见,$\rho(x)$ 的选取是该方法的核心问题。一般来说,可以将 $\rho(x)$ 的中心落在失效面 $g(x)=0$ 上,同时使得中心点 $x_{\mathrm{MPP}}$ 对失效概率的贡献最大,该点又称为最可能失效点(most probable point, MPP),可以通过求解如下优化问题获得:

$$\begin{cases} x_{\mathrm{MPP}} = \mathrm{argmax}\ \pi(x) \\ g(x) = 0 \end{cases} \tag{7.18}$$

与此同时,可通过 $\rho(x)$ 的选取使得抽样简化,同时降低 $\sigma_{\hat{P}_f}^2$。例如,可以将 $\rho(x)$ 选取为各分量独立的联合正态分布,同时将各分量的方差放大 1~2 倍,进而加速失效概率计算的收敛。

### 7.2.2　基于极限状态方程展开的可靠度分析方法

基于抽样的可靠性分析方法十分直观,但是其所需的样本数量也往往较大。对于系统失效模式相对简单、极限状态方程非线性程度不高的问题,可以采用展开方法近似计算系统可靠度。基于极限状态方程展开后保留的阶次,展开方法又可以分为一次可靠度方法(图 7.4)和二次可靠度方法。

在标准化正态空间中,失效概率的意义为联合概率分布函数在失效区域内的积分。一次可靠度的基本思想是,在标准正态化空间内,将极限状态函数在联合概率分布函数与失效区域的交叉点(也称为最可能失效点)展开为标准正态变量的一次函数,进而联合概率分布函数在失效域内的面积可转化为标准正态分布累积概率的计算。将标准正态空间内原点距离线性近似失效面的距离,也就是原点与最可能失效点的距离定义为可靠度指标,则失效概率表达为

$$P_f = \Phi(-\beta) \tag{7.19}$$

一次可靠度指标将可靠性计算问题转化为求解标准正态空间内原点与失效

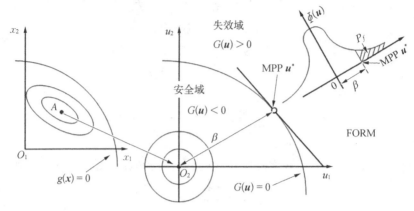

图 7.4   一次可靠度方法概念示意图

面的最短距离,并可以表述为如下优化问题:

$$
\begin{cases}
\min d \\
G(\boldsymbol{u}) = 0 \\
\beta = d
\end{cases}
\tag{7.20}
$$

式中,$d$ 为标准正态空间内原点到失效面上一点的距离;$\boldsymbol{u}$ 为标准化后的随机变量;$G$ 为极限状态函数在标准正态空间中的表达形式。

验算点法是一次可靠度求解的最常用方法,其基本思想是通过对失效曲面的不断迭代逼近,将当前的设计点逐步移动到最可能失效点,计算步骤如下。

(1)假定初始验算点 $u_0$。

(2)用 Nataf 逆变换计算 $u_0$ 在原始随机空间的对应点 $x_0$。

(3)计算对应于 $u_0$ 的功能函数值 $G_0$。

(4)计算概率变化 Jacobian 矩阵 $\boldsymbol{J}$ 在 $x_0$ 的值,见式(7.21)。

$$
\boldsymbol{J} = \frac{\partial(\boldsymbol{x})}{\partial(\boldsymbol{u})} =
\begin{pmatrix}
\dfrac{\partial(x_1)}{\partial(u_1)} & \dfrac{\partial(x_1)}{\partial(u_2)} & \cdots & \dfrac{\partial(x_1)}{\partial(u_n)} \\[2mm]
\dfrac{\partial(x_2)}{\partial(u_1)} & \dfrac{\partial(x_2)}{\partial(u_2)} & \cdots & \dfrac{\partial(x_2)}{\partial(u_n)} \\[2mm]
\vdots & \vdots & \ddots & \vdots \\[2mm]
\dfrac{\partial(x_n)}{\partial(u_1)} & \dfrac{\partial(x_n)}{\partial(u_2)} & \cdots & \dfrac{\partial(x_n)}{\partial(u_n)}
\end{pmatrix}
\tag{7.21}
$$

（5）在 $x_0$ 处计算功能函数 $G$ 对随机变量 $\boldsymbol{x}$ 的梯度向量 $\boldsymbol{\nabla}_x G$。

（6）根据式（7.22）计算功能函数在 $u_0$ 处对标准正态随机变量的梯度向量，即

$$\boldsymbol{\nabla}_u G = \boldsymbol{J}^{\mathrm{T}} \cdot \boldsymbol{\nabla}_x G \tag{7.22}$$

（7）在 $u_0$ 处把功能函数写成标准正态随机变量的线性近似形式：

$$\tilde{G} = G_0 + (\boldsymbol{\nabla}_u G)^{\mathrm{T}}(\boldsymbol{u} - u_0) \tag{7.23}$$

（8）确定近似验算点位置：

$$u = \frac{(\boldsymbol{\nabla}_u G)^{\mathrm{T}} u_0 - G_0}{(\boldsymbol{\nabla}_u G)^{\mathrm{T}} \boldsymbol{\nabla}_u G} \boldsymbol{\nabla}_u G \tag{7.24}$$

（9）判断收敛性 $\dfrac{\parallel \boldsymbol{u} - u_0 \parallel}{\parallel \boldsymbol{u} \parallel} \leqslant \varepsilon_0$，若收敛，则计算可靠度指标和失效概率：

$$\beta = \frac{(\boldsymbol{\nabla}_u G)^{\mathrm{T}} u}{\parallel \boldsymbol{\nabla}_u G \parallel} \tag{7.25}$$

$$P_f = 1 - \Phi^{-1}(\beta) \tag{7.26}$$

若不满足上述收敛性条件，则令 $u_0 = \boldsymbol{u}$，转向下一步继续第二轮迭代。把迭代终止时对应的 $u$ 称为最可能失效点，其几何意义为标准化空间中失效面上距离原点最近的点。

热防护系统是串联系统，在计算各约束失效概率的基础上，系统失效概率的计算方法由式（7.5）给出，该公式需要计算 2 个失效事件的联合失效概率，可以通过将随机标量当量正态化后，通过二维标准正态分布求解，即

$$P_f(E_i E_j) = \Phi_2(-\beta_i, -\beta_j, \rho_{ij}) \tag{7.27}$$

式中，$\rho_{ij}$ 为两种失效模式的相关性系数，其计算方法如下：

$$\rho_{ij} = \frac{\mathrm{Cov}(G_i, G_j)}{\sigma_{G_i} \sigma_{G_j}} \tag{7.28}$$

在一次可靠度指标计算方法中，采用线性函数逼近功能函数，式（7.28）可进一步化简为

$$\rho_{ij} = \alpha_i^T \alpha_j \tag{7.29}$$

式中,

$$\alpha_i(m) = \frac{\left.\dfrac{\partial g_i}{\partial x_m}\right|_{x*} \sigma_m}{\sqrt{\sum \left(\left.\dfrac{\partial g}{\partial x_m}\right|_{x*} \sigma_m\right)}}, \quad \alpha_j(m) = \frac{\left.\dfrac{\partial g_j}{\partial x_m}\right|_{x*} \sigma_m}{\sqrt{\sum \left(\left.\dfrac{\partial g}{\partial x_m}\right|_{x*} \sigma_m\right)}} \tag{7.30}$$

结构随机可靠度的一次二阶矩方法概念清晰,简便易行,得到了广泛应用。但它没有考虑功能函数在设计验算点附近的局部性质,当功能函数的非线性程度较高时将产生较大误差。如图 7.5 所示,在一次二阶矩方法的基础上,二次二阶距方法通过计算非线性功能函数的二次导数以考虑极限状态曲面在验算点附近的凹向、曲率等非线性性质,因而可以提高可靠性分析的精度。

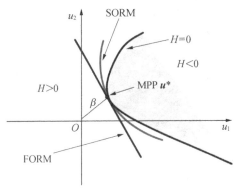

图 7.5　FOSM 与 SOSM 方法原理对比

将随机变量通过映射变换,在标准正态空间中讨论问题有一定的规范性,因此设 $X = (X_1, X_2, \cdots, X_n)^T$ 为独立标准正态随机变量,功能函数为 $Z = g_x(X)$。将 $Z$ 在验算点 $x^*$ 处展成 Taylor 级数并取一次项、二次项,分别得

$$Z_L = g_x(x^*) + (X - x^*)^T \nabla g_x(x^*) \tag{7.31}$$

$$Z_Q = g_x(x^*) + (X - x^*)^T \nabla g_x(x^*) + \frac{1}{2}(X - x^*)^T \nabla^2 g_x(x^*)(X - x^*) \tag{7.32}$$

令单位向量为

$$\boldsymbol{\alpha}_X = -\frac{\nabla g_x(x^*)}{\|\nabla g_x(x^*)\|} \tag{7.33}$$

利用式(7.33),并注意到 $g_x(x^*) = 0$,式(7.32)可写为

$$Z_Q = \|\nabla g_x(x^*)\| \left[\beta - \boldsymbol{\alpha}_X^T X - \frac{1}{2}(X - \beta\boldsymbol{\alpha}_X)^T \boldsymbol{Q}(X - \beta\boldsymbol{\alpha}_X)\right] \tag{7.34}$$

式中,

$$Q = -\frac{\nabla^2 g_x(x^*)}{\|\nabla g_x(x^*)\|} \tag{7.35}$$

用 $\boldsymbol{\alpha}_x$ 构造一个正交矩阵 $H$,即 $H^T H = I$,使 $\boldsymbol{\alpha}_x$ 为 $H$ 的某一列,不失一般性放在第 $n$ 列,即 $H = [H_1, H_2, \cdots, H_{n-1}, \boldsymbol{\alpha}_x]$,作 $X$ 空间到 $U$ 空间的旋转变换:

$$X = HU \tag{7.36}$$

功能函数变为

$$Z = g_x(X) = g_U(U) = g_U(U_1, U_2, \cdots, U_n) \tag{7.37}$$

将式(7.36)代入式(7.37),注意到 $\boldsymbol{\alpha}_x^T H U = U_n$,$H^T \boldsymbol{\alpha}_x = (0, 0, \cdots, 0, 1)^T$,经整理后可得

$$Z_Q = \|\nabla g_x(x^*)\| \left(\beta - U_n - \frac{1}{2}\overline{U}^T H^T Q H \overline{U}\right)$$

$$\approx \|\nabla g_x(x^*)\| \left[\beta - U_n - \frac{1}{2}V^T (H^T Q H)_{n-1} V\right] \tag{7.38}$$

式中, $\overline{U} = (V^T, U_n)^T = (U_1, U_2, \cdots, U_{n-1}, U_{n-\beta})^T$;$(H^T Q H)_{n-1}$ 为 $H^T Q H$ 划去第 $n$ 行和第 $n$ 列后的 $n-1$ 阶矩阵。

现在根据式(7.38)来计算结构的失效概率,$X$ 的联合密度函数为

$$f_X(\boldsymbol{x}) = \varphi_n(\boldsymbol{x}) = \prod_{i=1}^{n} \varphi_i(x_i) = \frac{1}{(2\pi)^{n/2}} \exp\left(-\frac{\boldsymbol{x}^T \boldsymbol{x}}{2}\right) \tag{7.39}$$

将式(7.36)代入式(7.39)得 $U$ 的联合概率密度分布函数为

$$f_U(\boldsymbol{u}) = \varphi_n(\boldsymbol{u}) = \frac{1}{(2\pi)^{n/2}} \exp\left(-\frac{\boldsymbol{u}^T \boldsymbol{u}}{2}\right) \tag{7.40}$$

说明旋转变换后所得 $U$ 仍为独立标准正态分布变量,标准正态空间旋转后仍是标准正态空间。

对于功能函数式(7.37),结构的失效概率为

$$P_f = \int_{g_x(x) \leqslant 0} f_X(\boldsymbol{x}) \, \mathrm{d}\boldsymbol{x} = \int_{g_U(\boldsymbol{u}) \leqslant 0} f_U(\boldsymbol{u}) \, \mathrm{d}\boldsymbol{u} \tag{7.41}$$

对于式(7.38),根据式(7.40)和式(7.41),二次二阶矩法的失效概率为

$$
\begin{aligned}
P_{fQ} &= \int_{Z_Q \leqslant 0} f_{\bar{U}}(\bar{\boldsymbol{u}})\,\mathrm{d}\bar{\boldsymbol{u}} = \iint_{Z_Q \leqslant 0} \varphi_{n-1}(\boldsymbol{v})\,\varphi_n(\boldsymbol{u}_n)\,\mathrm{d}\boldsymbol{v}\,\mathrm{d}\boldsymbol{u}_n \\
&= \int_{-\infty}^{+\infty} \varphi_{n-1}(\boldsymbol{v}) \int_{U_n \geqslant \beta - \frac{1}{2}\boldsymbol{v}^{\mathrm{T}}(\boldsymbol{H}^{\mathrm{T}}\boldsymbol{Q}\boldsymbol{H})_{n-1}\boldsymbol{v}} \varphi_n(\boldsymbol{u}_n)\,\mathrm{d}\boldsymbol{v}\,\mathrm{d}\boldsymbol{u}_n \\
&= \int_{-\infty}^{+\infty} \varphi_{n-1}(\boldsymbol{v})\,\phi\left[-\beta + \frac{1}{2}\boldsymbol{v}^{\mathrm{T}}(\boldsymbol{H}^{\mathrm{T}}\boldsymbol{Q}\boldsymbol{H})_{n-1}\boldsymbol{v}\right]\mathrm{d}\boldsymbol{v}
\end{aligned} \tag{7.42}
$$

令 $t = \dfrac{1}{2}\boldsymbol{v}^{\mathrm{T}}(\boldsymbol{H}^{\mathrm{T}}\boldsymbol{Q}\boldsymbol{H})_{n-1}\boldsymbol{v}$,将 $\ln\phi(t-\beta)$ 在 $t=0$ 作 Taylor 级数展开,并取其前一次项,有

$$
\ln\phi(t-\beta) \approx \ln\phi(-\beta) + \frac{\varphi(\beta)}{\varphi(-\beta)}t \approx \ln\phi(-\beta) + \beta t \tag{7.43}
$$

考虑到可靠指标 $\beta$ 一般为较大的正值,$\varphi(\beta) \approx \beta\phi(-\beta)$,式(7.43)又可写为

$$
\phi(t-\beta) \approx \phi(-\beta)\exp(\beta t) \tag{7.44}
$$

将式(7.44)代入式(7.42),并注意到 $\varphi_{n-1}(\boldsymbol{v})$ 的定义,可得

$$
\begin{aligned}
P_{fQ} &\approx \int_{-\infty}^{+\infty} \varphi_{n-1}(\boldsymbol{v})\,\phi(-\beta)\exp\left[\frac{1}{2}\beta\boldsymbol{v}^{\mathrm{T}}(\boldsymbol{H}^{\mathrm{T}}\boldsymbol{Q}\boldsymbol{H})_{n-1}\boldsymbol{v}\right]\mathrm{d}\boldsymbol{v} \\
&= \phi(-\beta)\int_{-\infty}^{+\infty} \frac{1}{(2\pi)^{(n-1)/2}} \times \exp\left\{-\frac{1}{2}\boldsymbol{v}^{\mathrm{T}}\left[\boldsymbol{I} - \beta(\boldsymbol{H}^{\mathrm{T}}\boldsymbol{Q}\boldsymbol{H})_{n-1}\right]\boldsymbol{v}\right\}\mathrm{d}\boldsymbol{v}
\end{aligned}
$$
$$\tag{7.45}$$

将式(7.45)中的被积函数与均值为 0、协方差矩阵为 $\left[\boldsymbol{I} - \beta(\boldsymbol{H}^{\mathrm{T}}\boldsymbol{Q}\boldsymbol{H})_{n-1}\right]^{-1}$ 的正态联合概率密度函数进行对比,该公式可简化为

$$
P_{fQ} \approx \frac{\phi(-\beta)}{\sqrt{\det[\boldsymbol{I} - \beta(\boldsymbol{H}^{\mathrm{T}}\boldsymbol{Q}\boldsymbol{H})_{n-1}]}} \tag{7.46}
$$

于是,只要求得一次二阶距法的可靠度指标,就可用式(7.46)得到二次二阶矩法的失效概率。这种方法是由 Breitung 提出的,因此又称为 Breitung 方法。

实对称矩阵 $(\boldsymbol{H}^{\mathrm{T}}\boldsymbol{Q}\boldsymbol{H})_{n-1}$ 存在 $n-1$ 个实特征值 $\kappa_i(i=1, 2, \cdots, n-1)$ 和特

征向量,通过正交变换可将其化成对角矩阵 $\mathrm{diag}[\kappa_i]$,正交变换矩阵的列向量为规格化的特征向量,因此式(7.46)又可写为

$$P_{fQ} \approx \frac{\phi(-\beta)}{\sqrt{\prod_{i=1}^{n-1}(i-\beta\kappa_i)}} \tag{7.47}$$

式中, $\kappa_i$ 近似描述了极限状态曲面在第 $i$ 个方向的主曲率。

Breitung 方法的计算步骤如下:

(1) 采用一次二阶距法计算 $\beta$;

(2) 利用式(7.33)计算 $\alpha_x$;

(3) 采用正交规范化处理技术(如 Gram-Schmidt 正交化方法)确定 $\boldsymbol{H}$;

(4) 利用式(7.35)计算 $\boldsymbol{Q}$;

(5) 利用式(7.46)计算 $P_{fQ}$。

相比 MCS 算法,基于展开的可靠度求解方法在复杂极限状态函数仅存在一个极值、非线性程度不高的情况下精度较好。当复杂极限状态函数出现多个极值时,如图 7.6 所示,MPP 的求解可能陷入局部最优,且 Taylor 级数展开只能在局部逼近目标函数,导致失效概率估计出现较为明显的偏差。

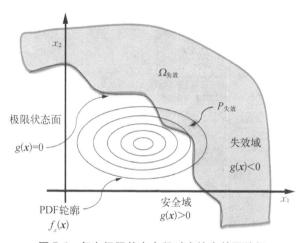

图 7.6　复杂极限状态方程对应的失效面特征

### 7.2.3　可靠度计算程序及算例分析

可靠性分析的实质是将基本变量的不确定性传递到响应量,因此输入变量与响应量的确定性关系在可靠性分析中具有至关重要的作用。在经典的可靠性

分析理论中,上述关系描述为结构失效准则的极限状态函数,但在实际的热防护设计中,除了热、力、氧、噪声耦合环境载荷和热防护材料性能具有随机性外,热防护结构的几何尺寸和边界条件等也具有不确定性。在这种情况下,极限状态函数可能成为含有多种随机变量的隐式函数。此时,难以获得极限状态函数的解析表达式。这种情况下,可以将具体求解结构响应问题的模型作为黑匣子,通过文件接口等方式,将有限元软件等集成到可靠性分析软件内,实现可靠度的求解,一种可参考的程序框架如图 7.7 所示,其他可参考的商业软件有 iSight、UNIPASS 等。

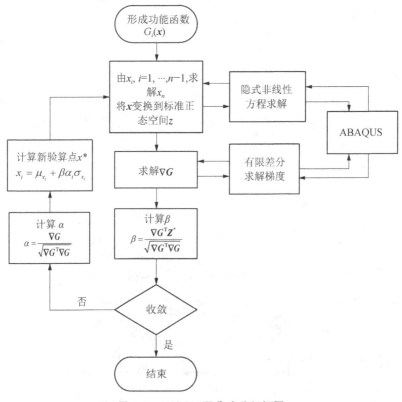

图 7.7　AFOSM 可靠度分析框图

## 7.3　非概率可靠度量化方法

基于概率方法的结构可靠性分析中,需要获取材料、载荷等参数不确定性的准确分布。但对于热结构而言,其材料的生产和试验费用高,因此通过大量试验获取统计数据来计算其可靠性的方法并不适用。与此同时,获取其载荷的概率分布也存在明显的困难。根据较小的样本数据定义出的随机模型,再基于此模型进行可靠度计算,结果会有较大的误差,风险较高。鉴于概率模型的局限性,Ben‐Haim 和 Elishakoff[4]于 20 世纪 90 年代提出,在掌握的数据信息较少的情况下,宜采用集合模型来表征不确定性。Ben‐Haim[5]于 1994 年基于凸集模型,首次提出非概率可靠性的概念,认为系统若能容许不确定参数在一定范围内波动,则系统是可靠的。非概率模型中最常用的模型是凸集模型,凸集模型又主要分为区间凸集合与超椭球凸集合。这两种方法均不需要知道不确定参数的具体概率分布类型,采用区间法对参数不确定性进行表征。

### 7.3.1　区间运算规则

设区间变量 $X^I = [x^l, x^u]$ 和区间变量 $Y^I = [y^l, y^u]$,其中 $x^u$、$x^l$ 分别为区间变量 $X$ 的上、下界,$y^u$、$y^l$ 分别为区间变量 $Y$ 的上、下界,其运算规则如下:

$$
\begin{cases}
X^I + Y^I = [x^l, x^u] + [y^l, y^u] = [x^l + y^l, x^u + y^u] \\
X^I - Y^I = [x^l, x^u] - [y^l, y^u] = [x^l - y^l, x^u - y^u] \\
X^I \times Y^I = [x^l, x^u] \times [y^l, y^u] = [\min(x^l y^l, x^u y^u, x^l y^u, x^u y^l), \\
\qquad\qquad\qquad\qquad\qquad \max(x^l y^l, x^u y^u, x^l y^u, x^u y^l)] \\
X^I / Y^I = [x^l, x^u] / [y^l, y^u] = [x^l, x^u] \times \left[\dfrac{1}{y^l}, \dfrac{1}{y^u}\right]
\end{cases}
\tag{7.48}
$$

区间变量的四则运算与实数的四则运算有一些相似性,也有一部分区别。其中,结合律和交换律均成立,分配率在区间变量的运算中不成立,但有一定的包含关系成立。

交换律:

$$
\begin{cases}
X^I + Y^I = Y^I + X^I \\
X^I \times Y^I = Y^I \times X^I
\end{cases}
\tag{7.49}
$$

结合律:

$$
\begin{cases}
(X^I + Y^I) \pm Z^I = X^I + (Y^I \pm Z^I) \\
(X^I \times Y^I) \times Z^I = X^I \times (Y^I \times Z^I)
\end{cases}
\tag{7.50}
$$

分配律：

$$\begin{cases} X^I \times (Y^I \pm Z^I) \subseteq X^I \times Y^I \pm X^I \times Z^I \\ (X^I \pm Y^I) \times Z^I \subseteq Z^I \times Y^I \pm X^I \times Z^I \end{cases} \tag{7.51}$$

抵消律：

$$\begin{cases} X^I - Y^I \subseteq (X^I + Z^I) - (Y^I + Z^I) \\ X^I / Y^I \subseteq \dfrac{(X^I \times Z^I)}{(Y^I \times Z^I)} \end{cases} \tag{7.52}$$

同时，实数运算中的一些特例并不适用于区间运算法则：

$$\frac{[x]}{[x]} \neq 1 \tag{7.53}$$

即区间运算的乘法的逆运算不等于除法，同时有

$$[x] - [x] \neq 0 \tag{7.54}$$

即区间运算的加法的逆运算不等于减法。

### 7.3.2　非概率可靠度的求解

1）区间模型可靠度指标 $\eta$ 的求解

若结构的不确定性参数 $x = (x_i)_m$ 构成了一个 $m$ 维参数空间，不确定参数 $x$ 的上、下界分别为 $x^l$、$x^u$，则 $x \in x^I = [x^l, x^u]$ 称为区间变量。

不确定性参数 $x = (x_i)_m$ 的区间数的算术平均为

$$x^c = \frac{x^l + x^u}{2} \tag{7.55}$$

不确定性参数 $x = (x_i)_m$ 的半径向量为

$$x^r = \frac{x^u - x^l}{2} \tag{7.56}$$

可得 $x^l = x^c - x^r$，$x^u = x^c + x^r$，则 $X^I$ 和 $x$ 可分别表示为

$$\begin{cases} X^I = x^c + x^r \Delta^I \\ x = x^c + x^r \delta \end{cases} \tag{7.57}$$

式中,标准化区间 $\Delta^I = [-1, 1]$ ; $\delta \in [-1, 1]$ ,称为标准化区间变量;任意实数区间值 $X^I$ 可由 $x^c$ 和 $x^r$ 唯一确定; $x^c$ 为区间数的算术平均,称为 $x$ 的均值; $x^r$ 表示区间数相对于均值的分散程度,称为 $x$ 的离差,也称为 $x$ 的半径。

设向量 $\boldsymbol{x} = \{x_1, x_2, \cdots, x_m\}$ 表示与结构有关的基本区间变量的集合,取

$$M = g(x) = g(x_1, x_2, \cdots, x_m) \tag{7.58}$$

式(7.58)为结构的失效准则确定的功能函数。当 $g(x)$ 为 $x_i(i = 1, 2, \cdots, n)$ 的连续函数时,功能函数 $M$ 也为区间变量,设其均值与离差分别为 $M^c$ 和 $M^r$ :

$$M \in M^I = [M^l, M^u] \tag{7.59}$$

$$\begin{cases} M^l = \min g(x_1, x_2, \cdots, x_m), & x_i \in X_i^I = [X_i^l, X_i^u] \\ M^u = \max g(x_1, x_2, \cdots, x_m), & x_i \in X_i^I = [X_i^l, X_i^u] \end{cases} \tag{7.60}$$

定义区间模型的非概率可靠性指标为

$$\eta = \frac{M^c}{M^r} = \frac{M^u + M^l}{M^u - M^l} \tag{7.61}$$

按照结构的可靠性理论,超曲面 $g(x) = 0$ 成为失效面,它将结构的基本矢量空间分为两个部分:失效域 $\Omega_f = \{x: g(x) < 0\}$ 和安全域 $\Omega_s = \{x: g(x) > 0\}$ 。从几何意义上讲, $\eta$ 表示从坐标原点到失效面的最短距离。当 $\eta = 1$ 时,失效面与凸区域相切,结构处于极限临界状态;当 $\eta > 1$ 时,失效面与凸区域不相交,也就是 $M^l > 0$ ,可以得出 $g(x) > 0$ ,结构安全可靠, $\eta$ 越大,表示结构离失效区域越远,结构就越安全;当 $\eta < -1$ 时, $M^u < 0$ ,可以得出 $g(x) < 0$ ,此刻结构肯定会失效;当 $-1 < \eta < 1$ 时,结构可能失效,也可能不失效,由于不确定参数为区间变量,可以取区间任何变量,严格意义上讲,结构是不可靠的。同时由式(7.61)可以得出,当可靠性指标 $\eta$ 越大时,结构的安全度越高。因此,可以把 $\eta$ 作为结构的可靠性指标,根据功能函数的不同分为以下两种方式。

(1)双区间变量的功能函数取为

$$M = R - S \tag{7.62}$$

式中, $R$ 表示结构强度; $S$ 表示结构应力,并且 $r \in R^I$ , $s \in S^I$ ,当 $M > 0$ 时结构可靠。通过标准化变换得

$$\begin{cases} r = R^c + R^r\delta_r \\ s = S^c + S^r\delta_s \end{cases} \tag{7.63}$$

式中, $R^c$、$R^r$ 和 $S^c$、$S^r$ 分别为 $R$ 和 $S$ 的均值与离差; $\delta_r$、$\delta_s$ 分别为标准化区间变量。

将式(7.63)代入式(7.62)中可以得

$$M = R^r\delta_r - S^r\delta_s + (R^c - S^c) = 0 \tag{7.64}$$

进而可以得

$$\begin{cases} M^c = R^c - S^c \\ M^r = R^r + S^r \end{cases} \tag{7.65}$$

利用集合的运算规则,可以得出区间模型的非概率可靠度的另一种表达方式:

$$\eta = \frac{R^c - S^c}{R^r + S^r} \tag{7.66}$$

(2) 多区间变量的功能函数取为

$$M = \sum_{i=1}^{m} a_i r_i - \sum_{j=1}^{n} b_j s_j = 0 \tag{7.67}$$

式中, $r_i \in R_i^I$、$s_j \in S_j^I (i = 1, 2, \cdots, m, j = 1, \cdots, n)$, 为相互独立的区间变量; $a_i$、$b_j$ 为常数,通过标准化变换可以得

$$\begin{cases} r_i = R_i^c + R_i^r\delta_{ri}(i = 1, \cdots, m) \\ s_j = S_j^c + S_j^r\delta_{sj}(j = 1, \cdots, n) \end{cases} \tag{7.68}$$

将式(7.68)代入式(7.67),可以得到标准化的功能函数:

$$M = \sum_{i=1}^{m} a_i R_i^r\delta_{ri} - \sum_{j=1}^{n} b_j S_j^r\delta_{sj} + \left( \sum_{i=1}^{m} a_i R_i^c - \sum_{j=1}^{n} b_j S_j^c \right) = 0 \tag{7.69}$$

进而可以得到可靠性指标为

$$\eta = \frac{\displaystyle\sum_{i=1}^{m} a_i R_i^c - \sum_{j=1}^{n} b_j S_j^c}{\displaystyle\sum_{i=1}^{m} | a_i | R_i^r + \sum_{j=1}^{n} | b_j | S_j^r} \tag{7.70}$$

2）非概率可靠性指标的物理意义

可靠性指标 $\eta$ 可以用无穷范数 $\|\cdot\|_\infty$ 来度量。以二维情况为例,在二维标准化区间变量空间中,失效面上与原点距离最短的点 $(\delta_r^*, \delta_s^*)$ 满足 $|\delta_r^*| = |\delta_s^*|$,如图 7.8 所示,则最短距离为

$$\eta = \min(\|\delta\|_\infty) = \min\{(|\delta_r|, |\delta_s|)\} = |\delta_r^*| = |\delta_s^*| = \frac{R^c - S^c}{R^r + S^r}$$

$$(7.71)$$

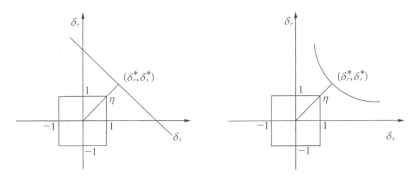

图 7.8　非概率可靠度的物理意义

从几何上讲,当 $\eta = 1$ 时,代表着失效面与凸集空间相切,结构处于临界状态。当 $\eta > 1$ 时,失效面与凸集空间不相切,此时结构才是安全的。并且失效域与凸集空间的距离越大,结构就越可靠,并且 $\eta$ 的值也就越大。

将以上的线性功能函数进行推广,可以得到非线性功能函数的情况。区间凸模型的非概率可靠性指标可以表示为

$$\eta = \min(\|\delta\|_\infty) = \min(\max\{|\delta_1|, |\delta_2|, \cdots, |\delta_m|\}) \quad (7.72)$$

约束条件为

$$M = g(x_1, x_2, \cdots, x_m) = G(\delta_1, \delta_2, \cdots, \delta_m) = 0 \quad (7.73)$$

3）区间模型的应力强度干涉模型

任何结构的不确定参数均可以分为两类,一类是应力 $S$ 向量,另外一类是结构强度 $R$ 向量,则结构的功能函数可以运用 $M = R - S$ 来表示。对功能函数进行标准化处理,可以得

$$M = R^r \delta_r - S^r \delta_s + (R^c - S^c) = 0 \quad (7.74)$$

失效面将应力和强度组成的空间分为两个区域,即安全域与失效域,如果假设应力向量 $S$ 与结构强度向量 $R$ 是符合均匀分布的,那么非概率可靠性问题可以用非概率集合失效度与非概率集合可靠度来表示,即分别等于失效区域围成面积与基本变量区域总面积的比值和安全区域围成面积与基本变量区域总面积的比值:

$$F_f = \eta\big[\mathrm{M}(\delta_R, \delta_S) < 0\big] = \frac{S_f}{S_{\mathrm{ALL}}} \tag{7.75}$$

$$F_s = \eta\big[\mathrm{M}(\delta_R, \delta_S) > 0\big] = \frac{S_s}{S_{\mathrm{ALL}}} \tag{7.76}$$

显然, $F_f + F_s = 1$ ,式中 $F_s$ 表示非概率集合可靠度; $F_f$ 表示非概率集合失效度; $S_f$、$S_s$、$S_{\mathrm{ALL}}$ 分别表示失效域面积、安全域面积、基本变量区域总面积。

根据应力向量 $S$ 与强度向量 $R$ 的大小分为 4 种情况,得到了 4 种干涉情况下的非概率可靠性度量指标。

当 $S^l < R^l < S^u < R^u$ 时为

$$F_s = \eta\big[\mathrm{M}(\delta_R, \delta_S) > 0\big] = 1 - \frac{(S^u - R^l)^2}{2(R^u - R^l)(S^u - S^l)} \tag{7.77}$$

当 $R^l < S^l < R^u < S^u$ 时为

$$F_s = \eta\big[\mathrm{M}(\delta_R, \delta_S) > 0\big] = \frac{(S^u - R^l)^2}{2(R^u - R^l)(S^u - S^l)} \tag{7.78}$$

当 $R^l < S^l < S^u < R^u$ 时为

$$F_s = \eta\big[\mathrm{M}(\delta_R, \delta_S) > 0\big] = \frac{(R^u - S^u)}{(R^u - R^l)} + \frac{(S^u - S^l)}{2(R^u - R^l)} \tag{7.79}$$

当 $S^l < R^l < R^u < S^u$ 时为

$$F_s = \eta\big[\mathrm{M}(\delta_R, \delta_S) > 0\big] = \frac{(R^l - S^l)}{(S^u - S^l)} + \frac{(R^u - R^l)}{2(S^u - S^l)} \tag{7.80}$$

## 7.4  不确定性条件下的结构优化

轻量化是热防护设计追求的永恒目标。在热防护结构设计中,多以质量最轻化作为设计目标。正如第 2 章所述,热防护结构设计还需要考虑结构完整性、刚度、稳定性、防隔热约束等一系列要求。结构优化设计的数学模型可以简略地表达为

$$
\begin{cases}
\min f(x,\ d) \\
g(x,\ d) < 0
\end{cases}
\tag{7.81}
$$

式中,$x$ 为随机变量;$d$ 为可设计变量。

常用的裕量方法有极值法与和根(root-sum square,RSS)方法两种,适用于被动隔热式热防护结构、烧蚀型热防护等。这类热防护的响应控制方程一般为一维,设计变量通常仅有隔热层或烧蚀层的厚度,较为简单,具体思想是在确定性最优设计尺寸的基础上,依据不确定性因素的影响,叠加厚度的安全裕量[6]。

### 7.4.1　极值法

极值法中,认为所有的不确定性参数都受限于最坏的条件,并在这个基础上设计安全余量,具体方法如下。将 $d$ 在确定性优化下的最优点 $d^*$ 视为不确定性因素 $x$ 的函数,即

$$
d^* = h(x)
\tag{7.82}
$$

在不考虑不确定性参数的最优设计点 $d_0^*$ 处,将式(7.82)展开得

$$
d^* = h(x_0) + \sum_{i=1}^{n} \frac{\partial h}{\partial x_i}\bigg|_{d_0^*} \Delta x_i = d_0^* + \sum_{i=1}^{n} \frac{\partial d^*}{\partial x_i}\bigg|_{d_0^*} \Delta x_i
\tag{7.83}
$$

式中,$\dfrac{\partial d^*}{\partial x_i}\bigg|_{d_0^*}$ 为最优设计变量 $d^*$ 对不确定性参数的灵敏度。

根据各不确定性参数的变异性,计算各不确定性参数 $1\sigma$ 变异量或 $3\sigma$ 变异量:

$$
\begin{aligned}
\Delta_{i,\,\sigma} &= x_{i,\,\sigma} - x_{i,\,\mu} \\
\Delta_{i,\,3\sigma} &= x_{i,\,3\sigma} - x_{i,\,\mu}
\end{aligned}
\tag{7.84}
$$

将各不确定性参数的变异量与相应设计参数对不确定参数偏导数乘积的绝

对值之和作为设计安全裕量,即

$$\Delta d = \sum_{i=1}^{n} \left| \frac{\partial d^*}{\partial x_i} \Delta_{i,3\sigma} \right| \tag{7.85}$$

热防护优化设计中,式(7.82)所表述的最优设计变量与不确定性参数的关系往往是隐式的,可采用有限差分方法进行求解,如式(7.86)所示,且当差分步长足够小时,灵敏度求解结果精度可满足设计要求。

$$\left. \frac{\partial d^*}{\partial x_i} \right|_{d_0^*} = \frac{d^*(x_i + \Delta x_i) - d_0^*}{\Delta x_i} \tag{7.86}$$

式中,$d^*(x_i + \Delta x_i)$ 为随机变量 $x_i$ 在 $x_i + \Delta x_i$ 条件下的设计参数最优值。

### 7.4.2 和方根法

和方根法在得出最优设计值对不确定性参数偏导数的基础上,计算各不确定性参数的 $3\sigma$ 变异量与相应设计参数对不确定参数偏导数乘积的和方根,并作为设计裕量,即

$$\Delta d = \sqrt{\sum_{i=1}^{n} \left( \frac{\partial d^*}{\partial x_i} \Delta_{i,3\sigma} \right)^2} \tag{7.87}$$

极值法与和方根方法最终的设计结果都可以写为

$$d_f^* = d_0^* + \Delta d \tag{7.88}$$

上述两种方法的对比如图 7.9 所示。

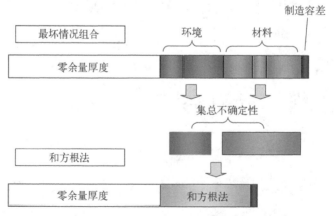

图 7.9 极值法与和方根法安全裕量设计

### 7.4.3　不确定性方法

设计裕量法一般针对设计变量较为简单的情况。随着新型热防护概念的发展,结构的可设计参数较多,面临的失效模式也多种多样。在这种情况下,裕量的物理意义已经不明确,且通过参数扰动分析增加尺寸的方式并非安全。结构可靠性理论的发展为科学评价热防护的失效概率,以及基于不确定性开展热防护设计奠定了基础。按照目标的不同,面向不确定性的结构优化设计主要可以分为两大类,即可靠性优化设计(reliability based design optimization)和稳健性设计(robust design and optimization)。

前者的设计目标是提高结构的可靠性,降低失效概率,以保证在可能出现的极端情况下的结构安全性;后者是降低结构性能对随机参数的敏感性,以保证在不确定条件下结构的稳定性。两种设计方法的应用环境如图7.10 所示[7]。

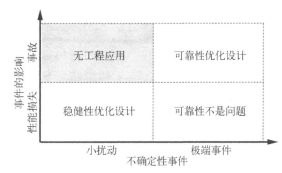

图 7.10　面向不确定性的结构设计方法

针对热防护结构,本节主要讨论可靠性优化问题。在确定性优化工作的基础上,考虑材料热物理性能、几何尺寸、环境载荷等不确定性参数,该优化问题表述为数学问题:

$$\begin{cases} \min f(x) \\ P_f = P(g \geqslant 0) \leqslant P_{f,\, allow} \end{cases} \tag{7.89}$$

对比确定性优化模型,上述优化问题有如下不同:由于结构尺寸也存在随机性,设计变量是随机变量的均值;由确定性优化的设计约束构建失效模式的极限状态方程,非确定优化模型的约束由确定性约束变为概率约束,即结构失效概率不超过许用值。进一步考虑数值稳定性,通常采用可靠度约束代替概率约束,进而将式(7.89)改写为

$$\begin{cases} \min f(x) \\ \beta \geqslant \beta^* \end{cases} \tag{7.90}$$

针对上述可靠性优化问题的数值求解方法主要分为双循环方法与单循环方法两类[8]。在双循环方法(图 7.11)中,可靠性优化问题的求解分为两层:① 内

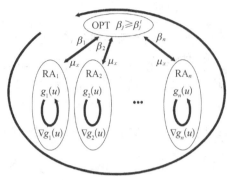

**图7.11　基于可靠度指标的双循环方法**

层循环,即求解结构的可靠度;② 外层循环,即依据结构可靠度的求解结果判断设计约束是否满足,并相应地修改设计变量。

在基于梯度的算法中,往往需要给出设计约束对设计参数的偏导数。在双循环方法中,对应的是在设计点处功能函数对随机变量的偏导数、失效概率或可靠度指标对随机变量分布参数的

偏导数、失效概率或可靠度指标对随机变量分布参数的偏导数所对应的无量纲灵敏度因子。在验算点处,将极限状态方程展开,有

$$g(x) \approx G(x) = a_0 + \sum_{i=1}^{n} a_i x_i \tag{7.91}$$

式中,$x^*$ 为验算点;$a_0 = -\sum_{i=1}^{n} \left( \dfrac{\partial g}{\partial x_i} \right)_{p^*} x_i^*$;$a_i = \left( \dfrac{\partial g}{\partial x_i} \right)_{p^*}$,　$i = 1, 2, \cdots, n$。

根据随机变量与标准正态化随机变量的变换关系可得

$$\frac{\partial G}{\partial x_i} = -\frac{\partial g}{\partial x_i} \sigma_{x_i} \tag{7.92}$$

根据可靠度指标计算方法,可以给出

$$\beta = \frac{\sum \left( -\dfrac{\partial g}{\partial x_i} \sigma_i \right) \left( \dfrac{x_i^* - u_i}{\sigma_i} \right)}{\sum \left( -\dfrac{\partial g}{\partial x_i} \sigma_i \right)^2} \tag{7.93}$$

式(7.93)可进一步化简为

$$\beta = \frac{\mu_g}{\sigma_g} \tag{7.94}$$

失效概率可表达为

$$P_f = \Phi(-\beta) = \int_{-\infty}^{\beta} \frac{1}{\sqrt{2\pi}} \exp\left( -\frac{x^2}{2} \right) \mathrm{d}x \tag{7.95}$$

进而根据复合求导法则给出

$$\frac{\partial P_f}{\partial \mu_i} = \frac{\partial P_f}{\partial \beta} \times \frac{\partial \beta}{\partial \mu_i} = -\frac{a_i}{\sqrt{2\pi}\,\sigma_G} \exp\left[ -\frac{1}{2}\left(\frac{\mu_G}{\sigma_G}\right)^2 \right] \qquad (7.96)$$

$$\frac{\partial P_f}{\partial \sigma_i} = \frac{\partial P_f}{\partial \beta} \times \frac{\partial \beta}{\partial \sigma_i} = -\frac{a_i^2 \sigma_i \mu_G}{\sqrt{2\pi}\,\sigma_G^3} \exp\left[ -\frac{1}{2}\left(\frac{\mu_G}{\sigma_G}\right)^2 \right] \qquad (7.97)$$

　　双循环方法由于需要求解两层优化问题,所需的运算量较高,不利于提升优化设计的效率。

　　在单循环方法中,通常是将内层的可靠性求解问题,通过性能测度法转化为外层优化问题的约束,不直接对内层优化问题进行求解,进而将不确定性问题转化为确定性问题,极大地提升求解效率。对于可靠性优化中失效概率要求低于 50% 的情况,单循环方法的基本原理如图 7.12 所示:依据目标可靠度约束 $\beta_i^*$ 将失效边界向安全一侧偏移,采用性能测度法将可靠度约束转换为确定性约束,进而构成确定性优化问题。

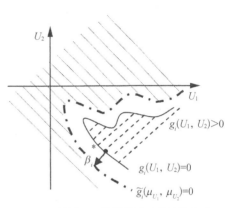

图 7.12　单循环可靠性优化设计的基本原理

　　令随机向量 $\boldsymbol{x}$ 标准化后为 $\boldsymbol{u} \in U^d$, $g_i$ 为可靠性优化问题的极限状态方程, $\tilde{g}_i$ 为通过性能测度法转换后,等价于可靠性约束的确定性约束方程。从一次可靠性的计算原理可知,对于 $\tilde{g}_i$ 上的任意一个设计点 $\boldsymbol{u}_T$,其对应极限状态方程的最可能失效点 $\boldsymbol{u}_{\mathrm{MPP}}$ 的确定方式为:通过 $\boldsymbol{u}_T$ 点沿着极限状态函数在 $\boldsymbol{u}_{\mathrm{MPP}}$ 点梯度方向的直线与失效边界的交点。在失效边界上,该交点与 $\boldsymbol{u}_T$ 点的距离最短,距离为可靠性约束值 $\beta_i^*$,进而有

$$\boldsymbol{u}_{\mathrm{MPP}} = \boldsymbol{u}_T + \beta_i^* \cdot \boldsymbol{n} \qquad (7.98)$$

式中, $\boldsymbol{n}$ 为极限状态函数 $g_i$ 在 $\boldsymbol{u}_{\mathrm{MPP}}$ 的归一化梯度向量,即

$$\boldsymbol{n} = \frac{\nabla g_i(\boldsymbol{u}_{\mathrm{MPP}})}{\| \nabla g_i(\boldsymbol{u}_{\mathrm{MPP}}) \|} \qquad (7.99)$$

进而,可靠性优化设计的约束边界可以改写为

$$\tilde{g}_i(\boldsymbol{u}_T, \boldsymbol{d}) = g_i(\boldsymbol{u}_T + \beta_i^* \cdot \boldsymbol{n}, \boldsymbol{d}) = 0 \tag{7.100}$$

上述分析中,隐含了可靠性优化设计问题的设计变量 $\boldsymbol{u}_T$ 对应的 $\boldsymbol{u}_{\text{MPP}}$ 已知的假设,进而给出 $\boldsymbol{n}$。在实际的优化设计中,可以用 $\boldsymbol{u}_T$ 处极限状态函数的梯度来近似 $\boldsymbol{u}_{\text{MPP}}$ 处的梯度,即

$$\boldsymbol{n} \approx \tilde{\boldsymbol{n}} = \frac{\nabla g_i(\boldsymbol{u}_T)}{\| \nabla g_i(\boldsymbol{u}_T) \|} \tag{7.101}$$

进而将原可靠性优化问题写为确定性优化问题:

$$\begin{cases} \min f(\boldsymbol{u}_T, \boldsymbol{d}) \\ \tilde{g}_i(\boldsymbol{u}_T, \boldsymbol{d}) = g_i\left(\boldsymbol{u}_T + \beta_i^* \cdot \dfrac{\nabla g_i(\boldsymbol{u}_T)}{\| \nabla g_i(\boldsymbol{u}_T) \|}, \boldsymbol{d}\right) \leq 0 \end{cases} \tag{7.102}$$

## 7.5　应用案例

### 7.5.1　一体化热防护系统可靠性优化

一体化热防护系统(integrated thermal protection system, ITPS)采用波纹夹芯板作为结构框架,在夹层空隙空间填充隔热材料,如图 7.13 所示。这种热防护利用波纹夹芯结构良好的力学性能,在面板与面板之间及面板与机身之间分担载荷,有助于机身结构减重,从而提高结构效率。但与此同时,ITPS 的组件较多,防隔热性能更容易受到各类不确定性因素的影响,因此这里以 ITPS 为对象,开展可靠性优化。

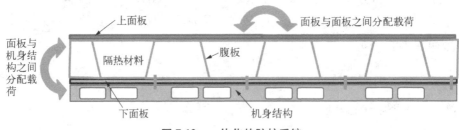

**图 7.13　一体化热防护系统**

分析案例中选取 ITPS 的代表性单胞,如图 7.14 所示,所考虑的设计变量如下:① 上面板厚度 $t_{\text{TFS}}$;② 下面板厚度 $t_{\text{BFS}}$;③ 腹板厚度 $t_{\text{WEB}}$;④ 腹板倾斜角 $\theta$;

⑤ 隔热层厚度 $h$;⑥ 单胞半宽度 $p$。该 ITPS 设计中,面板采用 C/SiC 材料,主要材料性能如表 7.1 所示。

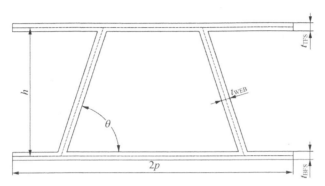

图 7.14　ITPS 的结构设计参数

表 7.1　一体化热防护系统分析中所使用材料的性能

| 参　　数 | C/SiC | 隔热体 |
| --- | --- | --- |
| 密度/(kg/m³) | 1 950~2 100 | 50 |
| 弹性模量/GPa | 110~130 | — |
| 泊松比 | −0.05~0.1 | — |
| 热膨胀系数/(10⁻⁶/K) | 4~6 | — |
| 热导率/[W/(m·K)] | 10.5~12.5 | 0.09(900 K) |
| 比热容/(J/kg) | 900~1 200 | 1 300(900 K) |

1）ITPS 热力耦合分析

一体化热防护传热分析模型如图 7.15 所示,其表面承受热流载荷,同时向外辐射散热,而背面处于绝热状态。考虑到机身结构及内部是一个较大的热容,这种做法是相对保守的。

在传热分析的基础上,增加气动载荷和力学边界条件,分析波纹夹芯+隔热一体化热防护的热力耦合响应。可将一体化热防护结构的单胞的边界进行标记,如图 7.16 所示。

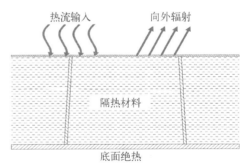

图 7.15　一体化热防护传热分析模型

一体化热防护单胞是从面板中截取的,因而边界 $B$、$C$ 上与其他单胞相邻,应施加对称边界条件。以图 7.16 中的坐标系为准,在边界 $B$ 上应有

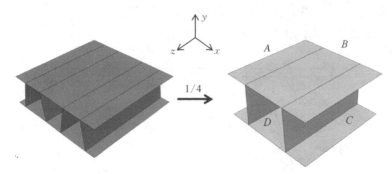

图 7.16　热力耦合分析的力学边界条件

$$Uz = Rx = Ry = 0 \qquad (7.103)$$

而在边界 $C$ 上应有

$$Ux = Ry = Rz = 0 \qquad (7.104)$$

边界 $A$、$D$ 上，单胞与其他面板相邻。但考虑到一体化热防护面板可能采用机械连接方式与机身框架连接，因此在计算热力耦合响应时，在边界 $A$、$D$ 的底部，限制边界在各方向上的旋转，以及在垂直面板方向上的位移；由于机械连接本身可能允许面板产生位移以释放面板与机身之间的变形约束，因此不约束下底面边界的面内位移。以图 7.16 中的坐标系为例，约束条件可表达为

$$Uy = Rx = Ry = Rz = 0 \qquad (7.105)$$

在上表面边界，两端的面板结构相同，在气动压力作用下发生挠曲时，将以边界为对称面，因而在边界 $A$、$D$ 的上表面约束各方向上的转动，而允许各方向上的位移，即

$$Rx = Ry = Rz = 0 \qquad (7.106)$$

通过热力耦合分析，可以确定 ITPS 中背面温度的最高点和结构最大应力。

2) ITPS 不确定性优化

轻质是热防护追求的永恒主题，也是热防护提高结构效率的关键途径。ITPS 结构尺寸优化问题的本质是通过结构参数的设计，在完成防隔热、承载功能的条件下，追求质量最轻化。因此可将 ITPS 面板单位面积重量作为优化设计的目标函数，考虑的主要失效模式如下。

（1）背面最高温度超过极限值。热防护背面所能达到的最高温度决定了进入飞行器内部的总热量，同时也是机身结构的工作温度，因此不能超过温度上限

值[T]。

（2）结构应力超过材料强度[S]。在热力耦合载荷下,结构中的应力必须保持在弹性极限以内,以实现可重复使用。

（3）上面板最大变形超过变形许用值[D]。上面板的变形程度影响飞行器的气动外形,进而影响飞行器的表面流场和气动力。当上面板变形过大时,会使飞行器表面的流场过早地由层流转为湍流,进而导致气动热显著增加。

不确定性优化设计表述如下:

$$\begin{cases} \min m = f(x, u) \\ g_1(x) = \beta[T(x)_{\max} - [T] < 0] - \beta_{\text{target}} \geq 0 \\ g_2(x) = \beta[S(x)_{\max} - [S] < 0] - \beta_{\text{target}} \geq 0 \\ g_3(x) = \beta[D(x)_{\max} - [D] < 0] - \beta_{\text{target}} \geq 0 \end{cases} \quad (7.107)$$

式中,$x$ 为设计参数;$u$ 为不确定性参数,主要为材料性能波动对应的不确定性参数。

利用上述模型,对 ITPS 面板进行了可靠性优化,同时对比了不考虑不确定性的优化设计结果。热防护整体模型相比局部连接结构模型更为复杂,失效模式与设计变量更多,使得可靠性优化问题更为复杂,优化结果如表 7.2 所示,可靠性优化后的失效概率对比见表 7.3。

表 7.2　ITPS 可靠性优化结果

| 变量 | $t_{\text{BFS}}$ /mm | $h$ /mm | $t_{\text{TFS}}$ /mm | $\theta$ /(°) | $t_{\text{WEB}}$ /mm | $p$ /mm | 面密度 /(kg/m²) |
|---|---|---|---|---|---|---|---|
| 下限 | 1.0 | 60.0 | 1.0 | 60.0 | 1.0 | 100.0 | — |
| 上限 | 10.0 | 150.0 | 10.0 | 89.0 | 10.0 | 200.0 | — |
| 初始值 | 6.0 | 100.0 | 3.0 | 75.0 | 3.0 | 150.0 | — |
| 确定性优化值 | 6.27 | 64.39 | 1.80 | 85.44 | 2.69 | 100.0 | 24.84 |
| 不确定性优化值 | 8.64 | 59.4 | 2.2 | 83.24 | 2.64 | 100.0 | 25.21 |

表 7.3　ITPS 可靠性优化后的失效概率对比

| 失效模式 | 上面板强度 | | 腹板强度 | | 背面温度 | |
|---|---|---|---|---|---|---|
| | 强度参数 | 失效概率 | 强度参数 | 失效概率 | 最高温度/K | 失效概率 |
| 优化前 | 1.00 | 54% | 1.00 | 49% | 473.0 | 40% |
| 优化后 | 0.53 | 0.001 9% | 0.657 | 0.13% | 448.0 | 3.0% |

研究结果表明,相比于确定性优化,可以通过对结构的可靠性优化,在不明显增加结构重量的情况下降低结构的失效概率。两者的区别在于,确定性约束与可靠性约束对设计参数的敏感性不同,确定性优化无法体现可靠性对设计参数的敏感性,因而在寻求最优解过程中是忽略结构安全性问题的。而通过可靠性优化既可以不明显增加结构重量,又可以显著提升结构安全性。但可靠性优化的缺点在于:由于需要求解双层嵌套优化问题,可靠性优化的计算效率往往较低。两者的协同性体现在,可以利用确定性优化设计的结果,结合初步的响应不确定性分析对确定性设计的安全系数进行估计。然后,将包含特定安全系数的确定性设计结果作为可靠性优化设计的初始值,提升可靠性优化设计的效率。

### 7.5.2 扩张段的非概率可靠度分析

C/C 喷管轴对称模型如图 7.17 所示,整个喷管由喉衬、扩张段、背壁、收敛段、金属法兰组成。由喷管结构模型可以看出,扩张段与喉衬之间通过胶层粘接而成,热膨胀缝的存在能够有效地释放集中热应力,同时扩张段与背壁之间也通过胶层粘接而成。背壁采用高硅氧材料,具有隔热阻热的作用,使得金属法兰能够在其使用温度内正常工作。金属法兰的主要作用是固定喷管,连接喷管与发动机。发动机对喷管的可靠性要求较为苛刻,但扩展段 C/C 材料的力学性能数据十分稀疏,采用概率方法难以进行可靠性的评估,也难以作为设计的依据。因此,采用区间法表示材料性能的不确定性范围,并评估非概率可靠性。

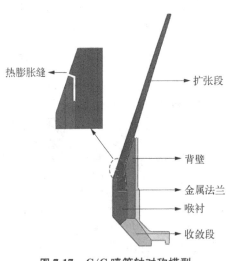

**图 7.17 C/C 喷管轴对称模型**

1) 喷管热力耦合分析

采用轴对称模型对喷管进行建模,喷管的内流场壁面主要与燃气流存在对流换热关系,并受到内流场压力作用;扩张段外壁面与空气之间进行自然对流换热,对流换热系数为 5 W/(m² · K),外界大气压为一个标准大气压;喷管初始温度为 20℃;金属法兰端面固定,扩张段工作时间为 20 s。

通过传热分析,得出扩张段的温度最高点出现在末态。扩张段温度最高时的三维温度场分布如图 7.18 所示,温度最高点位于内流场小端处。

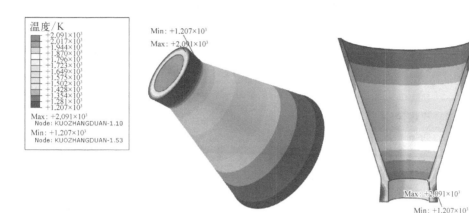

图 7.18　扩张段温度最高时的三维温度场分布

基于传热分析,采用顺序耦合方法对整个工作历程中扩张段的应力进行了分析,对扩张段模型三个方向的应力极值及层间剪切应力极值进行分析,得出扩张段破坏的主要原因有三种,第一种是层间剪切破坏,第二种是扩张段轴向压应力破坏,第三种是环向压应力破坏,其他破坏模式发生的可能性较小。以层间剪切破坏为例,扩展段中的典型应力场如图 7.19 所示,从图中可以看到扩张段层间剪切应力最大值发生在喉衬与扩张段的接触角处,层间剪切应力最大值为15.60 MPa,可能会超过材料的剪切强度。

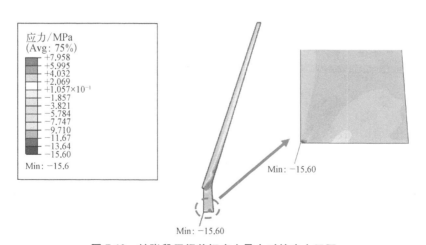

图 7.19　扩张段层间剪切应力最大时的应力云图

2）不确定参数的量化表征

对离散的材料性能参数进行归一化处理后，可以得到材料参数的具体区间范围，区间模型的不确定参数量化标准方法如表 7.4 所示。

表 7.4 区间模型表征不确定性材料参数

| 参 数 | 符 号 | 均 值 | 区 间 范 围 |
|---|---|---|---|
| 热膨胀 | $X_1$ | 1.0 | $[0.85, 1.15]$ |
| 比热容 | $X_2$ | 1.0 | $[0.7, 1.3]$ |
| 径向热导率 | $X_3$ | 1.0 | $[0.9, 1.1]$ |
| 轴向热导率 | $X_4$ | 1.0 | $[0.97, 1.03]$ |
| 轴向弹性模量 | $X_5$ | 1.0 | $[0.9, 1.1]$ |
| 径向弹性模量 | $X_6$ | 1.0 | $[0.9, 1.1]$ |
| 密度 | $X_7$ | 1.0 | $[0.9, 1.1]$ |
| 环向压缩强度 | $R_3$ | 140 | $[115, 164]$ |
| 轴向压缩强度 | $R_2$ | 90 | $[82, 94]$ |
| 剪切强度 | $R_1$ | 30 | $[24, 36]$ |

3）可靠性分析

由概率模型可靠度分析与非概率可靠度分析可知，若求解结构的可靠度，首先需要获得不同失效模式下的结构功能函数，结构功能函数的获取主要采用响应面近似模型。通过优化的 Latin 超立方抽样法获取 300 个材料参数的样本点组合，每个组合进行独立的有限元计算，得到扩张段结构的响应，最后通过高阶次拟合得到三种失效模式下的响应面。

以层间剪切失效为例。$x = \{x_1, x_2, \cdots, x_7\}$ 均为区间变量，并且层间剪切应力响应 $S_{12}$ 是连续函数，因此得出层间剪切应力也是一个区间值。将功能函数 $M_{12}$ 简化为二维的情况，利用 MATLAB 优化工具箱得

$$|S_{12}| \in [19.49, 24.1], \quad R_1 \in [24, 36] \qquad (7.108)$$

从而得出功能函数的上、下界分别为

$$M_{12}^u = 9.255, \quad M_{12}^l = 0.05 \qquad (7.109)$$

将式（7.109）中的数据分别代入式（7.66）中，求得区间模型的可靠度指标为

$$\eta = \frac{R^c - S^c}{R^r + S^r} = 0.989\,2 \qquad (7.110)$$

由此可以得出区间模型下扩张段因层间剪切破坏的失效度。由于 $S^l < R^l < S^u < R^u$，则扩张段区间模型下的可靠度为

$$F_s = \eta\big[M(\delta_R, \delta_S) > 0\big] = 1 - \frac{(S^u - R^l)^2}{2(R^u - R^l)(S^u - S^l)} = 0.999\,93$$

$$(7.111)$$

上述可靠度的量化数值可以作为结构后续优化设计、材料体系筛选的参考。

## 参考文献

[ 1 ] Rasky D, Kolodziej P, Newfield M, et al. Assessing factors of safety, margins of safety, and reliability of thermal protection systems. Orlando: 36th AIAA Thermophysics Conference, 2003.

[ 2 ] Chen Y K, Squire T, Laub B, et al. Monte-Carlo analysis for spacecraft thermal protection system design. San Francisco: 9th AIAA/ASME Joint Thermophysics and Heat Transfer Conference, 2006.

[ 3 ] 张明.结构可靠度分析:方法与程序.北京:科学出版社,2009.

[ 4 ] Ben-Haim Y, Elishakoff I. Convex models of uncertainty in applied mechanics. Amsterdam: Elsevier, 1990.

[ 5 ] Ben-Haim Y. A non-probabilistic concept of reliability. Structural safety, 1994, 14(4): 227 - 245.

[ 6 ] Kolodziej P. Strategies and approaches to TPS design. RTO AVT lecture series on critical technologies for hypersonic vehicle development. Belgium: von Karman Institute, 2004.

[ 7 ] Yao W, Chen X, Luo W, et al. Review of uncertainty-based multidisciplinary design optimization methods for aerospace vehicles. Progress in Aerospace Sciences, 2011, 47(6): 450 - 479.

[ 8 ] Liao K W, Ivan G. A single loop reliability-based design optimization using EPM and MPP-based PSO. Latin American Journal of Solids and Structures, 2014, 11(5): 826 - 847.

# 第8章

--------------------------------------------------

# 典型热结构分析与评价案例

在前面各章中,主要针对热结构分析的基本方法,以及所涉及的材料损伤失效、多物理场耦合效应、不确定性量化、模型验证与确认及可靠性评价各个层面介绍分析方法及简单案例的应用情况。本章在上述方法的基础上,以问题为导向,介绍各个方法在热结构分析、评价与设计中的应用。

## 8.1 航天飞机翼前缘热力耦合分析

航天飞机翼前缘(wing leading edge, WLE)由一系列 RCC 面板组成,如图 8.1 所示,图中给出了机翼内部结构的结构布局、代表性面板和 T 形密封件。机

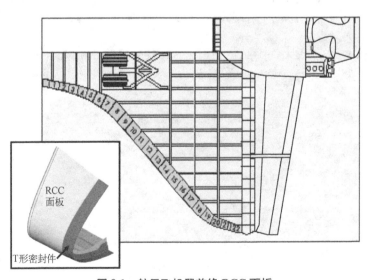

图8.1 航天飞机翼前缘 RCC 面板

翼的前缘有 22 块 RCC 面板/T 形密封件,用于提供空气动力性能和热防护。

　　每两个面板之间存在的间隙是为了便于安装,并容纳热膨胀,T 形密封件安装在相邻板之间以覆盖间隙,两个相邻的 RCC 面板和相应的 T 形密封件的横截面如图 8.2 所示。每个面板的外侧边缘具有锁定侧啮合特征,如图 8.2 所示的面板 9,用于在装配过程中直接与 T 形密封件配合。每个面板的内侧边缘具有滑动侧啮合特征,如图 8.2 中的面板 10 所示,以适应在加热期间 T 形密封件产生的热膨胀。

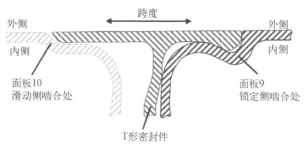

图 8.2　RCC 面板的安装与啮合方式

　　RCC 是一种复合材料层合材料,其中外层为 SiC 涂层,内部材料为 C/C 基底。由于涂层和基体之间的热失配,在制造和飞行过程中会产生裂纹。在高温载荷下,两者之间的热失配可能会使得裂纹从张开到逐渐闭合,再产生相互挤压。具有裂纹和亚表面裂纹的典型 RCC 面板侧滑动区域截面如图 8.3 所示。基底 C/C 材料是一种层合材料,材料内部也存在制造中引起的分层裂纹缺陷,影响结构的安全性。

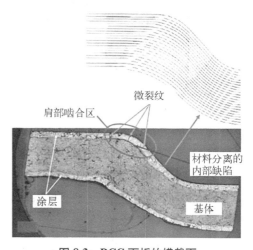

图 8.3　RCC 面板的横截面

　　这两类裂纹是影响 RCC 安全服役的隐患。随着再入温度的升高,表面涂层会发生膨胀挤压,RCC 材料的亚表面裂纹中的任何挥发物都可能升温并产生高压,进而导致裂纹扩展。如图 8.4 所示,在航天飞机翼前缘中,已经观察到表面啮合区域可能产生破坏分层[1]。

　　在 NASA 的数份报告中[2-6],给出了上述现象的分析方法,报告中针对航天

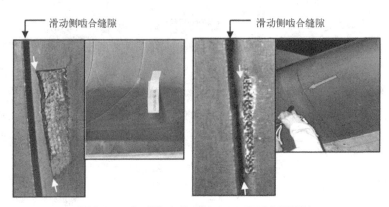

图 8.4 飞行后检查发现的 RCC 面板表面裂纹

飞机翼前缘面板建立了组合件、单面板、局部结构乃至局部裂纹的多级精细化分析模型,采用断裂力学方法对面板开裂现象进行了模拟复现,并对局部开裂机理与判据进行了分析研究。整个建模与分析过程非常有参考价值,故本书将其摘录整理如下。

### 8.1.1  层级式建模与分析策略

整体上,NASA 采用了一种层级式的建模与分析策略,逐步构建出复杂模型。建模过程中的每个步骤都需要验证,并确定其对总体响应的影响。分析方法的层次结构如图 8.5 所示。首先,定义基本的问题、分析目标、相关产品、进

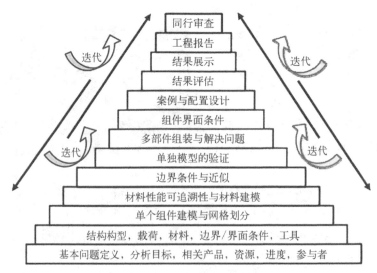

图 8.5  积木式分析流程

度、参与者和资源等。其次,确定结构构型、载荷、材料、边界/界面条件及用于解决问题的工具。接下来,创建分析模型,如各个组件的有限元模型,将材料建模过程、边界条件和其他条件分配给各个组件模型,并对模型进行求解和精度验证。单个组件级别的验证是一个迭代过程,重复进行直到可与测试数据进行比较来验证结果为止。然后,组装各个组件模型,包括组件界面条件、不同的设计配置和各种载荷情况。对所建立的模型进行求解,并对结果进行评估。模型组装过程也是一个迭代的过程,直至能够证明结果的准确性。最后,编写工程报告,将结果提交给同行评阅,整个工作都要经过严格的审查。

用于分析工作的有限元模型如图 8.6 所示,分为三个层级,分别是全局模型、单面板模型以及裂纹细化分析模型。首先,建立一个全局模型[图 8.6(a)],包括面板 9 和 10 及它们之间的 T 形密封件。在执行任务期间,航天飞机要承受极端的载荷环境,其中包括再入过程中的峰值加热,这构成了翼前缘的主要分析载荷。将热流峰值点对应的温度分布用于集成模型热力耦合分析,表明面板 10 和 T 形密封件 10 之间的相互作用可忽略不计,因此可以针对再入的热条件单独分析一个面板。

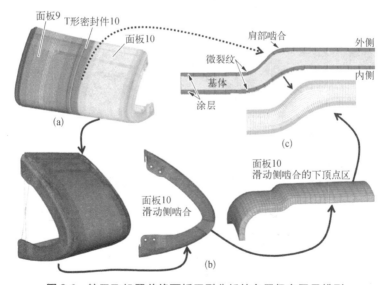

图 8.6　航天飞机翼前缘面板开裂分析的多层级有限元模型

对面板 10 建模时,在滑动区域的边缘上采用三维单元,在大面积区域采用壳单元,如图 8.6(b)所示。面板 10 的滑动侧啮合区域经历了最高再入温度,并将对应于该时间点的再入温度分布应用于热应力分析,所得的整个基材厚度方向的(through-the-thickness, TTT)应力分布如图 8.7 所示(为了清楚地显示厚度方向应力,在图 8.7 中去掉了涂层)。在靠近面板顶点的局部区域,即热区域的应力值在整个边缘近似为常数,表明可以截取任何垂直于弦方向的切片,并采用平面应变建模与分析。

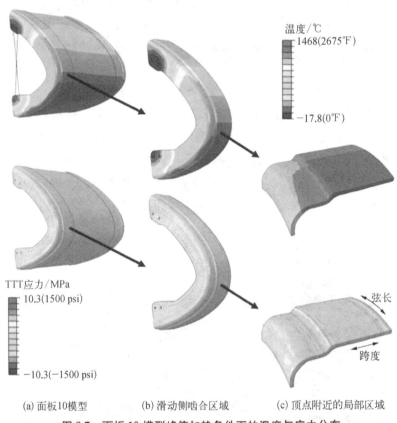

(a) 面板10模型          (b) 滑动侧啮合区域          (c) 顶点附近的局部区域

图 8.7　面板 10 模型峰值加热条件下的温度与应力分布

最后,考虑了面板 10 的滑移面啮合区域的平面应变模型,如图 8.6(c)所示。对于应力分析,有限元模型不包括裂纹。靠近面板顶点的局部区域的温度几乎恒定,因此将再入温度最大峰值应用于整个平面应变模型,所得的厚度方向应力在基材中的分布如图 8.8 所示。

将整个模型简化过程总结如下: 在峰值加热条件下,面板 10 和 T 形密封 10之间的相互作用可忽略不计,所以可以针对再入热条件单独分析一个面板。由于在靠近面板顶点的整个边缘上应力几乎恒定,可以截取任何垂直于边缘方向

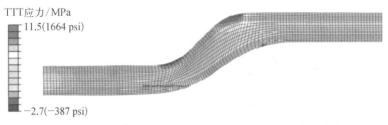

**图 8.8　平面应变模型峰值加热条件下的厚度方向应力分布**

的切片,并将其用于滑移侧啮合的平面应变分析,从而实现从全局三维模型到二维平面模型的简化。

### 8.1.2　组合件热力耦合分析

1)组合件建模过程

WLE 面板的再入环境主要是热载荷,WLE 面板中存在的非均匀温度场使得结构产生热膨胀与热应力,面板边缘与 T 形密封法兰(图 8.2)之间发生相互作用,同时面板热膨胀会受到背面安装结构的约束。为分析上述特征,至少应建立包括两个 WLE 面板及其相关 T 形密封件的代表性模型。该层级建模与分析的目的在于获取面板整体,尤其是啮合区域的应力状态。

组件的边界条件如图 8.9 所示,每个 RCC 面板组件的上部和下部有剪切凸耳区域,通过四个附件连接到前翼梁。连接硬件包括前翼梁连接配件的 U 形夹配件,以及连接到面板内侧和外侧边缘上的凸耳,将 T 形密封件连接到面板的 U 形夹配件。WLE 的前翼梁及其附件均未在整体模型中直接体现,推测采用了杆单元模拟面板上的四个连接附件,采用多点约束建立了杆单元与剪切凸耳之间的连接,采用线性弹簧元模拟前翼梁的连接刚度,如图 8.9 所示,图中 FBP 表示场断点。

RCC 材料特性是建模的重点,可采用如下三种方法。第一种方法是在整个厚度上赋予层压板特性,材料被视为具有双模量、温度相关特性的横观各向同性材料。但是材料厚度均匀,因此不会出现性能不匹配的情况。根据内外模线共同决定不同位置 RCC 厚度,并指定与该局部厚度对应的 RCC 材料特性。第二种方法是分层建模并组合,每层(涂层或基底)材料是均匀的,涂层和基底层被赋予单独的材料特性,在界面处存在材料特性不匹配的情况。对于涂层,平面内的拉伸弹性模量近乎为零,同时采用面内压缩和厚度方向为实际弹性模量来模拟含裂纹的涂层力学特征。第三种方法是在第二种方法的基础上,采用实际裂

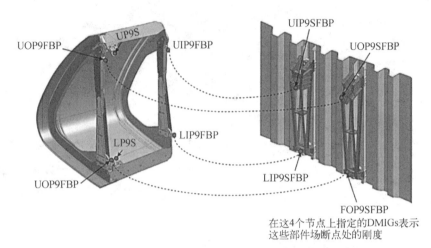

在这4个节点上指定的DMIGs表示
这些部件场断点处的刚度

**图 8.9　RCC 面板组件上的场断点与前梁之间的连接**

纹几何建模来表示涂层裂纹。在这种方法中,建模要复杂得多,需要为每个裂纹定义接触面和接触边界条件,相当于在模型中创建了涂层材料的"孤岛",并指定材料特性。在每种 RCC 材料的建模方法中,为了考虑基体与涂层的双模量与横向各向同性特征,采用 ABAQUS 中的 UMAT 接口定义材料行为,并考虑热应变与无应力温度的影响。

　　为适应材料特性,机翼前缘使用了分块网格划分,其中啮合区域是分析重点,因此具有更高的保真度。图 8.10 中对比了面板的三种建模策略:第一种建模策略是厚度方向上有 4 个三维 8 节点六面体实体单元(模型 P10B4)。第二种

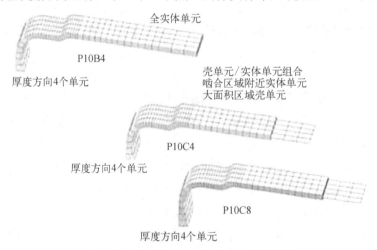

**图 8.10　面板模型的三种不同的建模策略**

建模策略试图通过在大面积区域使
用壳单元来增加响应保真度,同时在
滑动侧和锁定侧的啮合区域保留实
体单元(模型 P10C4)。第三种建模
策略进一步增加了建模保真度,将整
个厚度方向上的单元数量增加到 8 个
(仅在滑动侧啮合区域中)(模型
P10C8)。T 形密封件 10 采用 8 节点

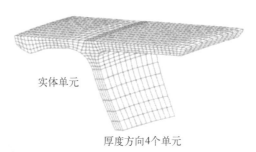

图 8.11　T 形密封件 10 的有限元模型

六面体单元建模,厚度方向划分 4 个单元,见图 8.11,T 形密封和面板啮合区域
考虑了面接触。

2) 热力耦合分析结果

通过进行瞬态热分析,预测了整个面板和密封件上的温度分布。峰值
温度出现时的温度分布如图 8.12 所示,并且最高温度出现在面板顶点以下
的面板表面上。在这些模拟中,假定温度在 RCC 组件的整个厚度内保持
恒定。

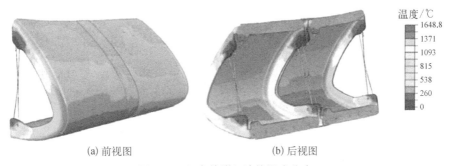

温度/℃

|  |  |
|---|---|
| | 1648.8 |
| | 1371 |
| | 1093 |
| | 815 |
| | 538 |
| | 260 |
| | 0 |

(a) 前视图　　　　　　　　　(b) 后视图

图 8.12　组合件再入峰值温度分布

利用预测的再入温度分布进行的模拟表明,在所分析的热载荷条件下,相邻
WLE 面板边缘与中间 T 形密封件之间的相互作用很小,如图 8.13 所示的接触关
系。因此,可以针对单个面板展开分析。

针对面板 10 模型分析了三种热载荷下的热应力,即分别对应于再入后两个
时间点的非均匀再入温度分布和均匀高温条件(即有限元模型中的所有节点都
被指定了相同的温度)。图 8.14 为使用 ABAQUS C3D8I 实体单元对热条件的应
力分析结果,三种热条件下,厚度方向上最高应力都在连接配件的面板凸耳处,
整个滑动侧啮合区域的基体厚度方向上的应力水平都很低,如图 8.15 所示。基

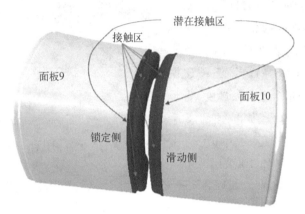

**图 8.13  接触建模和接触面压力指示集成模型**

板的应力分布与截面的位置几乎无关,啮合区域底部明显存在一条贯穿厚度的高压缩应力带。

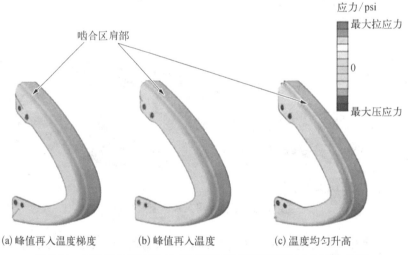

**图 8.14  三种热条件下涂层‐基底界面处基底厚度方向的应力分布**

接下来研究从整体三维应力分析模型中提取的位于面板顶点正下方和沿着滑动侧的局部啮合段。使用这样一个孤立的三维啮合段模型,与相同区域和相同均匀热条件下[图 8.15(c)]的整体面板 10 模型获得的结果进行比较,结果表明局部模型与全局模型厚度方向的峰值拉压应力水平几乎相同(图 8.16,局部模型中的边缘效应除外),这为模型的进一步简化和详细分析提供了支撑。

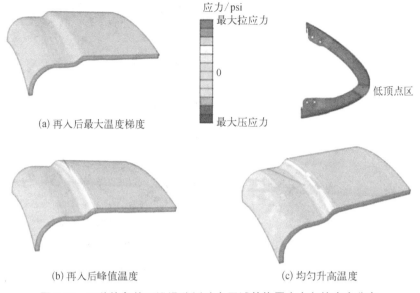

(a) 再入后最大温度梯度

应力/psi

最大拉应力

0

最大压应力

低顶点区

(b) 再入后峰值温度

(c) 均匀升高温度

**图 8.15　三种热条件下沿滑移侧啮合区域基体厚度方向的应力分布**

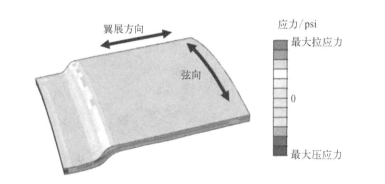

翼展方向

弦向

应力/psi

最大拉应力

0

最大压应力

**图 8.16　均匀升高的温度条件下涂层-基底界面处基底厚度的应力分布**

### 8.1.3　局部面板热力耦合分析

1）单面板建模过程

啮合区域的三维模型源自面板 10，如图 8.17 所示。基于显微镜数据的测量值，在整个啮合模型中定义了 0.04 in 的均匀厚度涂层。在该模型的分析中，认为涂层在再入过程中的高温下是连续的（裂纹闭合），该层级建模与分析的目的是获取基体材料与涂层材料之间的热失配状态。

图 8.18 中显示了两个有限元模型及层合板坐标系。材料在 $X-Y$ 面内满足

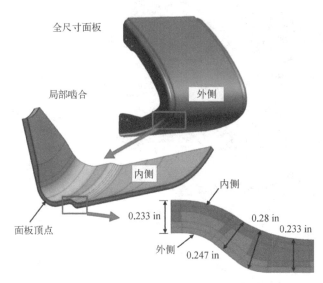

**图 8.17** 全尺寸面板 10 的实体几何图形及局部模型特写视图

层压特性,$Z$ 分量随面板厚度的变化而变化。典型的单元尺寸如下: $X$ 方向为 0.04 in、$Y$ 方向为 0.08 in 和 $Z$ 方向为 0.02 in,在此单元尺寸下,SiC 涂层和 RCC

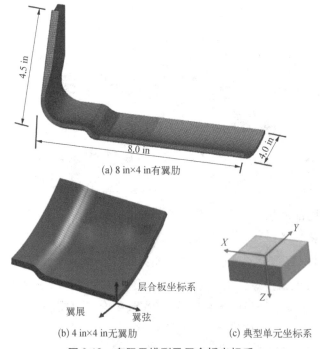

(a) 8 in×4 in 有翼肋

(b) 4 in×4 in 无翼肋

(c) 典型单元坐标系

**图 8.18** 有限元模型及层合板坐标系

基板厚度方向分别有 2 个和 5 个单元。SiC 涂层和 RCC 基板模型中使用的大多数材料特性都是由美国南方研究所完成的材料试验确定的。涂层和基底材料模型都包含了与温度相关的材料特性。

2）热力耦合分析结果

外侧涂层厚度方向的应力分布如图 8.19 所示，热载荷在涂层中产生明显的压缩应力。在啮合区域的弯曲部分、外侧与 RCC 基体界面处、翼展方向出现峰值应力。除了在自由边附近观察到应力分量的集中外（与自由边界相关），沿着啮合的整个弦向应力是显著且几乎恒定的。

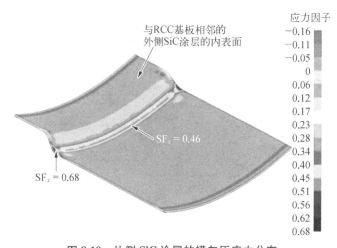

图 8.19　外侧 SiC 涂层的横向压应力分布

对于 RCC 基板，翼展方向的应力分布如图 8.20 所示。与涂层应力分布不同，RCC 基板中的峰值应力出现在弯曲区域的下方，位于 T 形密封件下方。RCC 基板厚度方向上的应力如图 8.21 所示，存在法向拉应力集中，该应力数值超过了 RCC 基层的平均层间拉伸强度。与涂层应力类似，除了在自由边附近发生局部集中，沿啮合区域，应力几乎是恒定值。

在有限元模型中心取了一段基底材料单元，厚度方向的应力分布如图 8.22 所示。显然，RCC 基底材料中存在贯穿厚度的应力集中，位于界面处的啮合弯曲部分。在啮合点处的贯穿厚度方向上，接近外侧涂层附近的 RCC 表面时，应力从相对较低数值增加至超过 RCC 的层间拉伸强度值，可能引起破坏。通过局部面板的分析可以看出，在再入中产生高温载荷下，面板上的啮合区域会出现很大的应力，厚度方向存在严重的应力集中，与啮合处的高曲率及涂层/基底材料热膨胀不匹配作用密切相关。

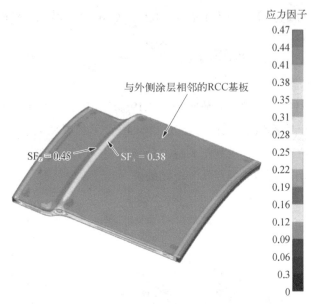

应力因子
0.47
0.44
0.41
0.38
0.35
0.31
0.28
0.25
0.22
0.19
0.16
0.12
0.09
0.06
0.3
0

**图 8.20　用于基线分析的 RCC 基板的面内正应力分布**

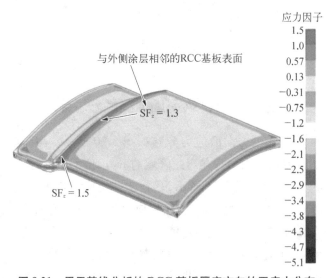

应力因子
1.5
1.0
0.57
0.13
-0.31
-0.75
-1.2
-1.6
-2.1
-2.5
-2.9
-3.4
-3.8
-4.3
-4.7
-5.1

**图 8.21　用于基线分析的 RCC 基板厚度方向的正应力分布**

　　针对机翼前缘啮合区,建立单面板平面应变分析有限元模型进行热力分析。在涂层和基体之间的界面处引入离散面,以评估再入过程中制造缺陷对热结构响应的影响。初步采用了简化的各向同性分析方法,预测了 2 900°F 应用温度下涂层界面的啮合区域的应力水平。预测的变形和最大主应力见图 8.23,如图

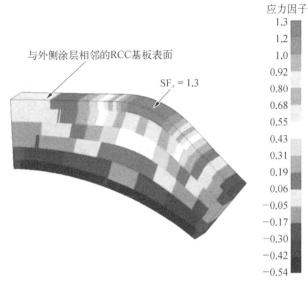

图 8.22　从模型中心获取的 **RCC** 基底材料厚度方向的应力分布

所示,外部分离区域从基底弯曲成弓形,并且在裂纹尖端预测了拉应力集中,这种结构可能导致缺陷区域的进一步扩展,需要进一步细化模型,再进行分析。

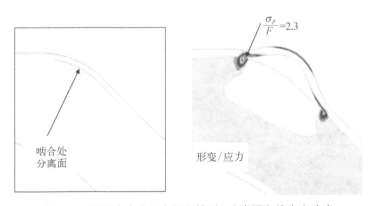

图 8.23　平面应变分析有限元模型:分离面和热应力响应

### 8.1.4　局部开裂分析与失稳判据

前面的分析结果已经指出,可以使用啮合点附近 RCC 厚度方向的二维切片和平面应变假设,研究在不同飞行阶段的载荷条件下啮合区域的力学行为。在进一步的细化分析中,在模型中显式地引入裂纹(缺陷),进行了断裂力学分析,用来评估在航天飞机上升段、在轨及再入阶段的特征,并判断裂纹是否会变得不稳定。

二维平面应变理想啮合有限元模型的细节如图 8.24 所示,模型总长度为 4 in,总厚度恒定为 0.24 in,基板厚度为 0.16 in,涂层厚度为 0.08 in。分析中使用了 ABAQUS CPE4I 单元,共有 10 个单元穿过基底厚度($Z$ 方向),4 个元素穿过涂层厚度。在 $X$ 方向上,远离啮合区域的平坦区域中的单元间距设置为 1/32 in(约 0.031 in),在啮合区域为 1/64 in(约 0.016 in)。基本模型(在对次表面裂纹进行修改之前)有 3 743 个节点和 3 528 个单元。模型左下角的节点(内模线上)在 $X$ 方向和 $Z$ 方向上都受位移约束($U_x = U_z = 0$),右下角的节点在 $Z$ 方向上受约束($U_z = 0$)。

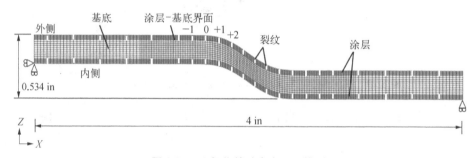

图 8.24 理想化的啮合有限元模型

在有限元模型中,基底和涂层设置为两种不同的材料。该涂层的模型中明确包含了网格中的开裂裂缝,形成了涂层材料的"孤岛",如图 8.24 所示。假定这些裂纹是垂直取向的(即平行于 $Z$ 轴)。为了进行断裂力学分析,在涂层-基底界面或者在基底材料内引入面裂纹,如图 8.25 所示。在有限元模型中,通过引入重复节点的方法引入裂纹特征,在裂纹表面确定接触条件以防止相互渗透,接触摩擦系数为 0.05。如图 8.24 所示,外侧涂层中的裂纹裂缝从位置 0 开始连续编号。裂纹位置 0 定义为从平坦面积区域开始过渡到弯曲凸凹的位置,将在

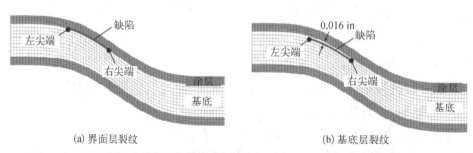

(a) 界面层裂纹          (b) 基底层裂纹

图 8.25 在涂层-基底界面上和基底下 0.016 in 处的裂纹模型

啮合区域(位置 0 右侧)中的裂纹编号为正数,而将平坦区中(位置 0 左侧)的裂纹编号为负。

在断裂力学分析中,采用应变能释放率作为裂纹扩展驱动力,使用 VCCT 技术计算。在有限元分析中,利用裂纹尖端节点处的节点力和裂纹尖端后面节点处的位移进行 VCCT 计算分析。通过建立有限元模型,使裂纹尖端前后单元边缘的长度 $\Delta a$ 大小相等。计算模式 I 和模式 II 下的应变能释放速率,总应变能释放率 $G_T = G_I + G_{II}$。通过将总应变能释放率 $G_T$ 与 I 型断裂韧度 $G_{Ic}$ 进行保守比较,发现 I 型断裂韧度 $G_{Ic}$ 是不同模式下断裂韧度值中最小的。当 $G_T$ 大于或等于 $G_{Ic}$ 时,就可能出现不稳定的裂纹生长。然而,当该比值超过 1 时,需要进一步检查单个 G 值和断裂模式混合度,以确定给定载荷下的裂纹构型是否稳定。材料性能使用了 B 基准值[7]。

航天飞机在服役过程中要经历几个阶段的载荷,分别是起飞和上升阶段载荷(lift-off and ascent loading)、再入载荷(entry loading)和在轨载荷(on-orbit loading)。在起飞和上升过程中,翼前缘存在的基底裂纹上方的涂层部分承受声压力和振动压力。压力载荷作用于裂纹上的涂层部分(随着航天飞机上升过程中气压的降低,该等效压力为负压,因此方向向外),如图 8.26 所示,对这种边界压力载荷的加载过程称为起飞载荷。

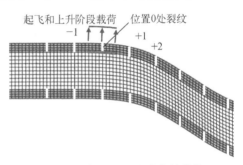

图 8.26　起飞和上升阶段的载荷

在再入过程中,航天飞机受到的温度非常高,会出现一个峰值加热温度。本节以最高加热温度 $T_{entry}$ 作为最严酷的再入热条件(再入载荷)。在轨运行过程中,航天飞机会经历一个加热/冷却热循环。本节以该热循环的最冷温度 $T_{on-orbit}$ 作为分析的最终温度,因为它构成了最严酷的轨道热条件(在轨载荷)。

分析中,需要注意材料的无应力温度(stress-free temperature, SFT)对 RCC 结构的热力分析结果存在着显著影响,因为它直接影响了作用于模型的热载荷 $\Delta T (\Delta T = T - SFT)$。在结构经受低温的情况下,高 SFT 产生较大的 $\Delta T$ 值,而在结构经受高温的情况下,低 SFT 产生较大的 $\Delta T$ 值。

1) 不同工况下界面裂纹的稳定性

为了便于表示,将界面裂纹的基线构型表示为基准-I,基准 I 模型如图 8.27 所示。界面裂纹长度为 0.125 in,裂纹中心位于位置 0 处裂纹下方,如图

8.27(a)所示;左尖端位于−1 和 0 位置的中间(位置−1/2;面积侧),右尖端位于 0 和+1 的中间(位置+1/2;啮合侧)。该裂纹位于涂层−基底界面,因此该位置的裂纹有两个完全自由的表面,这两个表面在涂层−基底界面处不连接,如图 8.27(b)所示。

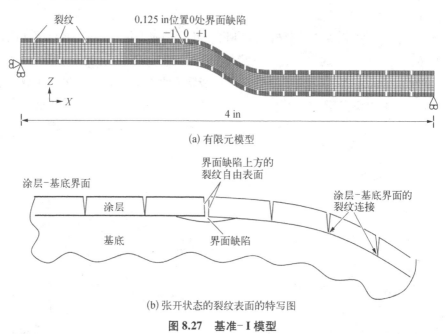

(a) 有限元模型

(b) 张开状态的裂纹表面的特写图

**图 8.27　基准−Ⅰ 模型**

对于起飞载荷,结构变形(放大 500 倍)如图 8.28(a)所示。压力荷载将涂层材料向上拉(在正 $Z$ 方向),使裂纹张开。压力载荷垂直于涂层表面施加,因此也观察到少量弯曲。由于这种弯曲,两个开裂裂纹表面可能会接触[注意,图 8.28(a)未显示接触]。承受起飞条件的基线−Ⅰ 模型的左右尖端 $G_T/G_{Ic}$ 值基本为 0(小于 0.001),表明裂纹是稳定的,不太可能增长。

在再入载荷条件下,结构变形(放大 20 倍)如图 8.28(b)所示。由于达到峰值温度,当涂层材料膨胀时,裂纹上方的两个开裂裂纹表面就会接触。接触后,当涂层继续膨胀时,开裂裂纹表面相互挤压并变形。当裂纹被裂纹尖端左侧的涂层材料推向正 $X$ 方向进一步扩展时,裂纹尖端右侧的涂层材料向上产生位移(沿 $Z$ 轴正方向)。基准−Ⅰ 模型在输入载荷条件下的左右尖端 $G_T/G_{Ic}$ 值分别为 0.005 和 0.31,表明裂纹是稳定的,不太可能增长。

在轨运行载荷下,结构变形(放大 20 倍)如图 8.28(c)所示。由于温度较低,在每个位置开裂裂纹表面两侧的两个涂层孤岛彼此收缩,顶部和底部裂纹表

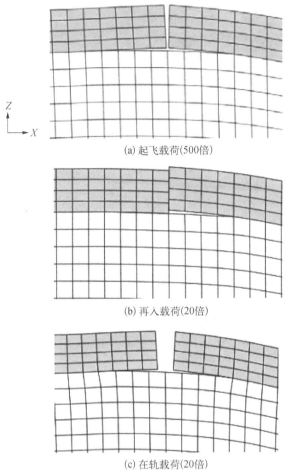

(a) 起飞载荷(500倍)

(b) 再入载荷(20倍)

(c) 在轨载荷(20倍)

图 8.28 基线-I 模型下的变形构型

面的相对运动是滑动运动。在轨载荷条件下,基准-I 模型的左右尖端 $G_T/G_{1c}$ 值分别为 1.6 和 1.5。因此,这种情况需要进一步检查。如果 $G_T$ 是模式 I 主导的,那么裂纹是不稳定的,并且有可能增长。

为了研究界面裂纹位置沿啮合区域的变化,将界面裂纹移动 0.125 in。不同开裂裂纹位置的增量[从位置 0(基线-I)到位置 +1,然后是位置 +2 等]如图 8.29 所示。

起飞载荷:由于基线-I 模型获得的 $G_T/G_{1c}$ 值基本上为 0,起飞载荷条件被认为是良性的,因此没有对受剥离载荷条件影响的界面裂纹进行进一步的分析。

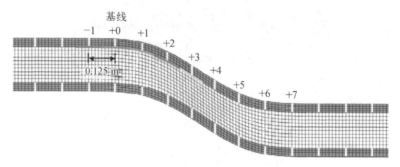

图 8.29    不同开裂裂纹位置的界面裂纹

再入载荷: 图 8.29 所示的接口裂纹位置是针对再入加载条件进行分析的, 结果如图 8.30 所示,图的顶部显示了每个裂纹位置的变形构型,图的底部绘制了左侧和右侧裂纹尖端的 $G_T/G_{Ic}$ 值为因变量,与位置 0 的水平距离为自变量的函数。对于啮合区域内位置的裂纹(与平坦面积相比),右尖端的 $G_T/G_{Ic}$ 值远高于左尖端的 $G_T/G_{Ic}$ 值,且裂纹的右尖端的最大值为位置+2 处,即 $G_T/G_{Ic}$ = 1.9。位置+1、+2、+3 和 4 处裂纹右端的 $G_T/G_{Ic}$ 值大于 1,因此这种情况下,这些裂纹需要进一步检查。如果 $G_T$ 是模式 I 主导的,那么裂纹是不稳定的,并且

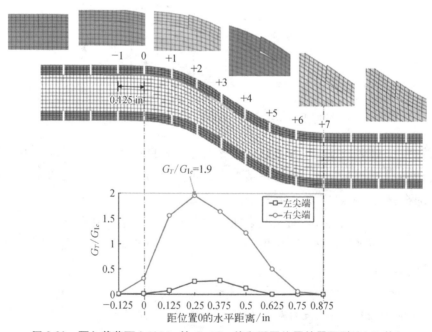

图 8.30    再入载荷下 0.125 in 的 $G_T/G_{Ic}$ 值和不同位置的界面裂纹(10 倍)

有可能增长。剩余裂纹尖端的 $G_T/G_{\mathrm{I}c}$ 值小于 1，因此这些裂纹是稳定的，不太可能增长。

在轨载荷：对图 8.29 所示的界面裂纹位置进行在轨加载条件下的分析。结果如图 8.31 所示，图的顶部显示了每个裂纹位置的变形构型，图的底部绘制了左侧和右侧裂纹尖端的 $G_T/G_{\mathrm{I}c}$ 值为因变量，与位置 0 的水平距离为自变量的函数。每个位置的左和右裂纹尖端的 $G_T/G_{\mathrm{I}c}$ 值几乎是恒定的，最高值在位置 -1 的裂纹左尖端，$G_T/G_{\mathrm{I}c}$ = 1.7，所有裂纹尖端的 $G_T/G_{\mathrm{I}c}$ 值都大于 1，因此这种情况需要进一步检查。如果 $G_T$ 是模式 I 主导的，那么裂纹是不稳定的，并且有可能增长。

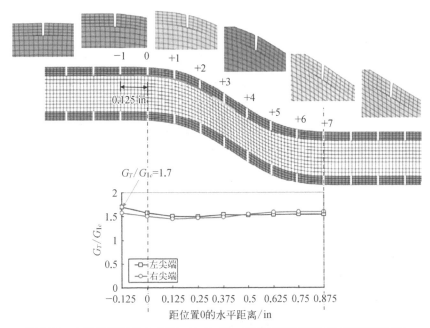

图 8.31　在轨载荷下的 0.125 in 的 $G_T/G_{\mathrm{I}c}$ 值和不同位置的界面裂纹（10 倍）

通过上述分析表明，RCC 面板的界面缺陷裂纹在再入高温载荷和在轨低温载荷下容易出现裂纹失稳扩展，再入载荷中，啮合弯曲位置的界面裂纹更容易扩展，这与该位置明显的拉伸应力相关；在轨载荷中，由于表面温度极低，各位置裂纹均容易扩展。

2）不同工况下基底层裂纹的稳定性

为便于表示，基底裂纹的基准构型表示为基准-S 模型，如图 8.32 所示。基底裂纹长度为 0.125 in，位于开裂裂纹下方中心位置 0 处，如图 8.32（a）所示。该裂纹位于基体内部,因此该位置的开裂裂纹仍连接在涂层-基体界面处,如图 8.32(b)所示。

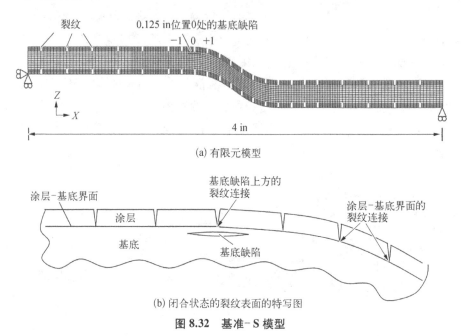

(a) 有限元模型

(b) 闭合状态的裂纹表面的特写图

**图 8.32 基准-S 模型**

对于起飞载荷,结构变形(放大 500 倍)如图 8.33(a)所示。压力荷载将涂层材料和裂纹与界面之间的薄层基材向上(在正 $Z$ 方向)拉,从而打开裂纹。注意,基体薄层提供的附加刚度导致基体裂纹的开口小于界面裂纹,所以相应界面裂纹的 $G_T/G_{1c}$ 值低于 $G_T/G_{1c}$ 值(与基准-I 模型相比)。压力载荷垂直于涂层表面施加,因此也观察到少量弯曲。在升力载荷条件下,基准-S 模型的左右尖端 $G_T/G_{1c}$ 值基本为 0(小于 0.001),表明裂纹是稳定的,不太可能增长。

再入载荷时,结构变形(放大 20 倍)如图 8.33(b)所示。由于加热至峰值温度,涂层材料膨胀,裂纹上方的开裂裂纹闭合。此外,部分载荷能够通过开裂裂纹尖端和基底材料薄层进入左尖端,导致左尖端和右尖端 $G_T/G_{1c}$ 值接近相同,远低于相应的界面裂纹右尖端 $G_T/G_{1c}$ 值(与基准-I 模型相比)。再入荷载条件下,基准-S 模型的左、右尖端 $G_T/G_{1c}$ 值分别为 0.03 和 0.07,同样,这些接近 0 的值表明裂纹是稳定的,不太可能增长。

对于在轨载荷,结构变形(放大 20 倍)如图 8.33(c)所示。注意,基体薄层防止上方的开裂裂纹完全分离,减少裂纹的表面滑动,从而导致 $G_T/G_{1c}$ 值远小于对应界面裂纹的 $G_T/G_{1c}$ 值(与基准-I 模型相比)。在轨载荷条件下,基准-S

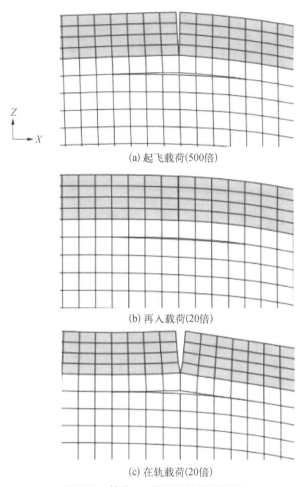

(a) 起飞载荷(500倍)

(b) 再入载荷(20倍)

(c) 在轨载荷(20倍)

图 8.33　基准-S 模型下的变形构型

模型的左、右尖端 $G_T/G_{Ic}$ 值分别为 0.007 和 0.02。同样,这些接近 0 的值表明裂纹是稳定的,不太可能增长。

　　为了研究裂纹长度的影响因素,考虑了如图 8.34 所示的基底裂纹。位置 0(基准-S)处的基底裂纹如图 8.34(a)所示,长度为 0.125 in。对于这些裂纹,左尖端固定在位置-1/2,而右尖端沿啮合区域改变位置,长度分别为 0.187 5 in[图8.34(b)]、0.25 in[图 8.34(c)]和 0.375 in[图 8.34(d)],右端分别位于+1、+1/2和+2/2 位置。

　　起飞载荷:由于基准-S 模型获得的 $G_T/G_{Ic}$ 值基本上为 0,因此起飞载荷条件认为是良性的。因此,对于承受剥离载荷条件的基底裂纹,没有进行进一步的分析。

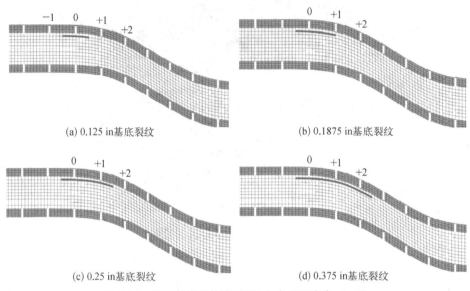

(a) 0.125 in基底裂纹

(b) 0.1875 in基底裂纹

(c) 0.25 in基底裂纹

(d) 0.375 in基底裂纹

**图8.34　不同长度的基底裂纹(左尖端固定在-1~0)**

再入载荷: 图8.34所示的基底裂纹是在再入加载条件下分析的。图8.35显示了每种基底裂纹的 $G_T/G_{Ic}$ 值。随着裂纹长度的增加,左侧和右侧尖端的 $G_T/G_{Ic}$ 值也会增加。当裂纹尺寸为0.375 in时, $G_T/G_{Ic}$ 值接近临界值,因此这种情况需要进一步检查。如果 $G_T$ 是模式Ⅰ主导的,那么裂纹是不稳定的,并且有可能增长。

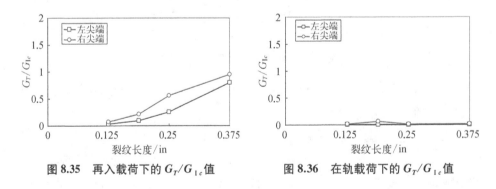

**图8.35　再入载荷下的 $G_T/G_{Ic}$ 值**　　**图8.36　在轨载荷下的 $G_T/G_{Ic}$ 值**

在轨载荷: 对图8.34所示的基底裂纹进行在轨加载条件下的分析。图8.36给出了每种基底裂纹的 $G_T/G_{Ic}$ 值。裂纹长度为0.187 5 in的右尖端位于开裂裂纹(位置1)的正下方,这种结构导致开裂裂纹与基底裂纹尖端相互作用,导致较大的开口和 $G_T/G_{Ic}$ 值(0.062 7)大于其他右尖端 $G_T/G_{Ic}$ 值(约0.02)的三倍以上。然而,所有裂纹尖端的 $G_T/G_{Ic}$ 值均远小于 1,因此裂纹是稳定的,不太可能增长。

3）基底层裂纹扩展稳定性判据

在基底层裂纹扩展临界载荷的分析中,考虑了热载荷及裂纹内压两种载荷对裂纹扩展稳定性的影响。分析包括两步,即先计算热载荷影响,然后在界面上引入内压,分析裂纹的缺陷变形与裂纹扩展稳定性,如图 8.37 所示。在步骤 1 中,考虑不同的温度载荷,可以确定裂纹扩展的临界温度;在步骤 2 中,分析内压载荷的大小与裂尖的应变释放率关系,可以确定裂纹失稳扩展的临界内压载荷。

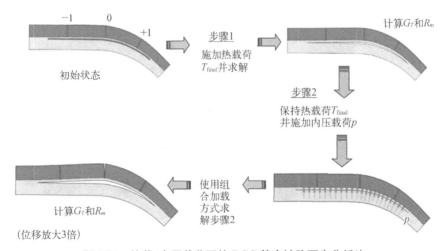

图 8.37　热载/内压载荷下的 RCC 基底缺陷两步分析法

分析中已有裂纹长度均为 3 in,但考虑了裂纹处于不同位置的影响,如图 8.38 所示。

通过最终的分析确定了不同位置裂纹的失稳判据,下面选取了两个典型位置的裂纹失稳判据:一种是位于啮合区域之外的面板平直段的基底裂纹,如图 8.39 所示,失稳扩展主要由内部封闭压力引起,对热载荷不敏感,仅有热载荷不能引起裂纹扩展,且在高温下,热载荷引起的局部拉应力对压力引起的应力有一定的缓解作用。

另一种是位于啮合区域的弯曲面板部分的裂纹,对热载荷敏感而对内部压力载荷不敏感,如图 8.40 所示。在 2 200°F 以上,仅热载荷就能引起裂纹扩展,这与热载荷在弯曲段引起较高的面外应力相关。

通过对 WLE 进行逐级的细化建模分析,确定了 RCC 面板出现裂纹、表层剥

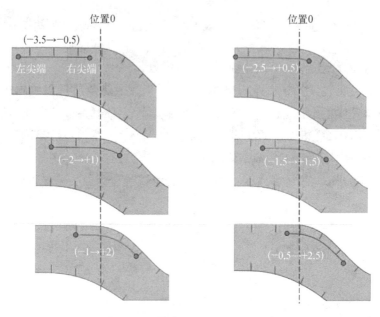

图 8.38　基底层不同裂纹位置

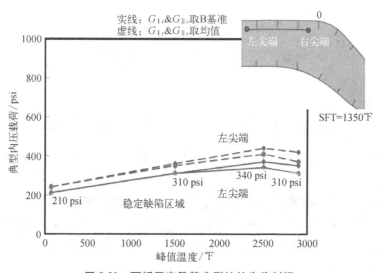

图 8.39　面板平直段基底裂纹的失稳判据

落的机理,对于界面裂纹:起飞与在轨阶段,涂层纵向裂纹处于张开状态,而在热载荷作用下处于相互挤压状态;起飞过程中,界面处负压对 RCC 缺陷扩展的影响不明显;在轨阶段,极限冷载荷会使得面板各处裂纹产生失稳扩展趋势;再入过程中,极限热载荷主要使得啮合弯曲处的界面裂纹产生失稳扩展趋势。对

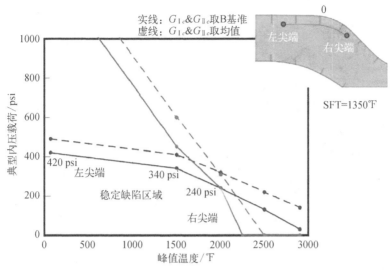

图 8.40 弯曲面板啮合段基底裂纹的失稳判据

于基底材料表层裂纹：内部封闭压力和再入阶段热载荷均会引起失稳扩展,平直段面板主要对内部压力敏感,弯曲段裂纹对热载荷敏感;分析给出了不同位置的裂纹失稳扩展判据,随着裂纹长度的增加,裂纹趋向于失稳。另外可以得出,界面裂纹相比基底材料表层裂纹更容易扩展。

## 8.2 热防护 C/SiC 连接结构损伤分析

在 ITPS 中(图 7.13),连接结构连接了分别处于高温与低温状态的上、下面板,冷热结构的变形失配在连接结构中产生了明显的应力,且连接结构是热端向冷端传热的主要途径,因而连接结构是 ITPS 结构分析与设计的核心部件。本案例中选择简化的两端拉伸载荷状态作为连接结构损伤分析的载荷工况,如图 8.41 所示,最大拉伸力 $P_{max} = 200$ N。

如图 8.41 所示的连接结构及其尺

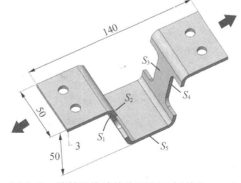

图 8.41 连接结构试件外形及尺寸(单位:mm)

寸,制备 C/SiC 材料连接结构试验件,并通过力学加载获取结构件的应变响应,作为方法有效性验证的参考。共准备了三个试验件,分别编号为 I、II、III。C/SiC材料连接结构试件的静力学加载试验在力学性能实验机(Zwick/Z50)上进行。试验中连接结构试验件两侧夹持,一侧固定、一侧施加载荷,试验中采用的夹持方式如图 8.42 所示。连接结构加载试验中,采用载荷控制加载,加载速率为 2 N/s。加载前为保证夹持稳定性,消除夹持缝隙等,进行了预加载循环,载荷为 10 N。

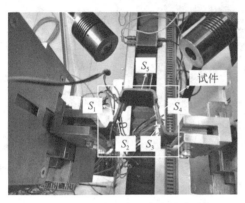

图 8.42 连接结构力学实验方法

确定应变测试方案时主要考虑如下因素:① 应力状态,选取应力复杂受载区域,以考核复杂载荷下本构分析模型的有效性;② 响应测试,受制于连接结构试验件尺寸与测试能力,在试验中特定的位置只能粘贴单向应变片。试验中,连接结构试验件 II 与 III 应变片的粘贴位置和方向如图 8.43 所示,试件 I 中 1 号应变片粘贴在面 $S_3$ 上 2 号应变片对称位置,4 号应变片粘贴在面 $S_3$ 上 5 号应变片对称位置。在试件的两侧对等位置,同样粘贴了应变片,并作为独立的试

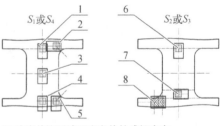

III 响应关注区域及应变片敏感栅方向
(1~8为应变片编号)

图 8.43 关注应变响应位置及方向

验样本,用于模型的验证分析。采用了敏感栅尺寸为 4 mm×4 mm 的应变片(浙江黄岩测试仪器厂,BX120－4AA,120 Ω),采用应变仪(东华测试,DH3820)进行数据采样,采样频率为 10 Hz。

连接结构损伤与响应分析的数值模型中,主要考虑的不确定来源包括材料、载荷、模型及试验四方面不确定性因素:① 材料不确定性是材料制备工艺波动等引入的客观不确定性,通过损伤本构模型中的不确定性参数(表 8.1)引入模型分析中;② 载荷不确定性,模型中选取的载荷与工况保持与试验一致,由于试验中实验机对载荷控制准确,不确定性很小,故在分析中可不加以考虑;③ 模型不确定性,指有限元模型与实际模型的差异,其来源包括边界条件模拟与实际试验的差异、实际结构制备带来的几何外形尺寸差异及其他建模中的假设等;

④ 试验不确定性,指应变片等响应获取手段中固有测试误差、应变片粘贴位置与模型不一致带来的偏差等。

表 8.1　本构模型不确定性参数及其区间

| 不确定性参数 | 含　义 | 单位 | 类别 | 下界 | 上界 |
|---|---|---|---|---|---|
| $E_{11}$ 或 $E_{22}$ | 面内拉伸模量 | GPa | | 84.40 | 136.1 |
| $G_{12}$ | 面内剪切模量 | GPa | | 30.26 | 46.79 |
| $\nu_{12}$ | 面内泊松比 | 1 | | −0.11 | 0.035 |
| $E_{33}$ | 面外拉伸模量 | GPa | | 30.00 | 80.00 |
| $G_{13}$ 或 $G_{23}$ | 面外剪切模量 | GPa | I | 10.00 | 40.00 |
| $\nu_{13}$ 或 $\nu_{23}$ | 面外泊松比 | 1 | | 0.02 | 0.067 |
| $\sigma^r$ | 残余热应力 | MPa | | −155.2 | −127.2 |
| $Y_1^0$ | 拉伸损伤起始热力学力 | MPa | | 0.001 | 0.004 |
| $Y_6^0$ | 剪切损伤起始热力学力 | MPa | | 0.001 | 0.002 5 |
| $\sigma_0^p$ | 初始塑性屈服力 | MPa | | 28.46 | 36.54 |
| $k_1$ | $f_1$ 函数不确定性参数 | 1 | | −0.168 5 | +0.168 5 |
| $k_6$ | $f_6$ 函数不确定性参数 | 1 | | −0.202 0 | +0.202 0 |
| $k_{12}$ | $g_{12}$ 函数不确定性参数 | 1 | | −0.198 4 | +0.198 4 |
| $k_{16}$ | $g_{16}$ 函数不确定性参数 | 1 | | −0.198 4 | +0.198 4 |
| $k_{61}$ | $g_{61}$ 函数不确定性参数 | 1 | II | −0.248 7 | +0.248 7 |
| $k_c$ | $g_c$ 函数不确定性参数 | 1 | | −0.100 0 | +0.100 |
| $k_p$ | 塑性屈服函数不确定性参数 | 1 | | −0.328 1 | +0.328 1 |
| $k_{mm}$ | $r_1$ 函数不确定性参数 | 1 | | −0.271 9 | +0.271 9 |
| $k_{nn}$ | $r_6$ 函数不确定性参数 | 1 | | −0.252 2 | +0.252 2 |

### 8.2.1　C/SiC 材料力学行为的随机性模拟

C/SiC 材料的力学性能测试表明,相同的试验载荷下,不同试样的应力与应变曲线不完全重合,材料行为表现出随机性。与材料性能参数不确定性有所不同,材料行为中的不确定性是一类函数型数据,即随机过程。本节通过在宏观非线性本构模型中引入参数不确定性,以及对这些参数不确定性的传播进行分析,从而模拟和复现试验中观察到的材料损伤过程的随机性。

1)材料行为不确定性模拟方法

材料行为不确定性表征主要面临三个困难:① C/SiC 材料的本构模型是一个典型的多层级模型,为实现由载荷到材料应变响应的计算,需要经历 2.3.3 节所述的逐级求解过程;② 需要对模型内表达损伤与残余应变演化的子函数不确定性进行表征;③ 需要利用多个状态的试验数据进行参数表征,且每个状态的数据量并不充分。

针对数据来源和模型结构复杂条件下的不确定性系统分析问题,贝叶斯网络是一种有效的知识表达与推理方法。该方法以图形化方式对变量之间的关系进行表达,不仅直观而且可以依据证据对不确定性参数进行更新。本节研究的宏观非线性本构模型的贝叶斯网络如图 8.44 所示,贝叶斯网络由节点和连线构成,其中节点代表不确定性变量,有向连线表示因果关系。通过贝叶斯网络模型,可以清晰地给出不同子函数与试验数据(即证据)之间的对应关系。以此为参考,利用贝叶斯定理,可以通过不确定性参数的传递对模型的输出进行不确定量化。例如,在应力确定的条件下对损伤参数 $\omega_1$ 进行不确定性量化,利用上述模型给出其贝叶斯网络节点的联合概率分布如式(8.1)所示,其中 $\pi(x)$ 表示随机变量 $x$ 的概率密度函数(probability density function,PDF),$\pi(x|y)$ 表示在条件 $y$ 下的 $x$ 概率密度函数。

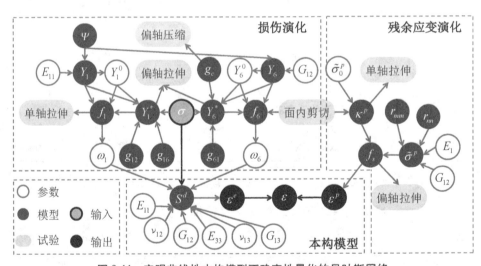

**图 8.44** 宏观非线性本构模型不确定性量化的贝叶斯网络

$$\pi(\boldsymbol{u}) = \pi(E_{11}) \times \pi(Y_1^0 \mid E_{11}) \times \pi(Y_1^* \mid Y_1^0, E_{11}, g_{12}, g_{16}) \times \pi(g_{12} \mid f_1)$$
$$\times \pi(g_{16} \mid f_1) \times \pi(f_1 \mid Y_1^*, Y_1^0) \times \pi(\omega_1 \mid f_1) \qquad (8.1)$$

式中,$\boldsymbol{u} = [E_1, Y_1^*, Y_1^0, g_{12}, g_{16}, f_1, \omega_1]$。

对各参数进行积分,可以得出参数 $\omega_1$ 的边际概率密度函数(marginal

probability density function，MPDF）为

$$\pi(\omega_1) = \int \cdots \int \pi(\boldsymbol{u}) \, \mathrm{d}E_{11} \mathrm{d}Y_1^0 \cdots \mathrm{d}f_1 \tag{8.2}$$

类似式（8.1），结合贝叶斯网络模型，通过逐级分解，可以对本构模型的最终输出进行不确定性量化。

针对子函数不确定性问题，应采用随机过程模拟，但目前缺乏足够的数据进行表征。另一种直观的思路是采用曲线方程系数的不确定性来表征曲线的不确定性，即对于以 $x$ 为自变量、$p$ 为参数的函数 $f = f(x, p)$，令 $p$ 为不确定性参数。本节所建立的宏观本构模型属于半物理半唯象模型，本构模型内子函数的曲线参数不能反映真实的物理机制。对金属材料的弹塑性应力-应变曲线不确定性量化的研究表明，该方法容易受本构模型函数具体数学表达形式的影响，采用函数系数表征不确定性存在风险。

基于上述考虑，本节采用不确定性因子法，即曲线方程的参数是确定的，在曲线方程上增加一个不确定性系数 $\varsigma$，使得方程的形式表达如式（8.3）所示，不确定性系数的大小采用试验数据确定。

$$f = f(x, p) \times (1 + \varsigma) \tag{8.3}$$

该方法将随机过程问题转换为曲线边界的不确定性问题，避免了复杂的随机过程描述，是一种等效表征方法。在没有足够数据的条件下，这也是一种相对保守的方法，能够包络曲线边界内可能的函数形式。对于本构模型内所采用的广义热力学力、等效热力学力、损伤演化函数、塑性演化等效力、塑性屈服面等多个子函数中，除损伤演化函数与塑性屈服函数外，均有严格的物理定义，因此不考虑其不确定性。参照上述方法对损伤演化函数与塑性屈服函数的不确定性进行简化处理，以第 2 章提出的宏观非线性本构模型为基础，给出了如表 8.1 所示的本构模型不确定性参数及其区间。

2）小样本下本构模型参数表征

本小节中采用容差区间法与最优核密度估计方法共同进行参数不确定性表征，在样本数较少时采用前者。第 2 章中，除偏轴压缩外，各试验中至少获取了 3 组有效数据，所有参数不确定性区间的估计结果如表 8.1 所示。对于 I 类参数，可以利用试验结果给出的样本进行直接估计。对于 II 类参数，其不确定性依赖于载荷水平，其中对于利用单个试验结果即能得到的参数，如 $k_1$，可以利用载荷水平最大时响应值的样本对参数不确定性进行估计。对于通过两个或多个

试验才能确定的不确定性参数,如 $k_{61}$,将每种试验工况两两组合,可以得出参数的样本并进行估计,采用这种方法得出的样本离散性更大,同时样本数也更多。对于参数 $Y_i^0$,受制于试验的分辨能力,其不确定性区间采用极值法进行确定。对于参数 $\sigma^r$,近似给定 $\pm 10\%$ 的误差。图 8.45 给出了几个函数不确定性估计中所使用的样本及估计区间的上下界。由于目前没有足够的样本,所以假设参数之间是相互独立的。

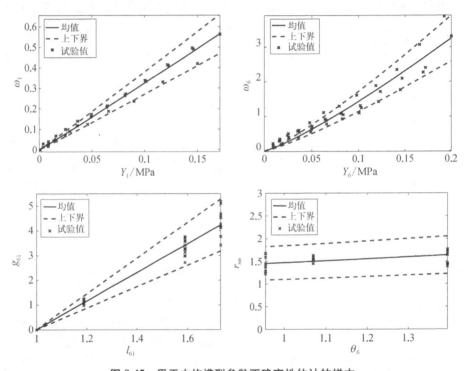

图 8.45 用于本构模型参数不确定性估计的样本

3) 材料行为不确定性的模拟

利用表 8.1 所示的参数不确定性,结合贝叶斯网络模型及参数抽样,模拟了几种不同试验载荷下材料的应力-应变曲线及其不确定性,并与真实的试验数据对比,来分析所建立的材料行为不确定性表征方法能否反映试验中观察到的材料行为随机性。模拟与试验结果对比如图 8.46 所示,从图中可以看出,在载荷达到最大时,模拟的应力-应变曲线的 $\pm 2\sigma$ 上下界能够较好地包络试验曲线。在本构模型中引入不确定性参数并通过这些参数的传播,模拟给出材料行为的不确定性区间能够包络试验结果,可以说该方法通过了初步的确认。通过采用不确定性因子构造函数上下界的方法,不仅实现了损伤过程随机性的简化模拟,而且在一定程度上提升了本构模型对复杂损伤过程的适应性,弥补了在损伤演化函数、屈服函数中采用假设和近似带来的不足。

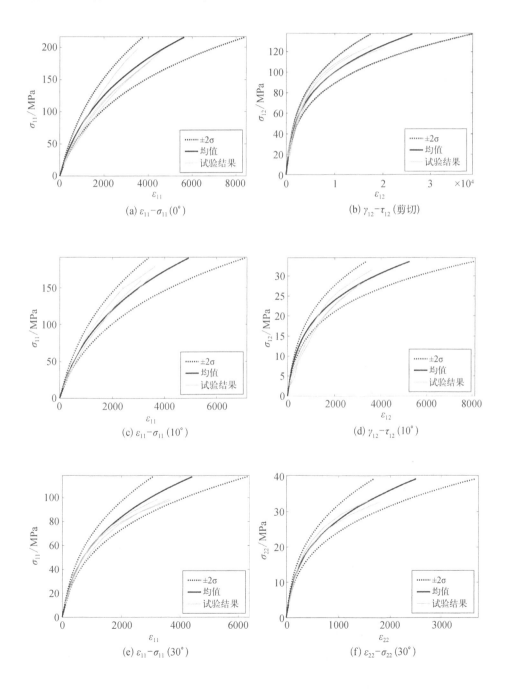

(a) $\varepsilon_{11}$-$\sigma_{11}$ ($0°$)

(b) $\gamma_{12}$-$\tau_{12}$ (剪切)

(c) $\varepsilon_{11}$-$\sigma_{11}$ ($10°$)

(d) $\gamma_{12}$-$\tau_{12}$ ($10°$)

(e) $\varepsilon_{11}$-$\sigma_{11}$ ($30°$)

(f) $\varepsilon_{22}$-$\sigma_{22}$ ($30°$)

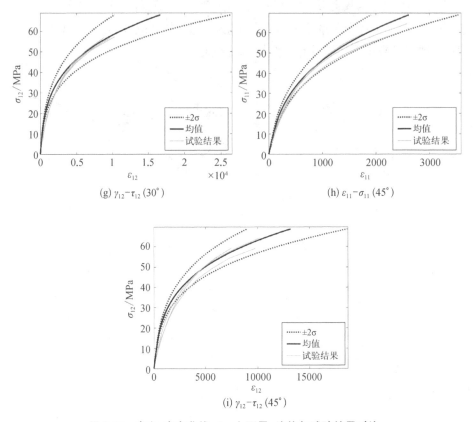

图 8.46    应力-应变曲线±2σ 上下界、均值与试验结果对比

为进一步分析材料行为的不确定性特征,利用包含不确定性参数的本构模型,在不同载荷条件下对应变响应的变异系数进行了分析,结果如图 8.47 所示。从图中可以看出,在初始阶段,应变的变异系数几乎不变,对应于材料未损伤阶段弹性模量的不确定性;随着载荷的增加,变异性也随着增加,表明材料损伤后,材料行为的随机性增加;不同应力条件、相同应力水平下的应变变异系数不同,说明材料行为的随机性水平依赖于特定的载荷条件。

### 8.2.2    C/SiC 异型件的损伤分析

为对连接结构的非线性响应进行分析,采用商业软件 ABAQUS 建立了连接结构试件的有限元分析模型,如图 8.48 所示。

考虑载荷与模型的对称性,选取了 1/4 几何模型进行建模。采用三维二阶减缩积分单元(C3D20R)对几何模型进行离散,网格典型尺寸为 0.9 mm,共划分

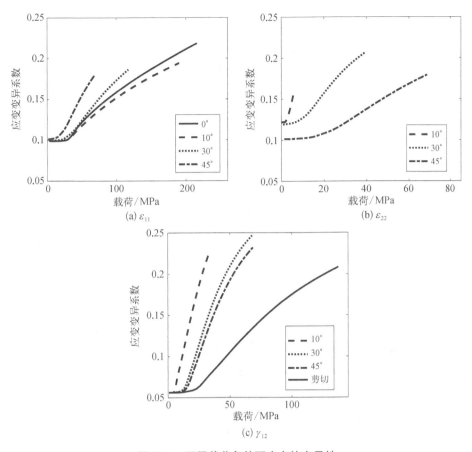

(a) $\varepsilon_{11}$

(b) $\varepsilon_{22}$

(c) $\gamma_{12}$

**图 8.47 不同载荷条件下应变的变异性**

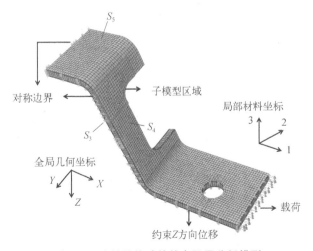

**图 8.48 连接结构试件的有限元分析模型**

18 200 个单元,初步的线弹性分析表明,此网格密度下应变解收敛。为方便与试验条件对比,在加载端施加了 $Z$ 方向位移约束,在模型对称面施加对称边界条件。在加载端面上施加了力学均布载荷,总力大小为 100 N,考虑对称性结构总受载为 $P_{max} = 2\,00$ N,采用 N－R 方法进行非线性加载分析,加载时间为 100 s,加载速率为 $\Delta P = 2$ N/s。模型中通过局部材料坐标考虑了 C/SiC 材料的各向异性特征。模型中分别考虑了材料为线弹性与非线性两种情况,其中后者利用自定义材料行为子程序 UMAT 将第 2 章建立的宏观非线性本构模型集成到结构分析中,以便进行连接结构的响应分析。

对连接结构的损伤萌生位置及 $P_{max}$ 下连接结构的损伤状态进行了分析,结果如图 8.49 所示。从图中可以看出,结构各部分损伤退化明显,面内拉伸损伤主要位于连接结构弯角及附近区域,模量退化最大达到 83.9%;面内剪切损伤主要位于连接结构弯角与端面处,最大达到 84.5%。连接结构模型在 $P_{max}$ 拉伸载荷下发生了明显的损伤退化。

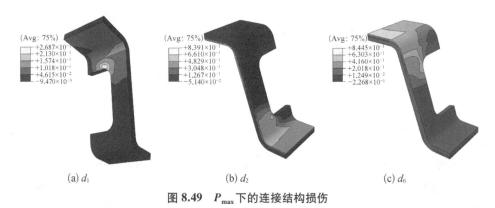

(a) $d_1$        (b) $d_2$        (c) $d_6$

**图 8.49**    $P_{max}$ 下的连接结构损伤

在连接结构分析中,分别采用了线弹性本构模型与本节建立的宏观非线性本构开展了结构响应分析,为对比应力预测结果的差异,给出了载荷为 $P_{max}$ 时两种情况下连接结构的应力分布,如图 8.50 所示(视图取向与图 8.48 相同)。连接结构一端受拉伸载荷,由于连接结构的外形特征,该载荷在结构中产生了一个弯矩叠加拉伸作用,从应力-应变分布云图上也能观察到该特征。结构表面处于双轴拉/剪切耦合、拉/压/剪等复杂应力状态,这有利于充分验证本构模型分析损伤和材料行为不确定性表征方法的有效性。

考虑损伤条件下,结构中的最大拉伸应力约为 106 MPa,最大压缩应力为142 MPa,最大面内剪切应力达到 46.8 MPa。在相同的载荷下,线弹性模型给出

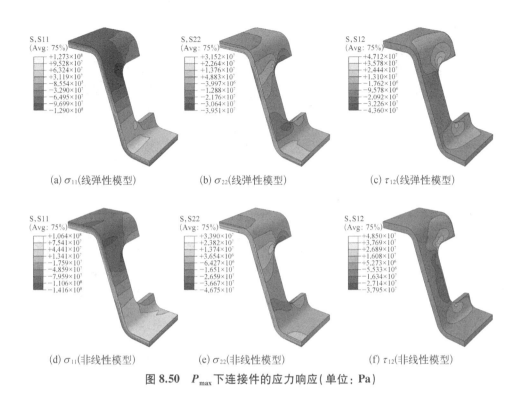

(a) $\sigma_{11}$(线弹性模型)　　　　(b) $\sigma_{22}$(线弹性模型)　　　　(c) $\tau_{12}$(线弹性模型)

(d) $\sigma_{11}$(非线性模型)　　　　(e) $\sigma_{22}$(非线性模型)　　　　(f) $\tau_{12}$(非线性模型)

图 8.50　$P_{max}$ 下连接件的应力响应(单位: Pa)

的最大拉应力为 127 MPa, 最大压应力为 129 MPa, 最大面内的剪应力为 47.1 MPa。对比考虑损伤时的分析结果, 线弹性本构模型会高估最大拉应力与剪应力、低估压应力。最大拉应力的分析结果中, 两者差异最大, 相对误差可达 20%。采用线弹性本构模型描述 C/SiC 材料行为会导致 C/SiC 结构分析结果产生明显偏差。

从采用线弹性与宏观非线性本构连接的计算结果中提取了 $P_{max}$ 载荷下, 连接结构的应变响应分布, 如图 8.51 所示。结构中的应变分布也满足弯矩载荷作用特征: 以连接结构的中部为分界, 靠近 $S_5$ 一端的 $S_3$ 面为拉伸、$S_4$ 面为压缩, 而远离 $S_5$ 的一侧正好相反。面内最大拉伸应变为 1 523με, 最大剪切应变为 3 175με, 对比第 2 章的力学性能试验结果可知, 材料已经处于明显的非线性区域。

对比相同载荷下, 采用线弹性本构模型给出的应变分布可以看出, 采用线弹性本构的连接结构分析模型低估了拉伸、压缩及剪切应变。最大误差出现在 $S_5$ 端面的最大剪切应变分析结果, 相比采用宏观非线性本构的模型, 采用线弹性的本构模型给出的结果为 1 178με, 预测结果误差达到 62.7%; 采用线弹性的本构模型给出的最大拉伸应变为 1 066με, 相比采用宏观非线性本构模型的连接结构

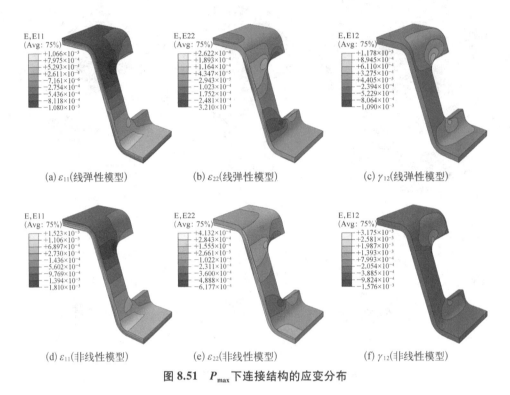

(a) $\varepsilon_{11}$(线弹性模型)      (b) $\varepsilon_{22}$(线弹性模型)      (c) $\gamma_{12}$(线弹性模型)

(d) $\varepsilon_{11}$(非线性模型)      (e) $\varepsilon_{22}$(非线性模型)      (f) $\gamma_{12}$(非线性模型)

**图 8.51    $P_{\max}$ 下连接结构的应变分布**

预测结果,仍有 30%的误差。

### 8.2.3   不确定性量化及模型确认

针对连接结构应变分析结果的不确定性量化分为两步: ① 材料不确定性的传播,利用稀疏多项式混沌展开法对应变响应进行逼近,然后将其作为代理模型进行不确定性传播分析,从材料不确定性中获取应变响应分析结果的不确定性; ② 试验误差的引入,为将模拟结果与试验结果进行比较,在 PCE 给出由材料不确定性导致的响应不确定性基础上,还需要考虑试验中的不确定性。这里主要考虑了应变片测试误差及应变片位置偏差引起的不确定性,并叠加到 PCE 得出的不确定性中,具体方法如下:

$$y = m(z) \times (1 + e_{\mathrm{Pos}}) \times (1 + e_T) + \delta \qquad (8.4)$$

式中,$y$ 为关注的应变测试结果;$m(z)$ 为模型预测结果,$z$ 为本构模型不确定性参数;$e_{\mathrm{Pos}}$ 为应变片位置不准确性引入的误差;$e_T$ 为应变片测试固有误差;$\delta$ 为其他误差。

1）材料不确定的传播

在 PCE 中,采用了 19 个参数的 10 阶双曲多项式空间。对于区域 1、区域 2、区域 6 内的响应,采用线弹性全局模型+子模型方法进行求解以获取 PCE 中计算测度矩阵所需的响应样本,以便验证子模型方法的有效性;对于其他位置处的 PCE 逼近,则直接利用了非线性全局模型进行响应分析。由于连接件的应变响应是随载荷变化的,在不同的载荷水平下,对应变响应进行了 PCE 逼近,不同载荷下的不确定性量化结果构成了整个载荷水平下的不确定性量化结果。图 8.52 给出了 $P_{max}$ 下,区域 8 内剪切应变的 PCE 系数(不包括常数项)及 PCE 逼近值与有限元模拟值的相对误差。

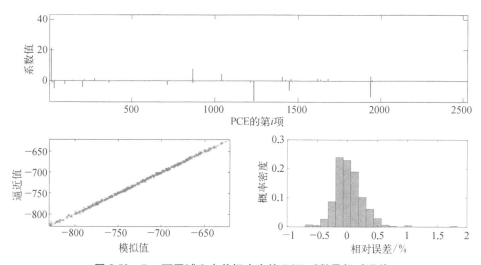

图 8.52　$P_{max}$ 下区域 8 内剪切应变的 PCE 系数及相对误差

区域 8 的 PCE 系数稀疏度最低,输入参数与响应之间的关系相对复杂,PCE 逼近的误差也最大。从 PCE 系数可以看出,区域 8 内的体平均剪切应变在多项式展开空间中具备明显的稀疏性。PCE 逼近较为准确,应变响应误差在±2% 内,其余区域的响应逼近结果与有限元分析结果的相对误差不超过±2%。从 4.3 节的研究中可以看出,采用重复抽样给出的统计矩计算结果的均值较好地逼近了真值,因此在响应方差的计算中,采用 20 组不同的参数及响应样本进行重复 PCE 逼近并估计方差,取 20 组方差的平均值作为最后的响应方差。

2）试验误差的引入

实际试验中采用直尺对应变片进行定位,精度为±1 mm,设应变片的名义坐标为 $c$,则 $e_{Pos}$ 的估计方法如下:

$$e_{\text{Pos}} \sim U[a, b] \tag{8.5}$$

$$a = \operatorname{argmin}_{\Delta \in [-1, 1]^2} \frac{\varepsilon(c + \Delta) - \varepsilon(c)}{\varepsilon(c)}, \quad b = \operatorname{argmax}_{\Delta \in [-1, 1]^2} \frac{\varepsilon(c + \Delta) - \varepsilon(c)}{\varepsilon(c)}$$

$$\tag{8.6}$$

对于式(8.6)所示的优化问题,以不确定性参数取平均值时连接结构的数值模拟结果为基准,在各应变片名义位置 $c$ 的 $[-1, 1]^2$ 邻域内提取的应变结果进行逼近。各区域应变片位置偏差引起的测试误差如表 8.2 所示,从表中可以看出区域 3 的误差最为明显,这是由于区域 3 位于正负应变变化区域。

表 8.2    应变片位置波动带来的测试误差

| 区　域 | 1 | 2 | 3 | 4 | 5 | 6 | 7 | 8 |
|---|---|---|---|---|---|---|---|---|
| 应变分量 | $\varepsilon_{11}$ | $\varepsilon_{22}$ | $\varepsilon_{11}$ | $\varepsilon_{11}$ | $\varepsilon_{11}$ | $\varepsilon_{11}$ | $\varepsilon_{22}$ | $\gamma_{12}$ |
| $a/\%$ | $-2.08$ | $-8.77$ | $-116$ | $-0.609$ | $-6.69$ | $-1.81$ | $-13.5$ | $-0.658$ |
| $b/\%$ | $2.54$ | $12.1$ | $115$ | $1.80$ | $5.58$ | $2.46$ | $16.7$ | $2.34$ |

$e_T$ 为应变测试固有的误差,来自两方面:① 应变仪数据采集误差,为系统显示值的 $0.5\% \pm 3\mu\varepsilon$;② 应变片的固有误差,当前所使用的应变片型号灵敏度误差为 $\pm 1\%$,机械滞后为 $\pm 2\mu\varepsilon$,包括应变仪的零漂、应变片的机械滞后,保守取值为 $\pm 7\mu\varepsilon$。

3) 结果对比及模型确认

为分析不同载荷水平下有限元预测结果的准确性,从连接结构有限元分析结果中提取了区域 1~区域 8 内的应变预测结果,对比试验获取的应变曲线,如图 8.53 所示。

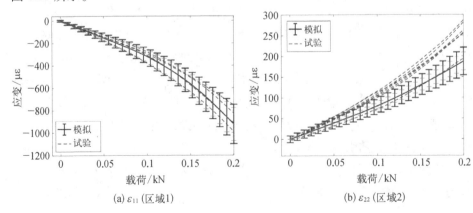

(a) $\varepsilon_{11}$ (区域1)　　　　　　　　　(b) $\varepsilon_{22}$ (区域2)

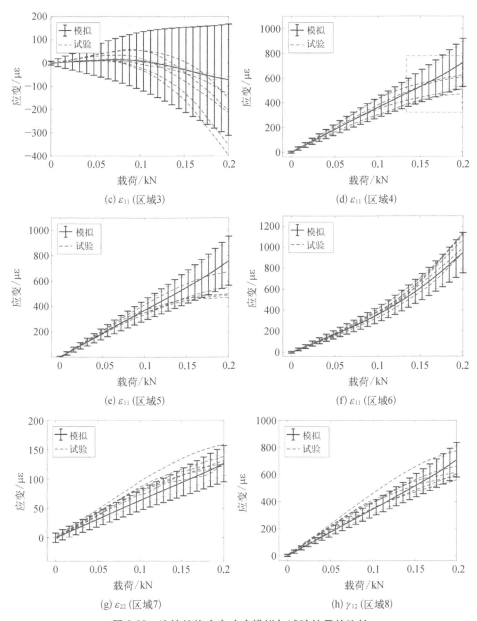

**图 8.53** 连接结构应变响应模拟与试验结果的比较

从图 8.53 中可以看出,各个区域的应变预测结果随载荷的变化趋势与试验测试结果基本一致,这验证了损伤分析方法及材料宏观非线性本构的有效性。表 8.3 给出了在 $P_{max}$ 下各区域试验结果均值与模拟结果均值的对比情况。在 $P_{max}$ 下,区域 1、区域 6、区域 7 与区域 8 的应变均值相对误差小于 15%,试验与模拟吻合很好。区域 3、区域 4 与区域 5 的模拟与试验结果之间的差异较为明显。区域 3 出现差异的主要原因可能是其处于拉压应变交替位置,应变测试结果容易受应变片位置影响。

表 8.3　$P_{max}$ 下各区域应变试验与模拟结果均值

| 应变均值/με | $\varepsilon_{11}(1)$ | $\varepsilon_{22}(2)$ | $\varepsilon_{11}(3)$ | $\varepsilon_{11}(4)$ | $\varepsilon_{11}(5)$ | $\varepsilon_{11}(6)$ | $\varepsilon_{22}(7)$ | $\gamma_{12}(8)$ |
|---|---|---|---|---|---|---|---|---|
| 试验 | -908.9 | 266.5 | -287.0 | 531.8 | 514.0 | 1125.9 | 130.8 | 618.1 |
| 模拟 | -923.1 | 189.5 | -72.37 | 724.3 | 761.0 | 948.7 | 126.2 | 706.8 |
| 相对误差/% | 1.56 | 28.88 | 74.78 | 36.21 | 48.06 | 15.73 | 3.52 | 14.35 |

从图 8.53 中可以看出,在 150 N 之前区域 4 与区域 5 的应变曲线趋势与试验吻合良好,而 150 N 以后则出现明显的差异,如图 8.53(d) 中的虚线框所示。由于连接件是一个异形结构,该区域纤维布存在初始的弯曲损伤,且在加载端对应的弯角处进行了加工,进而会造成对纤维的进一步损伤。在载荷达到 150 N 及以上时,连接结构试验件在区域 4 对应的弯角位置优先发生了断裂、分层,这导致在高载荷水平下,区域 4 和区域 5 位置表面层的承载能力下降,这样可能是引起区域 4 和区域 5 应变"软化"、试验结果数值相比于模拟值偏小的原因。

试验获取的各区域应变曲线存在明显的离散性。当考虑材料与试验中的不确定性因素时,模拟给出的各区域应变预测结果的 ±2σ 区间能够较好地包络试验曲线的随机性,如图 8.53 所示,图中两个区间的较小者对应材料性能不确定性决定的应变 ±2σ 区间,较大者对应材料与试验不确定性共同确定的 ±2σ 区间。表 8.4 详细给出了材料行为不确定性对应变结果不确定性的相对贡献,由表可知,除区域 3 外,材料不确定性对结构非线性响应不确定性的贡献均在 60% 以上,是形成结构响应计算结果不确定性的主要部分。

表 8.4　$P_{max}$ 下材料不确定性对各区域应变结果不确定性的相对贡献

| 应变/με | $\varepsilon_{11}(1)$ | $\varepsilon_{22}(2)$ | $\varepsilon_{11}(3)$ | $\varepsilon_{11}(4)$ | $\varepsilon_{11}(5)$ | $\varepsilon_{11}(6)$ | $\varepsilon_{22}(7)$ | $\gamma_{12}(8)$ |
|---|---|---|---|---|---|---|---|---|
| 材料不确定贡献 | 73.60 | 10.74 | 6.848 | 84.04 | 83.37 | 81.57 | 9.97 | 52.03 |
| 总不确定性 | 87.76 | 16.86 | 119.72 | 97.05 | 96.51 | 96.03 | 15.40 | 63.75 |
| 相对贡献/% | 83.9 | 63.7 | 5.72 | 86.6 | 86.4 | 84.9 | 64.7 | 81.6 |

从图 8.53 中可以看出,在不同载荷下,通过不确定性量化给出的 ±2σ 区间均能够较好地包络试验数据中的离散性,这表明采用材料性能不确定性及测试

误差较好地模拟了试验中的不确定性,同时也验证了 $P_{max}$ 载荷下,连接结构分析模型的预测结果在 95% 的置信度下(对应 $\pm 2\sigma$ 区间)是有效的。

## 8.3 梯度喷注支板不确定性分析与设计

超燃冲压发动机中侵入式喷注结构能显著提高燃料和氧化剂的增混效果,进而提高其燃烧效率乃至发动机的整体效率,但侵入式支板结构设计面临严重的热结构问题,具体表现为:耐高温,马赫数为 6~8 状态下,发动机流道中的热气流温度为 1 800~3 000 K;抗氧化,发动机燃烧产物中有较高浓度的 $H_2O$、$CO_2$、$CO$;耐烧蚀,发动机流场对支板形状敏感,使用过程中结构材料须具备良好的耐烧蚀特性;承受复杂苛刻的热力载荷,高热梯度下的结构热应力问题。对于长时可重复使用热结构,还要求材料在高温氧化环境下具备较高的性能稳定性。基于常规材料的结构设计不能解决环境耐受性问题,因此要实现长时间乃至可重复使用,需要采用具有耐高温、抗氧化和抗烧蚀等优点的高温复合材料,如 UHTC 材料等。

基于支板的服役环境,对支板分析模型作如下假设:① 超声速流中气动加热为局部高热流加热,模型中假定支板前缘的平均热流密度为 2 $MW/m^2$;② 支板主要通过气动加热和燃气辐射加热至高温,燃气环境温度假定为 2 000℃;

③ 支板主要通过燃料冷却散热,忽略安装界面热传导,燃料冷却假定为对流换热,其中换热系数为常值 2 000 $W/(m^2 \cdot K)$,液体温度为常温;④ 支板安装界面假定为理想绝热边界。充分考虑支板热结构中的多源不确定性因素,规定设计的喷注支板结构安全可靠性高于 99%,即在服役周期内,支板结构应力小于材料许用强度的概率大于 99%。

### 8.3.1 超高温陶瓷喷注支板可靠性分析

喷注支板结构设计中外形尺寸固定,如图 8.54 所示。试样厚度 $W = 8$ mm,矩

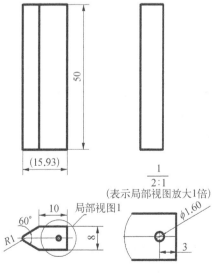

图 8.54 超高温陶瓷喷注支板结构外形尺寸(单位: mm)

形部分长度 $L = 10$ mm,高度 $H = 50$ mm,喷注孔直径为 1.6 mm,前缘半径为 1 mm,实际加工误差很小,因此不考虑尺寸的不确定性。

热结构服役过程中,需考虑多源不确定性因素,以准确表征结构响应的不确定性分布。对于 UHTC 结构,在外形尺寸固定和服役载荷确定的条件下,设计过程中主要的不确定性参数是不确定性材料属性,包括力学性能和热学性能。由于结构服役于高温环境,且存在温度梯度,需考虑材料属性的温度相关性,热导率、比热容和热膨胀系数可采用标准测试方法获得,材料属性(热导率、比热容和热膨胀系数)均为关于温度的插值函数 $f(T)$。假定不同试样同类材料属性的插值函数具备相同的形式 $\alpha f(T)$,仅大小不同,因此仅考虑插值函数前因子 $\alpha$ 的不确定性分布。进行热结构分析时,比热容和热导率前因子 $\alpha$ 不确定性区间设定为 $[-2.5\%, 2.5\%]$,热膨胀系数前因子 $\alpha$ 不确定性区间设定为 $[-5\%, 5\%]$。

选用 $ZrB_2 - SiC - G$ 高温复合材料,其室温面内拉伸强度均值为 134 MPa,标准差为 27.2 MPa,室温面内拉伸模量为 305 GPa,标准差为 24.5 GPa,强度的离散度明显大于模量值,随着温度的升高,复合材料的模量和强度值均降低;与室温相比,1 400℃、1 600℃和 1 800℃时的高温弹性模量分别衰减为室温模量的 77.34%、40.55%和 20.01%;与室温强度相比,1 400℃、1 600℃和 1 800℃时的高温拉伸强度分别衰减为室温强度的 59.49%、48.57%和 34.42%[8]。UHTC 喷注支板有限元模型使用以上非线性模量和强度参数,同样假定模量和强度为温度相关的插值函数,且不同试样插值函数形式相同,仅前因子 $\alpha$ 不同。

不同温度对应的强度值计算与以上模量值计算类似,强度值用于最终结构的失效判定,本节以强度值的 95% 置信区间下界作为强度许用值,并以 $[S]$ 表示,如 UHTC 材料 $Z$ 方向强度许用值为 $[S_z]$。考虑不同温度下强度会发生衰减,不使用应力作为关注响应,而以应力与该温度对应的许用强度的最大比值作为关注响应,如 $Z$ 方向最大应力比值为 $\max(S_z/[S_z])$,简称应力水平,该值能准确直观地反映材料非线性条件下结构的安全水平,该值小于 1 时,结构应力小于规定的许用值,结构安全,反之结构不安全。

选用材料的面内性能近似一致,计算中简化为横观各向同性材料。各向同性面内的剪切模量和弹性模量、泊松比存在相关性,而垂直于各向同性面的剪切模量则不存在对应关系,必须通过实验测试获得。陶瓷材料的剪切模量较难获得,假定该方向剪切模量服从均值为 200 GPa、标准差为 80 GPa 的正态分布,该分布具备较大的 95% 置信区间 $[43.2, 356.8]$,包含真实剪切模量的可能性较高。泊松比和发射率未知,同样取较大的不确定性分布区间,模型分析中的不确定性参数如表 8.5 所示。

表 8.5　模型分析不确定性参数

| 编　号 | 参　　　数 | 不确定性分布 |
| --- | --- | --- |
| 1 | 面内模量 $E_1(E_2)$ | $N(305\,\mathrm{GPa},\ 24.5\,\mathrm{GPa})$ |
| 2 | 面外模量 $E_3$ | $N(305\,\mathrm{GPa},\ 24.5\,\mathrm{GPa})$ |
| 3 | 剪切模量 $G$ | $N(200\,\mathrm{GPa},\ 80\,\mathrm{GPa})$ |
| 4 | 面内泊松比 $\mu_{12}$ | $U(0.05,\ 0.25)$ |
| 5 | 面外泊松比 $\mu_{13}(u_{23})$ | $U(0.05,\ 0.25)$ |
| 6 | 面内热导率 $(k_1,\ k_2)$ | $U(0.975,\ 1.25)\times k_1$ |
| 7 | 面外热导率 $(k_3)$ | $U(0.975,\ 1.25)\times k_3$ |
| 8 | 面内热膨胀系数 $(\alpha_1,\ \alpha_2)$ | $U(0.95,\ 1.05)\times\alpha_1$ |
| 9 | 面外热膨胀系数 $(\alpha_3)$ | $U(0.95,\ 1.05)\times\alpha_3$ |
| 10 | 密度 | $U(4\,910.4,\ 5\,009.6)\ \mathrm{kg/m^3}$ |
| 11 | 比热容 | $U(0.975,\ 1.25)\times C_0$ |
| 12 | 发射率 | $U(0.8,\ 0.9)$ |

1）初步结构强度不确定性分析

首先假定支板热结构有限元模型具备显著的一维活跃子空间,且局部空间内的响应变化趋势与整体空间内的响应变化趋势一致。使用第 3 章建立的方法对热结构有限元模型进行降维,设定缩减因子为 0.1,即计算活跃子空间特征值使用 1/10 区间。这里以完全空间中心为缩放点,将完全空间缩放 10 倍,并基于缩放的参数空间进行随机抽样,样本数为 15。使用缩减区间内的样本计算得到了一维活跃子空间特征向量,基于该特征向量将完全空间样本映射到一维活跃子空间,进而将热结构模型降低至一维。基于降维空间构建自适应高斯过程模型（adaptive Gaussian process model, AGPM）,实现了一维活跃子空间下代理模型的构建,如图 8.55 所示,图中横坐标 $Ac$ 表示原始参数空间坐标映射到一维活跃

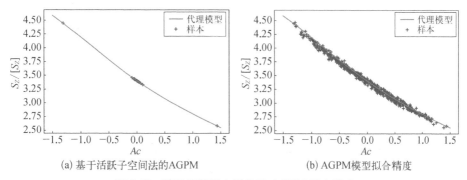

(a) 基于活跃子空间法的AGPM　　　　　(b) AGPM模型拟合精度

图 8.55　基于活跃子空间法的 AGPM 拟合精度

子空间下的新坐标。一维活跃子空间下输入参数和输出响应近似呈现线性或二次函数关系,因此仅需计算 $Ac$ 的最大、最小值对应的模型响应,并再次更新高斯过程模型(Gaussian process model, GPM)即可实现一维活跃子空间下的代理模型构建。最终仅以 17 个样本实现了热结构模型的准确拟合。通过额外的有限元模型计算样本验证降维空间下代理模型的拟合精度,这里选用 500 个计算样本进行验证,结果如图 8.55 所示,映射到一维子空间中的散点均位于拟合曲线附近,验证了该方法的有效性和准确性。

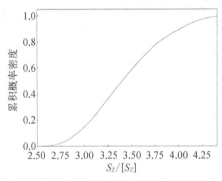

图 8.56　关注响应的累积概率密度分布

基于活跃子空间的 AGPM 显著降低了不确定性分析中的计算成本。通过构建的代理模型获得了 QoI 的累积概率密度分布,如图 8.56 所示。在喷注支板结构设计要求中,为使结构安全,需满足条件 $S_z/[S_z] < 1$。但由 QoI 的不确定性分析结果(图 8.56)可知,应力比因子显著>1,即结构失效概率明显大于99%,不满足结构设计要求。

## 2) 不确定性修正及可靠性更新

基于一阶活跃子空间特征值计算各参数在该方向的灵敏度系数,同时使用 DRS‐OA‐FAST 方法[9]计算各参数对 QoI 的全局灵敏度系数,两种方法均获得了相同的关键敏感参数信息,其中参数 2 和参数 5 最为敏感,参数 2 对应材料面外模量,参数 5 对应材料面外泊松比(图 8.57)。事先未知参数 2 和参数 5 信息,

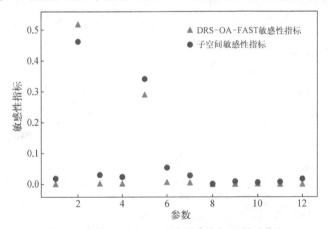

图 8.57　UHTC 支板初始模型中参数灵敏度指标

因此使用了较大的不确定性分布,导致参数 2 和参数 5 具有较大的敏感性,因此针对关键敏感性参数 2 和参数 5 进行修正。

基于四点弯曲试样,可以采用反对称四点弯曲法同时获得剪切模量信息。通过四点弯曲实验同时获取了模量、泊松比和不同方向的强度信息,完成了关键参数的修正,更新后的不确定性参数如表 8.6 所示。为提高结构可靠性,同样以 95% 置信区间下界最低强度作为许用强度值进行结构分析。常温下,面内强度许用值为 191.81 MPa,面外强度许用值为 94.62 MPa。

表 8.6　更新的不确定性参数

| 参　　数 | 测试不确定性分布 |
| --- | --- |
| 面内模量 | $N(273.49\ \text{GPa},\ 6.15\ \text{GPa})$ |
| 面外模量 | $N(149\ \text{GPa},\ 4.4\ \text{GPa})$ |
| 面外剪切模量 | $N(56.1\ \text{GPa},\ 2\ \text{GPa})$ |
| 面内泊松比 | $N(0.142,\ 0.015\ 5)$ |
| 面外泊松比 | $N(0.095,\ 0.004)$ |
| 面内强度 | $N(209.92\ \text{MPa},\ 18.11\ \text{MPa})$ |
| 面外强度 | $N(125\ \text{MPa},\ 15.5\ \text{MPa})$ |

基于更新的不确定性参数重新开展 UHTC 结构的不确定性分析,基于活跃子空间 AGPM(缩减因子为 0.1,总样本数为 17)计算得到的代理模型如图 8.58 所示。由计算结果可知,$\max(S_Z/[S_Z])$ 均超过安全值 1,虽然更新后的结构相比之前计算得到的应力水平有所降低,但仍然不满足实际要求。

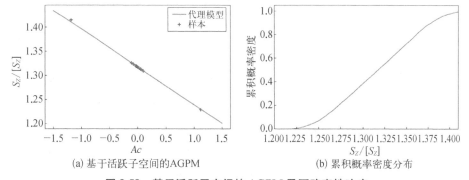

(a) 基于活跃子空间的AGPM　　　(b) 累积概率密度分布

图 8.58　基于活跃子空间的 AGPM 及不确定性响应

分析模型更新后的关键敏感性参数,结果如图 8.59 所示,关键敏感性参数均为面外模量,由于已经完成了该参数的四点弯曲实验修正,所以具备较小的不确定性区间。通过实验修正,减小了热结构模型的不确定性,但 QoI 不确定性分析结果依然不满足结构设计要求,因此需要改进结构设计方案,降低结构内部的热应力,提高其安全可靠性。

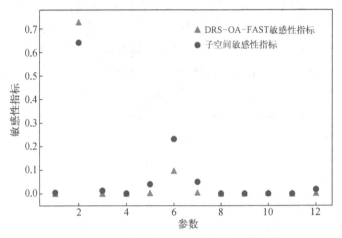

图 8.59   UHTC 支板模型更新后参数灵敏度指标

### 8.3.2   功能梯度层合复合材料结构喷注支板设计与可靠性分析

1)喷注支板结构改进

在 UHTC 结构中直接进行燃料喷注时(如 UHTC 喷注支板结构),结构外部高温(燃气侧)和内部低温(主动冷却侧)之间的大温度梯度会导致陶瓷结构内部出现大的热应力,因此为提高结构服役可靠性,需要进一步降低结构内部热应力。结合高温复合材料被动防热和主动冷却优点,改进 UHTC 喷注支板结构构型,提出了功能梯度层合复合材料结构(functionally graded layer composite structure,FGLCS),该结构主要由三部分组成:UHTC 层、高温界面热阻层和高温合金层。UHTC 层耐高温性能好,同时具备良好的抗氧化性能,适用于发动机燃气环境;高温界面热阻层具备较高的界面热阻,可有效地减缓热量的传递。高温合金层的加工工艺性良好,但温度耐受性和抗氧化性相对较差,因此用于主动冷却层。FGLCS 中的 UHTC 层与燃气接触,温度较高,可以阻隔燃气,防止高温破坏内层金属结构,耐高温的中间界面热阻层阻隔了热量传递,保护内层结构,同时可进一步提高外层 UHTC 结构的温度,降低其热梯度。FGLCS 充分发挥各层材料优势,能够有效缓解 UHTC 结构内部的热应力,FGLCS 结构示意图及 UHTC 层尺寸如图 8.60 所示。

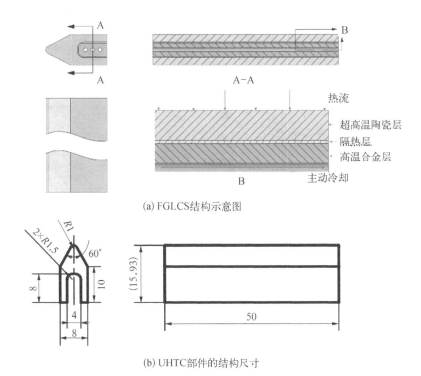

(a) FGLCS结构示意图

(b) UHTC部件的结构尺寸

**图 8.60　FGLCS 结构示意图和 UHTC 部件结构尺寸(尺寸单位: mm)**

基于有限元模型分析 FGLCS 结构和包含水冷的 UHTC 单层结构应力水平。热流载荷为 2 MW/m²,结构通过表面辐射、与低温燃料的对流换热冷却,并假定对流冷却换热系数为 2 kW/(m²·K),冷却温度为 22℃,发射率为 0.8,平板结构总厚度为 8 mm。对于 FGLCS 平板,外层到内层的厚度分别为 4 mm、0.26 mm 和 3.74 mm。考虑到界面热阻层,分析不同界面的导热性能对热结构响应的影响规律,对流冷却换热系数分别取 1 kW/(m²·K)、10 kW/(m²·K)、100 kW/(m²·K) 和 1 MW/(m²·K)。计算结果如图 8.61 所示,从图中可以看出,界面性能极大影响了 FGLCS 平板热响应,界面热导越大,结构最高温度响应越低,整体结构热梯度越小,但 UHTC 层热梯度却越大。界面热阻层具有两个主要优势,首先,阻隔热量传递至内部耐温性较低的内层结构,其次降低了单层结构的热梯度,有效地缓解了结构热应力。

UHTC 层的最大压应力位于上表面(气动加热面),最大拉应力位于下表面。对比 FGLCS 和 UHTC 平板结构的最大拉应力发现,FGLCS 的创新构型设计显著降低了结构内部的热应力,如图 8.62 所示,稳态条件下的最大拉应力缓解高达

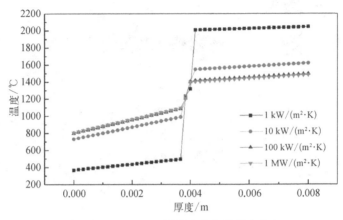

图 8.61  FGLCS 平板厚度方向的温度分布

84%(1 kW/m² · K),且界面热导越小,应力缓解程度越高。在低的界面热导条件(1 kW/m² · K)下,最大拉应力先升后降,这是因为在初始阶段,上表面温度急剧上升,热梯度快速增大,导致外层结构热应力增大,但由于界面热阻层的存在,内层结构在加热初期表现出较小的温度变化,但随着传热过程的进行,热量逐渐传递至内层结构,导致外层 UHTC 结构热梯度减小,进而导致其热应力减小。界面热导越小,热应力先升后降的效应越明显。同时从瞬态热应力分析结果(图 8.62)可知,最大热应力发生在初始阶段。

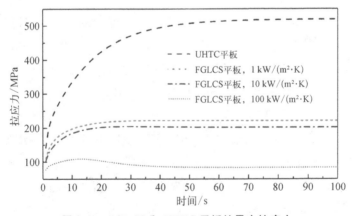

图 8.62  FGLCS 和 UHTC 平板的最大拉应力

2) FGLCS 支板性能可靠性分析

FGLCS 结构相比 UHTC 结构在释放热应力方面具备显著优势,因此针对新的 FGLCS 喷注结构开展 QoI 的不确定性分析。FGLCS 结构相比 UHTC 结构增加了结构级界面信息,由于界面事先未知,难以预估其不确定性分布,采用接触热导实验修正方法获取该参数的不确定性分布 $N[\,157.07\ \mathrm{W/(m^2 \cdot K)}$,$26.23\ \mathrm{W/(m^2 \cdot K)}\,]$。分析发现,FGLCS 模型 $Z$ 向热应力显著高于 $X$ 向和 $Y$ 向热应力,且应力最大位置位于 FGLCS 中陶瓷结构与界面层接触的内表面。考虑到 $Z$ 向材料强度低于 $X$ 向和 $Y$ 向,且 $X$ 向和 $Y$ 向应力远小于 $Z$ 向,因此仅考虑 $Z$ 向热应力,同时忽略双向应力状态带来的强度衰减,结构失效仍基于 $Z$ 向许用应力判定。

首先假定 FGLCS 有限元模型具备显著的一维活跃子空间,且局部空间内的响应变化趋势与整体空间内的响应变化趋势一致,设定缩减因子为 0.2,即计算活跃子空间特征值采用 1/5 区间。这里以完全空间中心为缩放点,将完全空间缩放 5 倍,并基于缩放的参数空间进行随机抽样,样本数为 15。使用子空间方法计算得到了一维活跃子空间特征向量,基于该特征向量将完全空间样本映射到一维活跃子空间,进而将热结构模型降低至一维。基于降维空间构建 AGPM,实现了一维活跃子空间下代理模型的构建,所需样本数仅为 17,如图 8.63(a) 所示。基于活跃子空间的 AGPM 模型得到的 QoI 不确定性分布如图 8.63(b) 所示,$\max(S_Z/[S_Z])$ 均小于 1,可靠性大于 99%,满足设计要求。

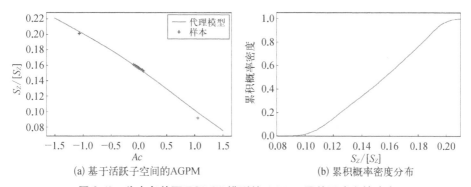

(a) 基于活跃子空间的AGPM                    (b) 累积概率密度分布

**图 8.63　稳态条件下 FGLCS 模型的 AGPM 及其不确定性响应**

由 5.3.2 节的分析可知,接触热阻导致热应力呈现显著的非线性变化,致使初始阶段热应力高于稳态阶段,因此进一步分析瞬态过程中结构热应力,仅取前 20 s 最大的比因子 $\max(S_Z/[S_Z])$。分析瞬态过程中结构的最高应力水平时,采用 2.4.3 节建立的自适应高斯过程模型方法,初始样本数设定为 20,通过自适应样本筛选,在样本数为 46 时,代理模型收敛。通过 500 次有限元模型计算得到的样本验证代理模型准确性,其预测误差在 8.2% 以内,基于收敛的 AGPM 代理

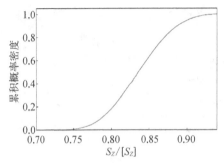

**图 8.64　关注响应的累积概率密度分布**

模型计算得到的应力水平累积概率密度分布如图 8.64 所示。相比稳态结果,瞬态过程中,结构应力水平显著增大,但最终计算得到的结构可靠性同样大于 99%,满足设计要求。

3) 支板结构的试验考核验证

为进一步验证设计结构的可靠性,设计氧气和丙烷燃气实验系统,验证设计喷注结构在极端环境下的长时间(300 s)服役可靠性,实验系统如图 8.65 所示。试样固定在高温石墨夹具中,试样前缘距燃气喷头的距离为 8 cm,且前缘的热流密度为 2 MW/m²(实验前通过戈登计标定该热流对应的氧气和丙烷流量),前缘温度通过双比色高温计(IGAR 12 - LO MB 33,德国)测试获得。通过冷却水喷注模拟燃料喷注冷却过程,且冷却水喷注先于实验。

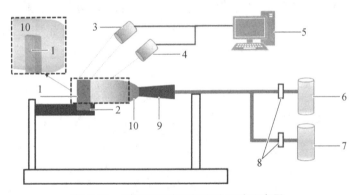

**图 8.65　氧气和丙烷燃气实验系统示意图**

1-试样;2-石墨夹具;3-热像仪;4-双比色高温计;5-计算机;6-氧气;
7-丙烷(C₃H₈);8-流量计;9-喷嘴;10-氧丙烷火焰

实验过程中,FGLCS 喷注结构表面温度在 13 s 内迅速从 1 000℃ 上升到 1 600℃,因此瞬态传热过程中结构迅速达到稳态状态。实验过程中,FGLCS 前缘测点最高温度为 1 960℃,UHTC 喷注结构前缘测点最高温度为 1 980℃。水冷条件下,高热导率的 UHTC 喷注结构温度接近 2 000℃,这表明金属结构加水冷方案仍难以满足实际要求,这也是开展 UHTC 和 FGLCS 结构设计的主要原因。共实验考核 2 个 FGLCS 喷注结构,对单个 FGLCS 喷注结构进行了 3 次重复实验,每次实验时间为 300 s。3 次重复实验后,FGLCS 喷注结构均完好,且表面变形微小,仅前缘部分发生了轻微的氧化。而 UHTC 喷注结构在实验过程中发生断裂破坏,断口平整,为典型的脆性断裂。通过建立的氧气和丙烷燃气实验系统验证了设计的 FGLCS 热结构的可靠性。实验后的喷注结构如图 8.66 所示。

(a) 断裂的UHTC喷注结构

(b) UHTC喷注结构断裂表面

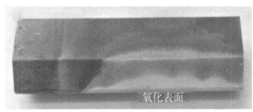

(c) FGLCS喷注结构

(d) FGLCS喷注结构的隔热层

图 8.66 氧气和丙烷实验后的喷注结构

## 参考文献

[ 1 ] Daryabeigi K, Walker S P. Detection of subsurface material separation in shuttle orbiter slip-side joggle region of the wing leading edge using infrared imaging data from arc jet tests. Washington: NASA Langley Research Center, 2009.

[ 2 ] Raju I S, Knight N F, Song K, et al. Fracture mechanics analyses of the slip-side joggle regions of wing-leading-edge panels. Washington: NASA Langley Research Center, 2011.

[ 3 ] Walker S P, Warren J E. Thermostructural evaluation of joggle region on the shuttle orbiter's wing leading edge. Washington: NASA Langley Research Center, 2012.

[ 4 ] Knight N, Song K, Raju I. Space shuttle orbiter wing-leading-edge panel thermo-mechanical analysis for entry conditions. Orlando: 51st AIAA/ASME/ASCE/AHS/ASC Structures, Structural Dynamics, and Materials Conference, 2010.

[ 5 ] Raju I, Phillips D, Knight N, et al. Fracture mechanics analyses of reinforced carbon-carbon wing-leading-edge panels. Orlando: 51st AIAA/ASME/ASCE/AHS/ASC Structures, Structural Dynamics, and Materials Conference, 2010.

[ 6 ] Knight N, Raju I, Song K. Fracture mechanics analyses of subsurface defects in reinforced carbon-carbon joggles subjected to thermo-mechanical loads. Denver: 52nd AIAA/ASME/ASCE/AHS/ASC Structures, Structural Dynamics and Materials Conference, 2011.

[ 7 ] Chan K S, Lee Y D, Hudak S J. Model for the effect of fiber bridging on the fracture

resistance of reinforced-carbon-carbon. Journal of Engineering Materials and Technology, 2011, 3(2): 146-155.

[ 8 ] 王玲玲.ZrB-2基超高温陶瓷高温本构关系及断裂行为研究.哈尔滨：哈尔滨工业大学,2015.

[ 9 ] 彭祖军.复合材料热结构模型的不确定性分析和实验修正方法.哈尔滨：哈尔滨工业大学,2018.

# 第 9 章

## 不足、趋势与展望

在高超声速领域,热结构技术在维持气动外形、减小结构尺寸、提高结构效率方面具有显著的优势,将在高超声速飞行器领域内获得越来越多的应用。对于大气层内的高超声速飞行,通常期望采用升力体构型来获得升力,以降低阻力。而随着飞行器外形的尖锐化,表面的温度也迅速升高,热结构技术似乎成为解决高超声速飞行热防护的唯一可行途径。对于推进系统,喷管结构尺寸越大、越薄,越有利于降低发动机重量、提高推力比。发展多级结构、摆动喷管等概念仍受制于热结构技术的成熟度。发展可重复使用高超声速飞行器,乃至自感知/决策智能化飞行器,更加需要热结构分析与评价技术的不断进步。

热结构技术涉及材料、工艺、分析、设计、试验等诸多方面。从热结构分析角度,如何建立真实服役环境下热结构真实热/力学行为特性的高精度分析模型,并对其结构完整性与寿命给出高效、可信预测,仍是当前最关心且尚未有效解决的难题。

## 9.1 面临的不足与挑战

总的来说,目前热结构分析技术在准静态、简单载荷条件下已经能够满足一些结构设计的需求。但随着高超声速技术的发展,从满足热结构设计的角度来看,热结构分析技术将面临一些新的需求。

(1)提高热结构技术,尤其是复合材料热结构的技术成熟度,扩大其应用范围。随着热结构实用程度的提高,对热结构分析模型和预测结果的可信度提出了更高的要求。必须降低热结构分析模型中的误差和预测结果的不确定性程度,否则热结构建模与分析仍然难以在设计中发挥应有的作用。

(2)"用好"复合材料,充分发挥复合材料热结构的轻量化效能。提高热结构的效能,应更多地考虑复杂固体介质与极端服役环境的耦合作用机制,应考虑真实环境下的力学行为,突破假设和前提约束,更多地考虑热结构的真实热/力学行为,以及其引起的非线性效应。线性简化、叠加分析方法会忽略关键的失效机理,引起分析结果的过保守。

(3)未来热结构的服役温度、力学环境、热化学环境势必会更加严苛。单一材料体系的综合性能差,复合材料体系会带来更加复杂的微细观损伤劣化问题,必须要考虑多场作用下的多尺度力学行为特性。在认知不充分、模拟与试验手段不足的条件下,却仍需要给出科学、有效、可靠的分析预测。

为满足上述需求,热结构建模与模拟中仍存在一些不足与挑战,具体如下。

(1)热结构动态响应分析与动强度判据。热载荷与准静态力学载荷耦合下,热结构的响应和破坏机制相对清晰。但在热载荷与振动、噪声、冲击等动力学载荷耦合下的结构响应破坏中,仍存在许多认知不充分的问题;进一步耦合高温流场效应,热结构力学行为将存在更多的未知机制。按照静力学设计、动力学校核的结构设计思路,按照静力学所设计的大冗余结构仍可能在动态载荷下发生破坏。可以预见,动力学载荷下,热结构的材料力学行为、破坏机制与强度远比静力学条件下复杂,伴随的热结构动态响应分析手段,动力学条件下材料/结构失效判据远未达到成熟。美国空军在一项"高超声速结构寿命预测认知空缺"的调研项目中指出,动力学条件下对结构寿命的预测不足制约着美国空军未来战略作战能力的提高。

(2)多场耦合下材料损伤与结构分析方法。热结构的精细化分析与设计要求建模与模拟时必须给出准确的结构响应、损伤破坏预测。多场载荷作用于复杂介质,产生明显的非均匀响应,各物理场量(温度、变形、氧等)的梯度在同一位置存在明显差异,进行多场耦合分析时必须考虑空间多尺度效应并采用精细化的分析模型。材料的瞬态断裂、稳态裂纹扩展、疲劳、蠕变等与作用的载荷一样,存在于不同的时间尺度,因而必须考虑时间多尺度问题。目前,多场耦合响应分析,如热/力/氧耦合和热/力/振动耦合下的响应分析,热/力耦合条件下的多尺度分析方法均已取得重要进展。然而,一旦涉及复杂介质材料,如热结构复合材料等的损伤破坏行为分析,以及热/力/噪声、热/力/流场多场作用下的寿命分析时,仍存在许多不足。

(3)模型误差的辨识与模型有效性的判定。研究人员对复杂多场作用下热结构多尺度力学行为特性认知的不充分性,与热结构的设计需求构成了显著的矛盾,其难点在于,诸多不确定条件下,保证模型给出有效、可靠的预测结果,必须要进行准确的不确定性量化。如果模型的形式是正确的,模型参数的修正相对容易展开。而正由于研究人员对热结构响应机制认知的不充分,实际使用的分析模型会存在一定偏差。模型偏差修正的挑战来自反问题的不适定性,即如何判定模型存在偏差、如何利用试验数据区分参数偏差与模型偏差等可辨识性问题。模型误差如何传播,在多场耦合问题及多层级模型的传播中如何变化,仍是研究的前沿问题。另外,进行不确定性反向传播分析带来了超额的计算成本,尤其是当参数维度高。

(4) 小样本下的不确定性量化与模型修正。热结构试验成本高、周期长已经是共识,目前热结构地面试验能力仍十分有限,一些复杂载荷下的结构就位性能、破坏过程仍难以获取。重复试验条件下的样本少、试验样本数据的异质特性明显等问题,可能始终伴随热结构技术的成熟化进程。小样本不仅意味着用于表征输入参数的数据少,而且能够用于模型修正与确认的数据也较少。近年来,小样本问题已经引起广泛重视,2014 年 NASA Langley 研究中心发布了"多学科不确定性量化挑战",问题共包含 22 个不确定性参数,分为概率表征、区间表征的认知不确定性及 P - Box 方法表征的混合不确定性三类。要求学者利用试验数据更新不确定性参数,分析哪些参数可以忽略,获取响应不确定性区间及失效概率,进行不确定性设计。由此可见,小样本下的不确定性量化仍是一个较为开放的问题[1]。

(5) 热结构特性问题的分析工具及集成。目前的商业有限元软件均提供了热/力耦合分析功能,但针对高超声速飞行器热结构的特性问题,如材料的损伤演化分析、多尺度耦合分析、热/力/氧多场耦合分析、宽频噪声激励下响应与破坏分析、不确定性量化等,仍缺少专用的、集成的软件工具,大部分功能需要依赖商业软件提供的二次开发功能进行自定义开发,通用性和易用性不足,也是多尺度、多场耦合、不确定性分析等新方法在工业部门难以快速应用的直接原因之一。

从方法论的角度,应对热结构分析的主要策略是自下而上逐级建模并进行求解;采用积木式策略,不断引入多物理场效应的影响;在结构设计中,采用大冗余来包络不确定性,保证结构的安全性。但是,这种建模模拟策略面临着一些根本性的困难:热结构分析的基础是固体力学,在此框架上的实际热结构分析仍需借助于经验建立数学模型,如材料的本构模型等。先验式模型必然会在分析中引入一定的误差,如图 9.1 所示,尤其对于复杂的热结构系统,模型误差在多级模型中逐渐传播、累积,导致其难于辨识和修正。随着系统层级的增加,所涉及的物理场、结构相互作用、不确定性因素逐渐增加,热结构系统级多场耦合认知机制和数值计算方法方面都存在许多不足,然而能够获取的数据量却在逐渐减少。可见,对于复杂系统的分析,当前的建模与模拟范式显得更加力不从心。

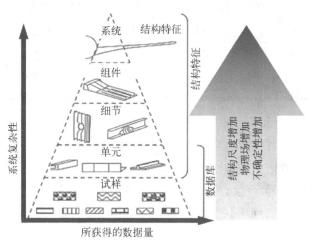

**图 9.1　层级式建模与分析策略**

## 9.2　分析方法发展趋势

针对上述不足,从已公开的文献资料来看,目前热结构建模与分析方法的发展趋势如下所述。

(1) 热结构建模与模拟更加重视真实结构效应及精细化方法,并发展相应的非线性效应分析方法。例如,在航天飞机翼前缘的热结构分析中,通过微细观缺陷的观测,进行组合体、面板、局部区域的多层级分析,逐渐在分析模型中引入材料表面、内部裂纹等真实特征,分析温度、位置、局部内压等因素影响并最终确定裂纹失效扩展判据。在 NASA 对涡轮发动机 CMC 导向叶片的热障涂层开裂模拟中,在每个材料点的破坏分析中引入破坏概率,实现了涂层随机开裂行为的模拟与预测[2]。从美国复合材料学会年会中可以看出,含缺口或受外来冲击后的复合材料力学性能及损伤容限分析设计、考虑分层缺陷下的断裂韧性是关注的重点问题之一。

（2）多失效模式及失效模式与环境耦合是决定热结构寿命的关键，热结构行为研究更加注重多场作用下的多失效模式耦合与演化机制分析。在认知热结构复合材料准静态力学行为的基础上，高温下的氧化、蠕变、疲劳等问题已逐渐成为研究的热点。在结构分析领域，NASA 近年来已经形成了包含多尺度通用单胞法、有限元接口 FEAMAC、多尺度设计工具 HyperMAC 的 ImMAC 多尺度分析与设计套件，与不确定性量化工具结合，扩展了其在热力耦合、热/力/振动等领域的应用[3]。扩充有限元法（augmented finite element method，AFEM）等新兴断裂力学分析方法，为复杂介质、三维空间内的裂纹扩展、交叉分析问题提供了稳健、快速的数值分析方法[4]。Comsol 等商业有限元软件已经提供了自定义PDE 求解器的功能，可见多场多尺度方法和分析工具得到了越来越多的应用。

（3）模型有效性是模型应用的先决条件，建模与模拟的验证与确认有望成为基本规范，得到普遍应用与认可。在航空航天领域，美国机械工程师协会[5]及美国航空航天工业协会[6]等均发布了自己的模型验证与确认规范及指导性文件，如图 9.2 所示。2016 年，美国陆军、海军、空军和宇航局联合推进委员会多机构联合发展了模型验证与确认及不确定性量化指导规范[7]。美国桑迪亚国家实验室在 2002～2014 年期间连续提出了三个模型验证与确认的挑战问题，加速了V&V 策略的应用[8]。V&V 的规范化将促进混合不确定性表征、高效不确定性量化数值计算方法快速发展，同时带动可靠性、稳健性等不确定性结构优化方法的应用。

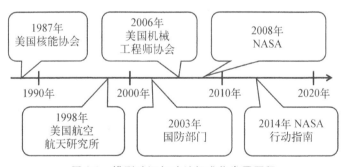

**图 9.2　模型验证与确认标准化发展历程**

（4）高通量高温响应测试技术的突破及大规模并行计算，使数据驱动分析方法兴起，机器学习等数据科学方法在热结构分析中将获得更多的交叉应用。通过对大规模并行化计算获取的数据库可以进行数据挖掘与分析，例如，使用流形学习构建材料本构模型；通过增强学习方法，给出最为满足材料应力-应变曲线的本构方程;通过深度学习方法,还可以直接从材料的微细观图像获取材料等效的力学性能;还有学者提出了直接采用材料试验数据进行结构响应计预测的数值方法;通过离线库构建降阶分析模型等,能够平衡分析精度与效率的需求,甚至能够满足实时计算需求。数据驱动方法的运用,不仅可以修正模型,甚至还可以帮助研究人员发现和建立模型,替代已有的建模和分析方式[9]。

## 9.3  展望:数字孪生技术

未来发展可重复使用,乃至具有自主健康感知、自主决策功能的智能化高超声速飞行器,其结构健康管理与任务决策能力将主要依赖于热结构建模与模拟技术的发展水平。对复杂服役环境下的复杂结构系统进行分析,传统先验式、积木式分析策略难以在预测可信度与分析效率方面满足需求。模拟分析技术将更多地与传感器技术结合,通过获取结构的真实响应,消除不确定性,提高预测可信度,并逐渐发展为"数字孪生"技术。自 2012 年 NASA 与美国空军提出数字孪生愿景以来,数字孪生概念在设计、建模模拟、管理等各领域获得了广泛关注和应用[10]。数字孪生技术代表了建模与模拟技术的发展方向。

目前,数字孪生的概念存在多方解读,但不同概念均涉及数字孪生的三个基本特征,即实际物理系统或结构、数字孪生体、连接两者的传感技术,如图 9.3 所示。数字孪生体的本质是能够全寿命跟踪、实时反映特定物理实体的性能状态,并准确模拟、预测其在真实环境下的动态行为模型。因此,构成数字孪生体前首先需要建立物理对象的模拟模型。对于复杂系统,环境不确定性大、系统动

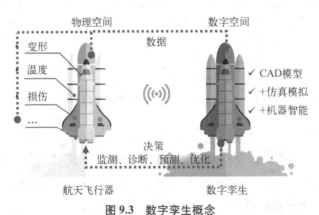

图9.3  数字孪生概念

态特性强,基于传统建模方式得到的静态模型难以做到实时反映系统状态。因此,数字孪生体强调通过物理对象的全面传感获取系统运行中的真实行为数据,消除模型中的不确定性因素,进而提升模型预测能力。准确的预测是有效控制、管理等决策优化的基础,数字孪生体的第三个要素是实现模型和实际物理系统的互动,将基于模型和数据的实时分析结果用于优化物理系统运行。

数字孪生是装备研发、运行、维护的革命性技术,是全局性、系统性的变革,涉及理念转变、模式转型和路径创新。一般来说,在工业领域对数字孪生的需求可以归纳为:设计验证、状态监测、预测预警、性能优化和寿命跟踪。NASA 在2010 年发布的"建模、仿真、信息技术和过程"路线图中,提出数字孪生是一个集成多物理场、多尺度的不确定性分析框架,能够利用现有的最佳物理模型、传感器数据、飞行历史数据等,镜像反映孪生飞行器的生命历程[11]。在 NASA 与美国空军的愿景中,数字孪生可在整个寿命期间整合各种来源的不确定性;整合异构信息,包括测试数据、数学模型、专家意见等;将虚拟飞行器同步施加与实际载荷历程相同的载荷;以实现减少模型参数的不确定性并使用测量数据跟踪时间相关的系统状态(即诊断);在没有可用的数据的情况下,预测损伤状态的演变(即预诊);通过集成分析模型、材料性能数据及检修数据,构建机身结构的数字孪生体,提高飞行器的可利用性、最小化结构检测频率,实现维护成本减半、服役寿命水平增加至目前 10 倍的目标,改变现有的、依赖于经验和周期性检修的飞行器维护方式。

国际著名咨询机构 Gartner 自 2017 年起连续三年将数字孪生技术列为未来十大战略技术,认为数字孪生是物理世界实体或系统的数字代表,可在物联网背景下连接物理世界实体,提供相应实体的状态信息,对变化做出响应,改进操作,增加价值。目前,这一概念被扩展到各个工业领域,如数字车间、智能发动机等。在工业界,PTC 推出了 ThingWorx 平台、GE 推出了 Predix 平台等。对于复杂系统的管理和运行,借助于数字孪生,将能够实现以下几个方面的研究。

(1)模拟实际系统运行状态。数字孪生体是物理对象的模拟模型,能够在数字空间实时反映实际系统的行为、状态,并以可视化的方式呈现。

(2)监测并诊断结构健康状态。利用安装在实际结构表面或嵌入结构内部的分布式传感器网络,获取结构状态与载荷变化、服役环境等信息,结合数据预处理、信号特征分析、模式识别等技术,识别结构的当前损伤状态。

(3)预测实际系统未来状态。通过数据链、数据接口等技术连接监测数据和仿真模型,结合机器智能等方法驱动仿真模型的动态更新,基于更新后的模型对结构未来的状态进行预报。

（4）优化对实际系统的操作。根据预报结果，可以调整维护策略，避免不必要的检测与更换，或更改任务计划，避免结构进一步劣化等。

在数字孪生的概念中，通过响应监测获取的数据动态注入分析模型中，以减少模型中的不确定性，提高预测的精度，与传统的计算范式存在显著的不同，如图 9.4 所示，这种在线模拟与试验测量协同的范式，称为动态数据驱动应用系统（dynamic data driven application system，DDDAS），由美国国家科学基金会于 2000 年正式提出[12]。对于复杂系统及不确定性系统，系统状态往往随着系统运行而不断演化，随着系统规模的增加，系统状态的数据类型、数据量也会快速增加，难以用静态建模方法适应系统的动态特性。相比之下，DDDAS 范式具有显著的优势，利用动态测试数据实时、自适应地修正分析模型，可最大限度地消除这些不确定性因素的影响，给出更为准确的结果，并通过参与系统决策来控制实际系统的执行。

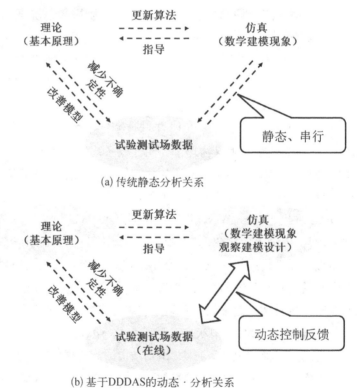

(a) 传统静态分析关系

(b) 基于DDDAS的动态·分析关系

图 9.4　DDDAS 与传统计算范式的区别

在飞行器结构领域,美国麻省理工学院将 DDDAS 应用到自感知智能无人机上,在离线阶段利用模型降阶与代理模型构建了结构应变响应与飞行最大过载之间的映射关系,在飞行中能够利用测试到的传感数据在线模拟并评估飞行器的能力,进而更新飞行器状态并用于飞行包络线的决策[13]。美国得克萨斯大学构建了一套数据驱动的飞行器复合材料损伤在线预测系统,完成了软件工具平台的搭建,并在树脂基复合材料单轴拉伸下的损伤在线预测中进行了初步验证。该系统利用测试获取的材料应变响应构建似然函数,利用贝叶斯定理来实现对材料损伤模型参数的更新,或依据模型的似然度来选择恰当的损伤模型,进而提升损伤预测的准确性。对于不断更新的试验数据,基于贝叶斯滤波与马尔可夫链模型构建了改进卡尔曼滤波方法,实现了材料损伤模型的持续修正[14]。利用材料损伤在线预诊,能够实现分析模型的自适应改进、材料自修复机制及飞行轨迹的主动控制。

总的来说,数字孪生中利用数据消除不确定性的思想,值得关注和参考。尤其是对于复杂载荷下的结构损伤、破坏分析问题,动态数据的引入能够从源头上消除模型误差的引入,实现热结构寿命的准确、动态分析及预报。

## 参考文献

[ 1 ] Crespo L G, Kenny S P, Giesy D P. The NASA langley multidisciplinary uncertainty quantification challenge. Maryland: 16th AIAA Non-Deterministic Approaches Conference, 2014.

[ 2 ] Nemeth N, Bednarcyk B, Pineda E, et al. FEAMAC/CARES stochastic-strength-based damage simulation tool for ceramic matrix composites. 2GRC - E - DAA - TN29291, NTRS - NASA Technical Report, 2016.

[ 3 ] Arnold S M, Liu K C. The multiscale generalized method of cells and its utility in predicting the deformation and failure of woven CMCs. Washington: NASA Langley Research Center, 2012.

[ 4 ] Ling D, Yang Q, Cox B. An augmented finite element method for modeling arbitrary discontinuities in composite materials. International Journal of Fracture, 2009, 156 ( 1 ): 53 - 73.

[ 5 ] Steele M J. The NASA standard for models and simulations. San Diego: Proceedings of the 2007 Summer Computer Simulation Conference Society for Computer Simulation International, 2007.

[ 6 ] Peters S, Tschaepe L, Zhang B, et al. V&V Methodology Comparisons: AIAA G-077 (1998), ASME V&V 20 (2009), ASTM E1355 - 05a (2005), NEA/CSNI/R (2007), and NRC CSAU (1988). Transactions of the American Nuclear Society, 2011, 104: 528 - 529.

[ 7 ] Swiler L P, Romero V J. JANNAF V&V guide: a survey of probabilistic uncertainty propagation and sensitivity analysis methods for computational applications (SAND2015 - 4494B). Albuquerque: Sandia National Laboratories (SNL-NM), 2015.

[ 8 ] Hu K T, Carnes B, Romero V. Introduction: the 2014 sandia verification and validation challenge workshop. Journal of Verification, Validation and Uncertainty Quantification, 2016, 1(1): 15501.

[ 9 ] 杨强, 孟松鹤, 仲政, 等. 力学研究中"大数据"的启示、应用与挑战. 力学进展, 2020, 50 (1): 1 - 40.

[10] Glaessgen E, Stargel D. The digital twin paradigm for future NASA and US Air Force vehicles. Honolulu: 53rd AIAA/ASME/ASCE/AHS/ASC structures, structural dynamics and materials conference, 2012.

[11] Shafto M, Conroy M, Doyle R, et al. Modeling, simulation, information technology & processing roadmap. Washington: National Aeronautics and Space Administration, 2012.

[12] Darema F. Dynamic data driven applications systems: new capabilities for application simulations and measurements. Berlin: International Conference on Computational Science, 2005.

[13] Allaire D, Biros G, Chambers J, et al. Dynamic data driven methods for self-aware aerospace vehicles. Procedia Computer Science, 2012, 9: 1206 - 1210.

[14] Prudencio E E, Bauman P T, Williams S V, et al. A dynamic data driven application system for realtime monitoring of stochastic damage. Procedia Computer Science, 2013, 18: 2056 - 2065.